应用技术型高等教育“十三五”精品规划教材

线 性 代 数

(第二版)

主编　史昱　杨

副主编　李宗强　陈凤欣　由

中国水利水电出版社

www.waterpub.com.cn

·北 京·

内 容 提 要

本书共六章，内容包括行列式、矩阵、线性方程组、相似矩阵与二次型、线性空间与线性变换、线性代数与 Mathematica. 将矩阵的初等变换作为统领本书内容的重要工具，使课程更具系统性、科学性与实用性. 注重抽象概念的背景与应用背景的介绍，以便使学习者更好地理解线性代数理论并会用线性代数的思维与方法解决问题. 每章配有适量的习题，书末配有参考答案，以便使学习者进行自我评价.

本书内容深入浅出，叙述详尽，例题较多，较为实用，既便于教又便于学. 可作为高等院校的教材，也可作为相关专业教师及工程技术人员的参考书.

图书在版编目（CIP）数据

线性代数 / 史昱，杨振起主编. -- 2版. -- 北京 : 中国水利水电出版社，2017.8（2021.7重印）
应用技术型高等教育“十三五”精品规划教材
ISBN 978-7-5170-5598-3

Ⅰ. ①线… Ⅱ. ①史… ②杨… Ⅲ. ①线性代数－高等学校－教材 Ⅳ. ①O151.2

中国版本图书馆CIP数据核字(2017)第167306号

书　　名	线性代数　XIANXING DAISHU（第二版）
作　　者	主　编　史　昱　杨振起 副主编　李宗强　陈凤欣　曲庆国　刘中波
出版发行	中国水利水电出版社 （北京市海淀区玉渊潭南路 1 号 D 座　100038） 网址：www.waterpub.com.cn E-mail：sales@waterpub.com.cn 电话：（010）68367658（营销中心）
经　　售	北京科水图书销售中心（零售） 电话：（010）88383994、63202643、68545874 全国各地新华书店和相关出版物销售网点
排　　版	北京智博尚书文化传媒有限公司
印　　刷	三河市龙大印装有限公司
规　　格	170mm×227mm　16 开本　10 印张　195 千字
版　　次	2014 年 8 月第 1 版 2017 年 8 月第 2 版　2021 年 7 月第 5 次印刷
印　　数	13001－16000 册
定　　价	32.00 元

第二版前言

线性代数的主要内容是研究代数学中的线性关系．由于线性关系是变量之间比较简单的一种关系，而线性问题广泛存在于科学技术的各个领域，并且一些非线性问题在一定条件下，可以转化或近似转化为线性问题，因此线性代数所介绍的思想方法已成为从事科学研究和工程应用的必不可少的工具．尤其在计算机高速发展和日益普及的今天，线性代数作为高等学校工科本科各专业的一门重要的基础理论课，其地位和作用更显得越发重要．

本书是第二版，是在第一版的基础上，根据教育部工科数学课程教学指导委员会最新修订的《工科类本科数学基础课教学基本要求》（修订稿）的精神和原则，并考虑当前教学的实际情况，进行修订而成的．这次修订的主导思想是：在满足教学基本要求的前提下，适当降低理论推导的要求，注重解决问题的方法．内容包括：行列式、矩阵、线性方程组、相似矩阵与二次型、线性空间与线性变换、线性代数与 Mathematica.

本书由史昱、杨振起主编，史昱、陈凤欣负责总体方案设计、具体内容编排及统稿工作，尹金生主审．各章的具体分工如下：第一章由杨振起、史昱编写，第二章由史昱编写，第三章由李宗强、陈凤欣编写，第四章由陈凤欣编写，第五、六章由曲庆国、刘中波编写．

在编写过程中，参阅了大量国内外同类教材，受到不少启发和教益，谨向有关作者表示诚挚的谢意！同时，山东交通学院教务处、理学院的有关领导及同仁对本书的编写也给予了热情的支持和指导，在此一并致谢．

与一些常见的教材相比，本书部分内容做了较大修改，这是改革教学内容与教学方法的一种探索和尝试．虽然作者尽了最大努力，但一些改动和叙述未必臻于完善，甚或多有不妥之处．同时，由于水平所限，书中难免有疏漏和不妥之处，敬请广大读者批评指正，以便不断改进．

编写组

2017 年 4 月

目　　录

第一章

行列式

本章学习目标

行列式是在解线性方程组的过程中，为了便于记忆解的结构而产生的，它是很重要的数学工具之一，在科学技术的各个领域均有广泛的应用．本章先介绍二阶、三阶行列式，并将其推广到 n 阶行列式，然后介绍行列式的性质和展开定理，最后介绍行列式的计算和克拉默法则．通过本章的学习，重点掌握以下内容：

- 行列式的定义和性质
- 余子式和代数余子式的概念；行列式按行（列）展开定理
- 行列式的计算方法
- 克拉默法则

第一节　二阶和三阶行列式

一、全排列及其逆序数

定义 1　把 n 个不同的元素排成一列，称为这 n 个元素的全排列（也简称排列）．

n 个不同的元素所有排列的种数，通常用 P_n 表示．

例如，用 1，2，3 三个数字（可称为元素），可以组成 $P_3=3\times2\times1=6$ 种排列，分别是：

$$123，231，312，132，213，321.$$

自然数 1，2，3，…，n 组成的一个有序数组，记为 $a_1a_2\cdots a_n$，称为一个 n 元排列，易知其排列的种数 $P_n=n\cdot(n-1)\cdots3\cdot2\cdot1=n!$ 个．排列 $123\cdots n$ 称为自然排列或标准排列，规定其为标准次序．

定义 2　在一个 n 元排列 $a_1a_2\cdots a_n$ 中，当某两个元素的先后次序与标准次序不同时，称为一个逆序．一个 n 元排列中所有逆序的总数称为这个排列的**逆序数**，记为 $\tau(a_1a_2\cdots a_n)$．

逆序数为奇数的排列称为奇排列，逆序数为偶数的排列称为偶排列．

计算排列的逆序数的方法：在 1，2，3，…，n 组成的一个排列 $a_1a_2\cdots a_n$ 中，考虑元素 $a_i(i=1, 2, 3, \cdots, n)$，如果比 a_i 大且排在 a_i 前面的数有 t_i 个，则称元素 a_i 的逆序数是 t_i，全体元素的逆序数的总和就是该排列的逆序数，即

$$\tau(a_1a_2\cdots a_n)=t_1+t_2+\cdots+t_n=\sum_{i=1}^{n}t_i.$$

例 1　求下列排列的逆序数：

（1）346251；　　　　　　（2）n（$n-1$）$\cdots 321$.

解　（1）$\tau(346251)=0+0+0+3+1+5=9$，此排列为奇排列．

（2）$\tau[n(n-1)\cdots 321]=0+1+2+\cdots+(n-1)=\dfrac{n(n-1)}{2}$，

当 $n=4k$，$4k+1$ 时，此排列为偶排列；当 $n=4k+2$，$4k+3$ 时，此排列为奇排列．

二、二阶和三阶行列式

1. 二阶行列式

求解二元一次方程组

$$\begin{cases}a_{11}x_1+a_{12}x_2=b_1\\ a_{21}x_1+a_{22}x_2=b_2\end{cases}, \tag{1-1}$$

其中，x_1 和 x_2 为未知数；a_{ij} 为第 i 个方程第 j 个未知数的系数（$i=1, 2$；$j=1, 2$）；b_1 和 b_2 为常数项．

为了消去 x_2，在方程组（1-1）的第一个方程和第二个方程的两边分别乘以 a_{22} 和 a_{12}，然后两式相减，得到

$$(a_{11}a_{22}-a_{12}a_{21})x_1=b_1a_{22}-a_{12}b_2,$$

用同样的方法消去 x_1，得到

$$(a_{11}a_{22}-a_{12}a_{21})x_2=a_{11}b_2-b_1a_{21}.$$

当 $a_{11}a_{22}-a_{12}a_{21}\neq 0$ 时，可求得方程组（1-1）的唯一解为

$$x_1=\frac{b_1a_{22}-a_{12}b_2}{a_{11}a_{22}-a_{12}a_{21}},\ x_2=\frac{a_{11}b_2-b_1a_{21}}{a_{11}a_{22}-a_{12}a_{21}}. \tag{1-2}$$

从式（1-2）中可以看出分子、分母都是两对数的乘积之差，其中分母一样，且都由方程组（1-1）的 4 个系数决定．

为了便于记忆，引入符号

$$D=\begin{vmatrix}a_{11} & a_{12}\\ a_{21} & a_{22}\end{vmatrix}=a_{11}a_{22}-a_{12}a_{21},$$

称 D 为**二阶行列式**．数 $a_{ij}(i=1, 2; j=1, 2)$ 称为这个行列式的元素．a_{ij} 的第一个下标 i 称为行标，表示该元素位于行列式的第 i 行；它的第二个下标 j 称为列

标，表示该元素位于行列式的第 j 列．

二阶行列式可以用对角线法则帮助记忆．

$$\begin{vmatrix} a_{11} & a_{12} \\ a_{21} & a_{22} \end{vmatrix} = a_{11}a_{22} - a_{12}a_{21}. \tag{1-3}$$

$$- \qquad +$$

那么式（1-3）恰是行列式中左上角至右下角的对角线（称为主对角线，用实线连接）上两个数的乘积与右上角至左下角的对角线（称为副对角线，用虚线连接）上两个数的乘积之差．

由二阶行列式的定义，我们可以将式（1-2）中的分子分别写成

$$D_1 = \begin{vmatrix} b_1 & a_{12} \\ b_2 & a_{22} \end{vmatrix} = b_1a_{22} - a_{12}b_2，D_2 = \begin{vmatrix} a_{11} & b_1 \\ a_{21} & b_2 \end{vmatrix} = a_{11}b_2 - b_1a_{21}.$$

那么线性方程组（1-1）的解（1-2）就可以写成

$$x_1 = \frac{D_1}{D} = \frac{\begin{vmatrix} b_1 & a_{12} \\ b_2 & a_{22} \end{vmatrix}}{\begin{vmatrix} a_{11} & a_{12} \\ a_{21} & a_{22} \end{vmatrix}}，x_2 = \frac{D_2}{D} = \frac{\begin{vmatrix} a_{11} & b_1 \\ a_{21} & b_2 \end{vmatrix}}{\begin{vmatrix} a_{11} & a_{12} \\ a_{21} & a_{22} \end{vmatrix}}.$$

这个结论是很容易记忆的：x_1 和 x_2 的分母 D 是由方程组（1-1）的系数在方程组的一般形式下保持原来的相对位置不变所构成的二阶行列式（称为系数行列式），x_1 的分子 D_1 是方程组（1-1）的常数项 b_1 和 b_2 替换 D 中的系数 a_{11} 和 a_{21} 所得的二阶行列式，x_2 的分子 D_2 是用 b_1 和 b_2 替换 D 中的系数 a_{12} 和 a_{22} 所得的二阶行列式．

例 2 解线性方程组

$$\begin{cases} 3x_1 + 4x_2 = 1 \\ 2x_1 + 5x_2 = 4 \end{cases}.$$

解 因为线性方程组的系数行列式为

$$D = \begin{vmatrix} 3 & 4 \\ 2 & 5 \end{vmatrix} = 15 - 8 = 7 \neq 0,$$

所以方程组有唯一解．

又因为

$$D_1 = \begin{vmatrix} 1 & 4 \\ 4 & 5 \end{vmatrix} = 5 - 16 = -11，D_2 = \begin{vmatrix} 3 & 1 \\ 2 & 4 \end{vmatrix} = 12 - 2 = 10,$$

所以方程组的解为

$$x_1 = \frac{D_1}{D} = -\frac{11}{7}，x_2 = \frac{D_2}{D} = \frac{10}{7}.$$

2. 三阶行列式

类似地，称

$$D=\begin{vmatrix} a_{11} & a_{12} & a_{13} \\ a_{21} & a_{22} & a_{23} \\ a_{31} & a_{32} & a_{33} \end{vmatrix} \tag{1-4}$$

$$=a_{11}a_{22}a_{33}+a_{12}a_{23}a_{31}+a_{13}a_{21}a_{32}-a_{11}a_{23}a_{32}-a_{12}a_{21}a_{33}-a_{13}a_{22}a_{31},$$

为**三阶行列式**.

为了便于记忆和计算，给出计算三阶行列式的对角线法则（图 1-1）：图中的三条实线看作是平行于主对角线的连线，三条虚线看作是平行于副对角线的连线，实线上三元素的乘积冠正号，虚线上三元素的乘积冠负号.

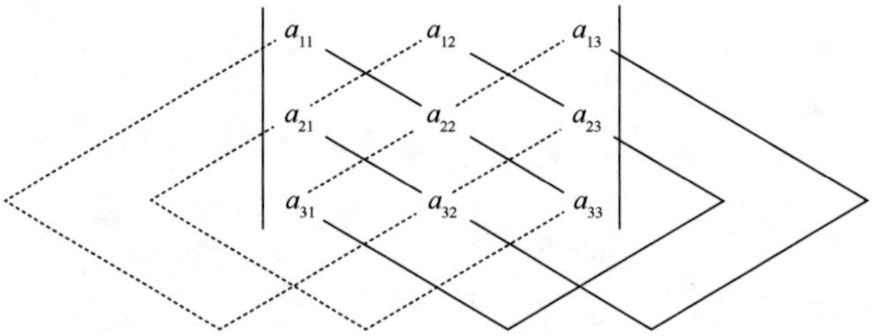

图 1-1

例 3　计算三阶行列式

$$D=\begin{vmatrix} 2 & 1 & 2 \\ -4 & 3 & 1 \\ 2 & 3 & 5 \end{vmatrix}.$$

解　由对角线法则，可得

$$D=2\times3\times5+2\times(-4)\times3+1\times1\times2-2\times1\times3-1\times(-4)\times5-2\times3\times2$$
$$=30-24+2-6+20-12=10.$$

三阶行列式可以表示三元一次方程组的解．对于三元一次方程组

$$\begin{cases} a_{11}x_1+a_{12}x_2+a_{13}x_3=b_1 \\ a_{21}x_1+a_{22}x_2+a_{23}x_3=b_2 \\ a_{31}x_1+a_{32}x_2+a_{33}x_3=b_3 \end{cases}, \tag{1-5}$$

如果它的系数行列式

$$D=\begin{vmatrix} a_{11} & a_{12} & a_{13} \\ a_{21} & a_{22} & a_{23} \\ a_{31} & a_{32} & a_{33} \end{vmatrix}\neq 0,$$

那么方程组（1-5）的解为

$$x_i=\frac{D_i}{D}(i=1,2,3).$$

其中，D_i 为常数项 b_1，b_2，b_3 替换系数行列式 D 中的第 i 列所得到的三阶行列

式，即

$$D_1=\begin{vmatrix} b_1 & a_{12} & a_{13} \\ b_2 & a_{22} & a_{23} \\ b_3 & a_{32} & a_{33} \end{vmatrix},\ D_2=\begin{vmatrix} a_{11} & b_1 & a_{13} \\ a_{21} & b_2 & a_{23} \\ a_{31} & b_3 & a_{33} \end{vmatrix},\ D_3=\begin{vmatrix} a_{11} & a_{12} & b_1 \\ a_{21} & a_{22} & b_2 \\ a_{31} & a_{32} & b_3 \end{vmatrix}.$$

例 4 求解三元一次方程组

$$\begin{cases} 2x_1-4x_2+x_3=1 \\ x_1-5x_2+3x_3=2 \\ x_1-x_2+x_3=-1 \end{cases}.$$

解 $D=\begin{vmatrix} 2 & -4 & 1 \\ 1 & -5 & 3 \\ 1 & -1 & 1 \end{vmatrix}=-10-12-1+6+4+5=-8\neq 0$，

又 $D_1=\begin{vmatrix} 1 & -4 & 1 \\ 2 & -5 & 3 \\ -1 & -1 & 1 \end{vmatrix}=11$，$D_2=\begin{vmatrix} 2 & 1 & 1 \\ 1 & 2 & 3 \\ 1 & -1 & 1 \end{vmatrix}=9$，$D_3=\begin{vmatrix} 2 & -4 & 1 \\ 1 & -5 & 2 \\ 1 & -1 & -1 \end{vmatrix}=6.$

则

$$x_1=\frac{D_1}{D}=-\frac{11}{8},\ x_2=\frac{D_2}{D}=-\frac{9}{8},\ x_3=\frac{D_3}{D}=-\frac{3}{4}.$$

第二节 *n* 阶行列式

一、*n* 阶行列式的定义

利用二、三阶行列式可以将二、三元一次方程组的解表示得更为简单，所以在解 n 元线性方程组时，自然想到其解能否用 n 阶行列式来表示．为了给出 n 阶行列式的定义，先来研究二、三阶行列式的结构，找出共性，再来给出 n 阶行列式的定义．

以第一节中三阶行列式（1-4）为例，其具有以下几个特点：

（1）三阶行列式（1-4）的右边每一项都是位于不同行不同列的三个元素的乘积，这三个元素按它们在行列式中行的顺序排成 $a_{1p_1}a_{2p_2}a_{3p_3}$，其中第一个下标（行标）都按标准顺序排列成 1，2，3，而第二个下标（列标）排列成 $p_1p_2p_3$，它是自然数 1，2，3 的任一个排列；

（2）各项所带的符号只与列标的排列有关；

带正号的三项列标排列是：123，231，312，由第一节知，这三个排列为偶排列；带负号的三项列标排列是：132，213，321，这三个排列为奇排列，因此各项所带符号可以表示为$(-1)^{\tau(p_1p_2p_3)}$，其中 $\tau(p_1p_2p_3)$ 为列标排列的逆序数；

（3）因 1，2，3 共有 3！=6 个不同的排列，所以对应式（1-4）右端是 6 项的代数和．

因此，三阶行列式可以写成

$$\begin{vmatrix} a_{11} & a_{12} & a_{13} \\ a_{21} & a_{22} & a_{23} \\ a_{31} & a_{32} & a_{33} \end{vmatrix} = \sum (-1)^{\tau(p_1 p_2 p_3)} a_{1p_1} a_{2p_2} a_{3p_3}.$$

其中，$\tau(p_1 p_2 p_3)$ 为列标排列 $p_1 p_2 p_3$ 的逆序数．

仿此，可以把行列式推广到一般情形．

定义 3 由 n^2 个数 $a_{ij}(i=1, 2\cdots n; j=1, 2\cdots n)$ 排成 n 行 n 列组成的记号

$$D = \begin{vmatrix} a_{11} & a_{12} & \cdots & a_{1n} \\ a_{21} & a_{22} & \cdots & a_{2n} \\ \vdots & \vdots & & \vdots \\ a_{n1} & a_{n2} & \cdots & a_{nn} \end{vmatrix},$$

称为 n **阶行列式**，简记为 $D=\det(a_{ij})$．它表示如下形式的一个代数和：

$$D = \begin{vmatrix} a_{11} & a_{12} & \cdots & a_{1n} \\ a_{21} & a_{22} & \cdots & a_{2n} \\ \vdots & \vdots & & \vdots \\ a_{n1} & a_{n2} & \cdots & a_{nn} \end{vmatrix} = \sum_{p_1 p_2 \cdots p_n} (-1)^{\tau(p_1 p_2 \cdots p_n)} a_{1p_1} a_{2p_2} \cdots a_{np_n}, \tag{1-6}$$

其中 $\tau(p_1 p_2 \cdots p_n)$ 为列标排列 $p_1 p_2 \cdots p_n$ 的逆序数，由于这样的排列共有 $n!$ 个，因而形如 $(-1)^{\tau(p_1 p_2 \cdots p_n)} a_{1p_1} a_{2p_2} \cdots a_{np_n}$ 的项共有 $n!$ 个，$\sum$ 则表示这 $n!$ 个项的代数和．

按此定义的二阶、三阶行列式，与本章第一节中用对角线法则定义的二阶、三阶行列式，显然是一致的．但是应当注意，当 $n \geqslant 4$ 时，n 阶行列式就不存在对角线法则了；当 $n=1$ 时，一阶行列式 $|a|=a$，不要与绝对值符号相混淆．

定理 1 n 阶行列式也可定义为

$$D = \sum_{p_1 p_2 \cdots p_n} (-1)^{\tau(p_1 p_2 \cdots p_n)} a_{p_1 1} a_{p_2 2} \cdots a_{p_n n}.$$

其中，$\tau(p_1 p_2 \cdots p_n)$ 为行标排列 $p_1 p_2 \cdots p_n$ 的逆序数．（证明略）

二、几种常见的行列式

（1）n 阶对角行列式：对角线上的元素是 λ_i，其余的元素均为 0，并且

$$\begin{vmatrix} \lambda_1 & & & \\ & \lambda_2 & & \\ & & \ddots & \\ & & & \lambda_n \end{vmatrix} = \lambda_1 \lambda_2 \cdots \lambda_n;$$

$$\begin{vmatrix} & & & \lambda_1 \\ & & \lambda_2 & \\ & \iddots & & \\ \lambda_n & & & \end{vmatrix} = (-1)^{\frac{n(n-1)}{2}} \lambda_1 \lambda_2 \cdots \lambda_n .$$

证 由 n 阶行列式的定义，第一式是显然的，下面只证第二式．

若记 $\lambda_i = a_{i,n-i+1}$，则根据行列式的定义有

$$\begin{vmatrix} & & & \lambda_1 \\ & & \lambda_2 & \\ & \iddots & & \\ \lambda_n & & & \end{vmatrix} = \begin{vmatrix} & & & a_{1n} \\ & & a_{2,n-1} & \\ & \iddots & & \\ a_{n1} & & & \end{vmatrix}$$

$$= (-1)^{\tau[n(n-1)\cdots 21]} a_{1n} a_{2,n-1} \cdots a_{n1} = (-1)^{\tau[n(n-1)\cdots 21]} \lambda_1 \lambda_2 \cdots \lambda_n ,$$

而 $\tau[n(n-1)\cdots 21] = 1+2+\cdots+(n-1) = \dfrac{n(n-1)}{2}$，故第二式成立．

为了方便起见，一般称 n 阶行列式从左上角到右下角的对角线为主对角线；从右上角到左下角的对角线为副对角线．

(2) 上（下）三角形行列式：主对角线以下（上）的元素均为 0，并且

$$\begin{vmatrix} a_{11} & a_{12} & \cdots & a_{1n} \\ 0 & a_{22} & \cdots & a_{2n} \\ \vdots & \vdots & & \vdots \\ 0 & 0 & \cdots & a_{nn} \end{vmatrix} = \begin{vmatrix} a_{11} & 0 & \cdots & 0 \\ a_{21} & a_{22} & \cdots & 0 \\ \vdots & \vdots & & \vdots \\ a_{n1} & a_{n2} & \cdots & a_{nn} \end{vmatrix} = a_{11} a_{22} \cdots a_{nn} .$$

证 只证上三角形行列式情形．

由于当 $i > j$ 时，$a_{ij} = 0$，故

$$\begin{vmatrix} a_{11} & a_{12} & \cdots & a_{1n} \\ 0 & a_{22} & \cdots & a_{2n} \\ \vdots & \vdots & & \vdots \\ 0 & 0 & \cdots & a_{nn} \end{vmatrix} = \sum (-1)^{\tau(p_1 p_2 \cdots p_n)} a_{1p_1} a_{2p_2} \cdots a_{np_n}$$

中可能不为 0 的项中元素 a_{ip_i}，其下标应有 $p_i \geqslant i$，即 $p_1 \geqslant 1$，$p_2 \geqslant 2$，…，$p_n \geqslant n$，由此可得 $p_n = n$，$p_{n-1} = n-1$，…，$p_2 = 2$，$p_1 = 1$，所以

$$\begin{vmatrix} a_{11} & a_{12} & \cdots & a_{1n} \\ 0 & a_{22} & \cdots & a_{2n} \\ \vdots & \vdots & & \vdots \\ 0 & 0 & \cdots & a_{nn} \end{vmatrix} = \sum (-1)^{\tau(p_1 p_2 \cdots p_n)} a_{1p_1} a_{2p_2} \cdots a_{np_n}$$

$$= (-1)^{\tau(12\cdots n)} a_{11} a_{22} \cdots a_{nn} = a_{11} a_{22} \cdots a_{nn} .$$

第三节　行列式的性质

用行列式的定义来计算 n 阶行列式（$n\geqslant 4$）显然是行不通的，为此需要讨论行列式的性质，以便找到计算行列式的简便方法．

定义 4　设

$$D=\begin{vmatrix} a_{11} & a_{12} & \cdots & a_{1n} \\ a_{21} & a_{22} & \cdots & a_{2n} \\ \vdots & \vdots & & \vdots \\ a_{n1} & a_{n2} & \cdots & a_{nn} \end{vmatrix},$$

将 D 的行与列互换（顺序不变），得到的新行列式记为

$$D^{\mathrm{T}}=\begin{vmatrix} a_{11} & a_{21} & \cdots & a_{n1} \\ a_{12} & a_{22} & \cdots & a_{n2} \\ \vdots & \vdots & & \vdots \\ a_{1n} & a_{2n} & \cdots & a_{nn} \end{vmatrix},$$

称 D^{T} 为 D 的转置行列式．

性质 1　行列式与其转置行列式相等，即

$$D=D^{\mathrm{T}}.$$

证　设 D 的转置行列式为

$$D^{\mathrm{T}}=\begin{vmatrix} b_{11} & b_{12} & \cdots & b_{1n} \\ b_{21} & b_{22} & \cdots & b_{2n} \\ \vdots & \vdots & & \vdots \\ b_{n1} & b_{n2} & \cdots & b_{nn} \end{vmatrix},$$

即 $b_{ij}=a_{ji}$（i，$j=1$，2，…，n），根据行列式的定义

$$\begin{aligned} D^{\mathrm{T}} &= \sum (-1)^{\tau(p_1p_2\cdots p_n)} b_{1p_1}b_{2p_2}\cdots b_{np_n} \\ &= \sum (-1)^{\tau(p_1p_2\cdots p_n)} a_{p_11}a_{p_22}\cdots a_{p_nn}, \end{aligned}$$

由第二节定理 1 得

$$D=\sum (-1)^{\tau(p_1p_2\cdots p_n)} a_{p_11}a_{p_22}\cdots a_{p_nn},$$

从而

$$D=D^{\mathrm{T}}.$$

性质 1 说明行列式中行和列具有同等地位，因此，凡是对行（列）成立的性质，对列（行）也同样成立．

性质 2　行列式的两行（列）互换，行列式变号．（证明略）

以 r_i 表示行列式的第 i 行，以 c_i 表示行列式的第 i 列，互换 i，j 两行，记为

$r_i \leftrightarrow r_j$，互换 i，j 两列，记为 $c_i \leftrightarrow c_j$.

推论 1 行列式有两行（列）相同，则此行列式为 0.

证 由性质 2，将相同的两行互换，有

$$D=-D,$$

故

$$D=0.$$

性质 3 行列式的某一行（列）的所有元素都乘以同一个数 k，等于用数 k 乘此行列式.

证 将行列式 D 的第 i 行乘以同一个数 k，得

$$D_1=\begin{vmatrix} a_{11} & a_{12} & \cdots & a_{1n} \\ \vdots & \vdots & & \vdots \\ ka_{i1} & ka_{i2} & \cdots & ka_{in} \\ \vdots & \vdots & & \vdots \\ a_{n1} & a_{n2} & \cdots & a_{nn} \end{vmatrix},$$

由行列式的定义

$$\begin{aligned} D_1 &= \sum (-1)^{\tau(p_1 p_2 \cdots p_n)} a_{1p_1} \cdots (ka_{ip_i}) \cdots a_{np_n} \\ &= k\sum (-1)^{\tau(p_1 p_2 \cdots p_n)} a_{1p_1} \cdots a_{ip_i} \cdots a_{np_n} \\ &= kD. \end{aligned}$$

推论 2 行列式的某一行（列）中所有元素的公因子可以提到行列式符号的外面.

推论 3 若行列式中有两行（列）的元素对应成比例，则此行列式为 0.

第 i 行（列）乘以数 k，记为 $k\times r_i$（或 $k\times c_i$）；第 i 行（列）提出公因子 k，记为 $r_i \div k$（或 $c_i \div k$）.

性质 4 若行列式的某一行（列）的元素都是两数之和，则此行列式等于两个行列式的和. 即

$$D=\begin{vmatrix} a_{11} & a_{12} & \cdots & a_{1n} \\ \vdots & \vdots & & \vdots \\ a_{i1}+a'_{i1} & a_{i2}+a'_{i2} & \cdots & a_{in}+a'_{in} \\ \vdots & \vdots & & \vdots \\ a_{n1} & a_{n2} & \cdots & a_{nn} \end{vmatrix}=\begin{vmatrix} a_{11} & a_{12} & \cdots & a_{1n} \\ \vdots & \vdots & & \vdots \\ a_{i1} & a_{i2} & \cdots & a_{in} \\ \vdots & \vdots & & \vdots \\ a_{n1} & a_{n2} & \cdots & a_{nn} \end{vmatrix}+\begin{vmatrix} a_{11} & a_{12} & \cdots & a_{1n} \\ \vdots & \vdots & & \vdots \\ a'_{i1} & a'_{i2} & \cdots & a'_{in} \\ \vdots & \vdots & & \vdots \\ a_{n1} & a_{n2} & \cdots & a_{nn} \end{vmatrix}.$$

证 由行列式的定义

$$\begin{aligned} D &= \sum (-1)^{\tau(p_1 p_2 \cdots p_n)} a_{1p_1} \cdots (a_{ip_i}+a'_{ip_i}) \cdots a_{np_n} \\ &= \sum (-1)^{\tau(p_1 p_2 \cdots p_n)} a_{1p_1} \cdots a_{ip_i} \cdots a_{np_n} + \sum (-1)^{\tau(p_1 p_2 \cdots p_n)} a_{1p_1} \cdots a'_{ip_i} \cdots a_{np_n}. \end{aligned}$$

上式正好是等式右边两个行列式之和.

利用性质 4 及推论 3，可得

性质 5 将行列式某一行（列）的各元素乘以同一数 k 后加到另一行（列）对应的元素上，行列式的值不变．例如，第 i 行乘以数 k 加到第 j 行上，有

$$\begin{vmatrix} a_{11} & a_{12} & \cdots & a_{1n} \\ \vdots & \vdots & & \vdots \\ a_{i1} & a_{i2} & \cdots & a_{in} \\ \vdots & \vdots & & \vdots \\ a_{j1}+ka_{i1} & a_{j2}+ka_{i2} & \cdots & a_{jn}+ka_{in} \\ \vdots & \vdots & & \vdots \\ a_{n1} & a_{n2} & \cdots & a_{nn} \end{vmatrix} = \begin{vmatrix} a_{11} & a_{12} & \cdots & a_{1n} \\ \vdots & \vdots & & \vdots \\ a_{i1} & a_{i2} & \cdots & a_{in} \\ \vdots & \vdots & & \vdots \\ a_{j1} & a_{j2} & \cdots & a_{jn} \\ \vdots & \vdots & & \vdots \\ a_{n1} & a_{n2} & \cdots & a_{nn} \end{vmatrix}.$$

以数 k 乘以第 i 行加到第 j 行上，记为（r_j+kr_i）；以数 k 乘以第 i 列加到第 j 列上，记为（c_j+kc_i）．

利用这些性质可以简化行列式的计算，下面以例题介绍如何利用行列式的性质化行列式为三角形行列式，然后进行计算．

例 5 计算

$$D=\begin{vmatrix} 0 & 2 & 4 & 2 \\ 1 & -1 & 2 & 1 \\ 4 & 1 & 2 & 0 \\ 1 & 1 & 1 & 1 \end{vmatrix}.$$

解 利用化行列式为上三角形行列式的方法进行计算．

$$D \xlongequal{r_1 \leftrightarrow r_2} -\begin{vmatrix} 1 & -1 & 2 & 1 \\ 0 & 2 & 4 & 2 \\ 4 & 1 & 2 & 0 \\ 1 & 1 & 1 & 1 \end{vmatrix} \xlongequal[r_4+(-1)\times r_1]{r_3+(-4)\times r_1} -\begin{vmatrix} 1 & -1 & 2 & 1 \\ 0 & 2 & 4 & 2 \\ 0 & 5 & -6 & -4 \\ 0 & 2 & -1 & 0 \end{vmatrix}$$

$$\xlongequal{r_2 \div 2} -2\begin{vmatrix} 1 & -1 & 2 & 1 \\ 0 & 1 & 2 & 1 \\ 0 & 5 & -6 & -4 \\ 0 & 2 & -1 & 0 \end{vmatrix} \xlongequal[r_4+(-2)\times r_2]{r_3+(-5)\times r_2} -2\begin{vmatrix} 1 & -1 & 2 & 1 \\ 0 & 1 & 2 & 1 \\ 0 & 0 & -16 & -9 \\ 0 & 0 & -5 & -2 \end{vmatrix}$$

$$\xlongequal{r_4+(-5/16)\times r_3} -2\begin{vmatrix} 1 & -1 & 2 & 1 \\ 0 & 1 & 2 & 1 \\ 0 & 0 & -16 & -9 \\ 0 & 0 & 0 & \frac{13}{16} \end{vmatrix}$$

$$=(-2)\times(-16)\times\frac{13}{16}=26.$$

例 6 计算 n 阶行列式

$$D=\begin{vmatrix} a & b & \cdots & b \\ b & a & \cdots & b \\ \vdots & \vdots & & \vdots \\ b & b & \cdots & a \end{vmatrix},\ (a\neq b).$$

解 行列式中每行元素之和均为 $a+(n-1)b$，从第 2 列起，把每列均加到第 1 列上，提出公因子 $a+(n-1)b$，然后各行减去第 1 行，即

$$D\xlongequal{c_1+c_2+\cdots+c_n}\begin{vmatrix} a+(n-1)b & b & \cdots & b \\ a+(n-1)b & a & \cdots & b \\ \vdots & \vdots & & \vdots \\ a+(n-1)b & b & \cdots & a \end{vmatrix}$$

$$\xlongequal{c_1\div[a+(n-1)b]}[a+(n-1)b]\begin{vmatrix} 1 & b & \cdots & b \\ 1 & a & \cdots & b \\ \vdots & \vdots & & \vdots \\ 1 & b & \cdots & a \end{vmatrix}$$

$$\xlongequal[r_n-r_1]{\substack{r_2-r_1\\ r_3-r_1\\ \vdots}}[a+(n-1)b]\begin{vmatrix} 1 & b & \cdots & b \\ 0 & a-b & \cdots & 0 \\ \vdots & \vdots & & \vdots \\ 0 & 0 & \cdots & a-b \end{vmatrix}=[a+(n-1)b](a-b)^{n-1}.$$

在上述诸例将行列式化为上三角形行列式的过程中，虽然用到了行列式的各种性质，但是起关键作用的是性质 5，其他几种性质只是使计算过程变得简单一点而已．不难发现，事实上任何 n 阶行列式总是能够利用性质 5 化为上三角形或下三角形行列式．

例 7 设

$$D=\begin{vmatrix} a_{11} & \cdots & a_{1m} & 0 & \cdots & 0 \\ \vdots & & \vdots & \vdots & & \vdots \\ a_{m1} & \cdots & a_{mm} & 0 & \cdots & 0 \\ c_{11} & \cdots & c_{1m} & b_{11} & \cdots & b_{1n} \\ \vdots & & \vdots & \vdots & & \vdots \\ c_{n1} & \cdots & c_{nm} & b_{n1} & \cdots & b_{nn} \end{vmatrix},$$

$$D_1=\begin{vmatrix} a_{11} & \cdots & a_{1m} \\ \vdots & & \vdots \\ a_{m1} & \cdots & a_{mm} \end{vmatrix},\quad D_2=\begin{vmatrix} b_{11} & \cdots & b_{1n} \\ \vdots & & \vdots \\ b_{n1} & \cdots & b_{nn} \end{vmatrix}.$$

证明 $D=D_1D_2$.

证 对 D_1 作运算 (r_j+kr_i)，把 D_1 化为下三角形行列式，设为

$$D_1=\begin{vmatrix} p_{11} & \cdots & 0 \\ \vdots & & \vdots \\ p_{m1} & \cdots & p_{mm} \end{vmatrix}=p_{11}p_{22}\cdots p_{mm}.$$

对 D_2 作运算 c_j+kc_i，把 D_2 化为下三角形行列式，设为

$$D_2=\begin{vmatrix} q_{11} & \cdots & 0 \\ \vdots & & \vdots \\ q_{n1} & \cdots & q_{nn} \end{vmatrix}=q_{11}q_{22}\cdots q_{nn}.$$

于是对 D 的前 m 行作运算（r_j+kr_i），再对 D 的后 n 列作运算（c_j+kc_i），把 D 化成为下三角形行列式

$$D=\begin{vmatrix} p_{11} & & & & & 0 \\ \vdots & \ddots & & & & \\ p_{m1} & \cdots & p_{mm} & & & \\ c_{11} & \cdots & c_{1m} & q_{11} & & \\ \vdots & & \vdots & \vdots & \ddots & \\ c_{n1} & \cdots & c_{nm} & q_{n1} & \cdots & q_{nn} \end{vmatrix},$$

故

$$D=p_{11}\cdots p_{mm}\cdot q_{11}\cdots q_{nn}=D_1D_2.$$

第四节　行列式的展开和计算

一般情况下，行列式的阶数越低越容易计算，那么能否把高阶行列式转化为低阶行列式来计算，为此，先引入余子式和代数余子式的概念．

定义 5　在 n 阶行列式 $\det(a_{ij})$ 中，把元素 a_{ij} 所在的第 i 行与第 j 列划去，剩下的元素保持原来的相对位置不变，构成的（$n-1$）阶行列式称为元素 a_{ij} 的**余子式**，记作 M_{ij}；记

$$A_{ij}=(-1)^{i+j}M_{ij},$$

称 A_{ij} 为元素 a_{ij} 的**代数余子式**．

例如，三阶行列式

$$D=\begin{vmatrix} a_{11} & a_{12} & a_{13} \\ a_{21} & a_{22} & a_{23} \\ a_{31} & a_{32} & a_{33} \end{vmatrix}$$

中元素 a_{23} 的余子式和代数余子式分别为

$$M_{23}=\begin{vmatrix} a_{11} & a_{12} \\ a_{31} & a_{32} \end{vmatrix},\ A_{23}=(-1)^{2+3}M_{23}=-M_{23}=-\begin{vmatrix} a_{11} & a_{12} \\ a_{31} & a_{32} \end{vmatrix}.$$

需要注意的是，元素 a_{ij} 的代数余子式 A_{ij} 和元素 a_{ij} 的数值没有关系，只和 a_{ij}

的位置有关系．

定理 2 行列式等于它的任一行（列）的各元素与其对应的代数余子式乘积之和，即

$$D=a_{i1}A_{i1}+a_{i2}A_{i2}+\cdots+a_{in}A_{in}\quad(i=1,2,\cdots,n),$$

或

$$D=a_{1j}A_{1j}+a_{2j}A_{2j}+\cdots+a_{nj}A_{nj}\quad(j=1,2,\cdots,n).$$

（证明略）

此定理称为行列式按行（列）展开法则．利用这一法则并结合行列式的性质，可以简化行列式的计算．

下面用此法来重新计算第三节的例 5

$$D=\begin{vmatrix}0&2&4&2\\1&-1&2&1\\4&1&2&0\\1&1&1&1\end{vmatrix},$$

保留 a_{44}，利用性质 5 将第 4 列其余元素变为 0，然后按第 4 列展开，即

$$D\xlongequal[r_2+(-1)\times r_4]{r_1+(-2)\times r_4}\begin{vmatrix}-2&0&2&0\\0&-2&1&0\\4&1&2&0\\1&1&1&1\end{vmatrix}=1\times(-1)^{4+4}\begin{vmatrix}-2&0&2\\0&-2&1\\4&1&2\end{vmatrix},$$

再保留此三阶行列式的 a_{11}，将第一行其余元素变为 0，然后按第一行展开，经过两次行列式展开公式，将 D 最后降为一个二阶行列式．

$$D\xlongequal{c_3+c_1}\begin{vmatrix}-2&0&0\\0&-2&1\\4&1&6\end{vmatrix}=(-2)\times(-1)^{1+1}\begin{vmatrix}-2&1\\1&6\end{vmatrix}=(-2)\times(-13)=26.$$

利用行列式展开公式和行列式性质相结合的方法计算行列式，显然要比利用行列式性质化行列式为三角形行列式要简便得多．

例 8 计算

$$D=\begin{vmatrix}3&1&-1&2\\-5&1&3&-4\\2&0&1&-1\\1&-5&3&-3\end{vmatrix}.$$

解

$$D\xlongequal[c_1-2c_3]{c_4+c_3}\begin{vmatrix}5&1&-1&1\\-11&1&3&-1\\0&0&1&0\\-5&-5&3&0\end{vmatrix}=1\times(-1)^{3+3}\begin{vmatrix}5&1&1\\-11&1&-1\\-5&-5&0\end{vmatrix}$$

$$\xlongequal{r_2+r_1}\begin{vmatrix}5&1&1\\-6&2&0\\-5&-5&0\end{vmatrix}=1\times(-1)^{1+3}\begin{vmatrix}-6&2\\-5&-5\end{vmatrix}=40.$$

例 9 计算

$$D_{2n}=\begin{vmatrix}a&&&&&b\\&\ddots&&&\iddots&\\&&a&b&&\\&&c&d&&\\&\iddots&&&\ddots&\\c&&&&&d\end{vmatrix}\text{（没写出的元素全是 0）}.$$

解 按第 1 行展开有

$$D_{2n}=a\begin{vmatrix}a&&&&&b&0\\&\ddots&&&\iddots&&\\&&a&b&&&\\&&c&d&&&\\&\iddots&&&\ddots&&\\c&&&&&d&0\\0&&&&&0&d\end{vmatrix}+b(-1)^{1+2n}\begin{vmatrix}0&a&&&&&b\\&&\ddots&&&\iddots&\\&&&a&b&&\\&&&c&d&&\\&&\iddots&&&\ddots&\\0&c&&&&&d\\c&0&&&&&0\end{vmatrix},$$

再将这两个（$2n-1$）阶行列式按最后一行展开，即

$$D_{2n}=adD_{2(n-1)}-bc(-1)^{2n-1+1}D_{2(n-1)}=(ad-bc)D_{2(n-1)},$$

以此作为递推公式，得

$$\begin{aligned}D_{2n}&=(ad-bc)D_{2(n-1)}=(ad-bc)^2D_{2(n-2)}=\cdots\\&=(ad-bc)^{n-1}D_2=(ad-bc)^{n-1}\begin{vmatrix}a&b\\c&d\end{vmatrix}=(ad-bc)^n.\end{aligned}$$

例 10 证明**范德蒙德**（Vander-monde）行列式

$$D_n=\begin{vmatrix}1&1&\cdots&1&1\\a_1&a_2&\cdots&a_{n-1}&a_n\\a_1^2&a_2^2&\cdots&a_{n-1}^2&a_n^2\\\vdots&\vdots&&\vdots&\vdots\\a_1^{n-2}&a_2^{n-2}&\cdots&a_{n-1}^{n-2}&a_n^{n-2}\\a_1^{n-1}&a_2^{n-1}&\cdots&a_{n-1}^{n-1}&a_n^{n-1}\end{vmatrix}=\prod_{1\leqslant i<j\leqslant n}(a_j-a_i)\quad(n\geqslant 2).$$

证 对行列式阶数用数学归纳法．当 $n=2$ 时，

$$D_2=\begin{vmatrix}1&1\\a_1&a_2\end{vmatrix}=a_2-a_1=\prod_{1\leqslant i<j\leqslant 2}(a_j-a_i),$$

结论成立．假设对（$n-1$）阶范德蒙德行列式结论成立，下面证明对 n 阶范德蒙德行列式也成立．

从第 n 行开始，后行减前行的 a_1 倍，得

$$D_n \xlongequal[(i=n,n-1,\cdots,2)]{r_i+(-a_1)r_{i-1}} \begin{vmatrix} 1 & 1 & 1 & \cdots & 1 \\ 0 & a_2-a_1 & a_3-a_1 & \cdots & a_n-a_1 \\ 0 & a_2(a_2-a_1) & a_3(a_3-a_1) & & a_n(a_n-a_1) \\ \vdots & \vdots & \vdots & & \vdots \\ 0 & a_2^{n-2}(a_2-a_1) & a_3^{n-2}(a_3-a_1) & \cdots & a_n^{n-2}(a_n-a_1) \end{vmatrix},$$

按第一列展开，并提出每一列的公因子（a_i-a_1），有

$$D_n=(a_2-a_1)(a_3-a_1)\cdots(a_n-a_1)\begin{vmatrix} 1 & 1 & \cdots & 1 \\ a_2 & a_3 & \cdots & a_n \\ a_2^2 & a_3^2 & \cdots & a_n^2 \\ \vdots & \vdots & & \vdots \\ a_2^{n-2} & a_3^{n-2} & \cdots & a_n^{n-2} \end{vmatrix},$$

上式右端的行列式是一个（$n-1$）阶范德蒙德行列式，由归纳法假设，它等于所有（a_j-a_i）因子的乘积，其中 $2\leqslant i<j\leqslant n$. 故

$$D_n=(a_2-a_1)(a_3-a_1)\cdots(a_n-a_1)\prod_{2\leqslant i<j\leqslant n}(a_j-a_i)=\prod_{1\leqslant i<j\leqslant n}(a_j-a_i),$$

即

$$\begin{aligned} D_n= & (a_2-a_1)(a_3-a_1)\cdots(a_n-a_1) \\ & \cdot(a_3-a_2)(a_4-a_2)\cdots(a_n-a_2) \\ & \cdot(a_4-a_3)(a_5-a_3)\cdots(a_n-a_3) \\ & \cdots\cdots \\ & \cdot(a_{n-1}-a_{n-2})(a_n-a_{n-2}) \\ & \cdot(a_n-a_{n-1}). \end{aligned}$$

注意：计算行列式时可以直接利用此题结果．

由定理 2，还可以得到下述重要定理．

定理 2′ 行列式某一行(列）的元素与另一行（列）的对应元素的代数余子式乘积之和等于 0. 即

$$a_{i1}A_{j1}+a_{i2}A_{j2}+\cdots+a_{in}A_{jn}=0 \quad (i\neq j)$$

或

$$a_{1i}A_{1j}+a_{2i}A_{2j}+\cdots+a_{ni}A_{nj}=0 \quad (i\neq j).$$

证 不妨设 $i<j$，考虑辅助行列式

$$D_0=\begin{vmatrix} a_{11} & a_{12} & \cdots & a_{1n} \\ \vdots & \vdots & & \vdots \\ a_{i1} & a_{i2} & \cdots & a_{in} \\ \vdots & \vdots & & \vdots \\ a_{i1} & a_{i2} & \cdots & a_{in} \\ \vdots & \vdots & & \vdots \\ a_{n1} & a_{n2} & \cdots & a_{nn} \end{vmatrix}\begin{matrix} \\ \\ 第\ i\ 行 \\ \\ 第\ j\ 行 \\ \\ \\ \end{matrix},$$

显然

$$D_0=0,$$

另外，将 D_0 按第 j 行展开，即

$$D_0 = a_{i1}A_{j1} + a_{i2}A_{j2} + \cdots + a_{in}A_{jn},$$

所以

$$a_{i1}A_{j1} + a_{i2}A_{j2} + \cdots + a_{in}A_{jn} = 0.$$

将定理 2 和定理 2′可以总结为

$$\sum_{k=1}^{n} a_{ik}A_{jk} = \begin{cases} D & (i=j) \\ 0 & (i\neq j) \end{cases} \quad \text{或} \quad \sum_{k=1}^{n} a_{ki}A_{kj} = \begin{cases} D & (i=j) \\ 0 & (i\neq j) \end{cases}.$$

例 11 设

$$D=\begin{vmatrix} 3 & -5 & 2 & 1 \\ 1 & 1 & 0 & -5 \\ -1 & 3 & 1 & 3 \\ 2 & -4 & -1 & -3 \end{vmatrix},$$

求 $A_{11}+A_{12}+A_{13}+A_{14}$ 及 $M_{11}+M_{21}+M_{31}+M_{41}$.

解 用 1，1，1，1 去代替 D 的第一行，所得行列式记为

$$D'=\begin{vmatrix} 1 & 1 & 1 & 1 \\ 1 & 1 & 0 & -5 \\ -1 & 3 & 1 & 3 \\ 2 & -4 & -1 & -3 \end{vmatrix},$$

显然，D 和 D' 的第一行元素的 4 个代数余子式 A_{11}，A_{12}，A_{13}，A_{14} 一样，因此求 D 中的（$A_{11}+A_{12}+A_{13}+A_{14}$）就是求 D' 中的（$A_{11}+A_{12}+A_{13}+A_{14}$）；另外将 D' 按第一行展开就是（$A_{11}+A_{12}+A_{13}+A_{14}$），故所求（$A_{11}+A_{12}+A_{13}+A_{14}$）就是行列式 D' 的值．则

$$A_{11}+A_{12}+A_{13}+A_{14} = \begin{vmatrix} 1 & 1 & 1 & 1 \\ 1 & 1 & 0 & -5 \\ -1 & 3 & 1 & 3 \\ 2 & -4 & -1 & -3 \end{vmatrix} \xlongequal[r_4+r_1]{r_3-r_1} \begin{vmatrix} 1 & 1 & 1 & 1 \\ 1 & 1 & 0 & -5 \\ -2 & 2 & 0 & 2 \\ 3 & -3 & 0 & -2 \end{vmatrix}$$

$$= \begin{vmatrix} 1 & 1 & -5 \\ -2 & 2 & 2 \\ 3 & -3 & -2 \end{vmatrix} \xlongequal[c_3-c_2]{c_1+c_2} \begin{vmatrix} 2 & 1 & -6 \\ 0 & 2 & 0 \\ 0 & -3 & 1 \end{vmatrix} = 2\begin{vmatrix} 2 & -6 \\ 0 & 1 \end{vmatrix} = 4;$$

又

$$M_{11}+M_{21}+M_{31}+M_{41} = A_{11}-A_{21}+A_{31}-A_{41},$$

同理

$$M_{11}+M_{21}+M_{31}+M_{41}=\begin{vmatrix}1&-5&2&1\\-1&1&0&-5\\1&3&1&3\\-1&-4&-1&-3\end{vmatrix}\xlongequal{r_4+r_3}\begin{vmatrix}1&-5&2&1\\-1&1&0&-5\\1&3&1&3\\0&-1&0&0\end{vmatrix}$$

$$=-\begin{vmatrix}1&2&1\\-1&0&-5\\1&1&3\end{vmatrix}\xlongequal{r_1-2r_3}-\begin{vmatrix}-1&0&-5\\-1&0&-5\\1&1&3\end{vmatrix}=0.$$

第五节　克拉默法则

对方程个数与未知量个数相等的如下方程组

$$\begin{cases}a_{11}x_1+a_{21}x_2+\cdots+a_{1n}x_n=b_1\\a_{21}x_1+a_{22}x_2+\cdots+a_{2n}x_n=b_2\\\quad\cdots\cdots\\a_{n1}x_1+a_{n2}x_2+\cdots+a_{nn}x_n=b_n\end{cases},\tag{1-7}$$

与二、三元线性方程组类似，在一定条件下，它的解可用 n 阶行列式表示，即有

定理 3 （**克拉默 Cramer 法则**）如果线性方程组（1-7）的系数行列式

$$D=\begin{vmatrix}a_{11}&a_{12}&\cdots&a_{1n}\\a_{21}&a_{22}&\cdots&a_{2n}\\\vdots&\vdots&&\vdots\\a_{n1}&a_{n2}&\cdots&a_{nn}\end{vmatrix}\neq 0,$$

那么线性方程组（1-7）有唯一解，可以表示为

$$x_1=\frac{D_1}{D},\ x_2=\frac{D_2}{D},\ \cdots,\ x_n=\frac{D_n}{D},$$

其中，D_j 是把系数行列式 D 中的第 j 列的元素换成线性方程组（1-7）的常数项 b_1，b_2，…，b_n 所得的 n 阶行列式，即

$$D_j=\begin{vmatrix}a_{11}&\cdots&a_{1,j-1}&b_1&a_{1,j+1}&\cdots&a_{1n}\\a_{21}&\cdots&a_{2,j-1}&b_2&a_{2,j+1}&\cdots&a_{2n}\\a_{31}&\cdots&a_{3,j-1}&b_3&a_{3,j+1}&\cdots&a_{3n}\\\vdots&&\vdots&\vdots&\vdots&&\vdots\\\vdots&\cdots&\vdots&\vdots&\vdots&&\vdots\\a_{n-1,1}&\cdots&a_{n-1,j-1}&b_{n-1}&a_{n-1,j+1}&\cdots&a_{n-1,n}\\a_{n1}&\cdots&a_{n,j-1}&b_n&a_{n,j+1}&\cdots&a_{nn}\end{vmatrix}\quad(j=1,2,\cdots,n).\tag{1-8}$$

（证明略）

例 12 解线性方程组

$$\begin{cases} x_1 - x_2 + x_3 + 2x_4 = 1 \\ x_1 + x_2 - 2x_3 + x_4 = 1 \\ x_1 + x_2 \qquad + x_4 = 2 \\ x_1 \qquad + x_3 - x_4 = 1 \end{cases}.$$

解 因为

$$D = \begin{vmatrix} 1 & -1 & 1 & 2 \\ 1 & 1 & -2 & 1 \\ 1 & 1 & 0 & 1 \\ 1 & 0 & 1 & -1 \end{vmatrix} \xlongequal[r_4 - r_1]{\substack{r_2 - r_1 \\ r_3 - r_1}} \begin{vmatrix} 1 & -1 & 1 & 2 \\ 0 & 2 & -3 & -1 \\ 0 & 2 & -1 & -1 \\ 0 & 1 & 0 & -3 \end{vmatrix} = \begin{vmatrix} 2 & -3 & -1 \\ 2 & -1 & -1 \\ 1 & 0 & -3 \end{vmatrix}$$

$$\xlongequal{c_3 + 3c_1} \begin{vmatrix} 2 & -3 & 5 \\ 2 & -1 & 5 \\ 1 & 0 & 0 \end{vmatrix} = \begin{vmatrix} -3 & 5 \\ -1 & 5 \end{vmatrix} = -10 \neq 0,$$

所以方程组有唯一解．又依次计算出

$$D_1 = \begin{vmatrix} 1 & -1 & 1 & 2 \\ 1 & 1 & -2 & 1 \\ 2 & 1 & 0 & 1 \\ 1 & 0 & 1 & -1 \end{vmatrix} = -8,\ D_2 = \begin{vmatrix} 1 & 1 & 1 & 2 \\ 1 & 1 & -2 & 1 \\ 1 & 2 & 0 & 1 \\ 1 & 1 & 1 & -1 \end{vmatrix} = -9,$$

$$D_3 = \begin{vmatrix} 1 & -1 & 1 & 2 \\ 1 & 1 & 1 & 1 \\ 1 & 1 & 2 & 1 \\ 1 & 0 & 1 & -1 \end{vmatrix} = -5, \quad D_4 = \begin{vmatrix} 1 & -1 & 1 & 1 \\ 1 & 1 & -2 & 1 \\ 1 & 1 & 0 & 2 \\ 1 & 0 & 1 & 1 \end{vmatrix} = -3.$$

根据克拉默法则，方程组的唯一解是

$$x_1 = \frac{4}{5}, x_2 = \frac{9}{10}, x_3 = \frac{1}{2}, x_4 = \frac{3}{10}.$$

通过此例不难看出，用克拉默法则求解 n 元线性方程组，需要计算 $(n+1)$ 个 n 阶行列式．这个计算量是相当大的，所以，在具体求解线性方程组时，很少用克拉默法则．此外，当方程组中方程的个数与未知量的个数不相同时，也不能用克拉默法则求解．因此克拉默法则主要用来判断线性方程组（1-7）解的情况，特别是它给出了方程组的解和系数之间的密切关系，这具有重要的理论价值．

克拉默法则的逆否命题可叙述为

定理 3′ 若线性方程组（1-7）无解或解不唯一，则它的系数行列式必为 0.

当线性方程组（1-7）的常数项全为零时，方程组成为

$$\begin{cases} a_{11}x_1 + a_{21}x_2 + \cdots + a_{1n}x_n = 0 \\ a_{21}x_1 + a_{22}x_2 + \cdots + a_{2n}x_n = 0 \\ \qquad \cdots\cdots \\ a_{n1}x_1 + a_{n2}x_2 + \cdots + a_{nn}x_n = 0 \end{cases}, \tag{1-9}$$

称方程组（1-9）为 n 元齐次线性方程组．相应地，当方程组的常数项不全为零时，称方程组（1-7）为 n 元非齐次线性方程组．

显然 $x_1=x_2=\cdots=x_n=0$ 是齐次线性方程组（1-9）的解，称为（1-9）的零解．若有一组不全为 0 的数满足方程组（1-9），则称它为方程组（1-9）的非零解．齐次线性方程组一定有零解，但不一定有非零解．

由于方程组（1-9）是方程组（1-7）的特殊情况，所以由克拉默法则即可得出如下推论：

推论 4 若齐次线性方程组（1-9）的系数行列式不等于零，则齐次线性方程组（1-9）只有零解．

推论 5 若齐次线性方程组（1-9）有非零解，则齐次线性方程组（1-9）的系数行列式必为 0.

推论 5 是推论 4 的逆否命题．

例 13 设齐次线性方程组

$$\begin{cases} x_1-x_2+2x_3=0 \\ -2x_1+\lambda x_2-3x_3=0 \\ 2x_1-2x_2+x_3=0 \end{cases}$$

有非零解，求 λ 的值．

解 由推论 5 知，它的系数行列式必为 0. 又

$$D=\begin{vmatrix} 1 & -1 & 2 \\ -2 & \lambda & -3 \\ 2 & -2 & 1 \end{vmatrix} \xlongequal[r_3+(-2)r_1]{r_2+2r_1} \begin{vmatrix} 1 & -1 & 2 \\ 0 & \lambda-2 & 1 \\ 0 & 0 & -3 \end{vmatrix}=-3(\lambda-2),$$

令 $D=0$，得 $\lambda=2$. 即当 $\lambda=2$ 时，齐次线性方程组有非零解．

习题一

1. 利用对角线法则计算下列行列式：

(1) $\begin{vmatrix} 2 & -1 & 3 \\ 1 & -2 & 1 \\ -3 & 1 & -2 \end{vmatrix}$；(2) $\begin{vmatrix} a & b & c \\ b & c & a \\ c & a & b \end{vmatrix}$；(3) $\begin{vmatrix} 0 & x & y \\ -x & 0 & z \\ -y & -z & 0 \end{vmatrix}$.

2. 计算下列行列式：

(1) $\begin{vmatrix} 1 & 2 & 3 \\ 0 & 1 & 2 \\ 1 & 1 & 1 \end{vmatrix}$；(2) $\begin{vmatrix} 1 & 1 & 1 \\ a & b & c \\ a^2 & b^2 & c^2 \end{vmatrix}$；(3) $\begin{vmatrix} 0 & a & 0 \\ b & 0 & c \\ 0 & d & 0 \end{vmatrix}$.

(4) $\begin{vmatrix} 4 & -4 & 0 & 0 \\ 1 & 2 & 1 & -1 \\ -7 & 5 & 2 & 0 \\ 0 & 2 & 1 & -1 \end{vmatrix}$；(5) $\begin{vmatrix} 1 & 2 & 3 & 4 \\ 2 & 3 & 4 & 1 \\ 3 & 4 & 2 & 1 \\ 4 & 1 & 2 & 3 \end{vmatrix}$；(6) $\begin{vmatrix} 0 & 1 & 1 & 1 \\ 1 & 0 & 1 & 1 \\ 1 & 1 & 0 & 1 \\ 1 & 1 & 1 & 0 \end{vmatrix}$；

(7) $\begin{vmatrix} 1 & 2 & 0 & 0 \\ 3 & 4 & 0 & 0 \\ 0 & 0 & -1 & 3 \\ 0 & 0 & 5 & 1 \end{vmatrix}$；(8) $\begin{vmatrix} 1 & 1 & 1 & 1 \\ 1 & -1 & 1 & 1 \\ 1 & 1 & -1 & 1 \\ 1 & 1 & 1 & -1 \end{vmatrix}$；(9) $\begin{vmatrix} 2 & 1 & 4 & 1 \\ 3 & -1 & 2 & 1 \\ 1 & 2 & 3 & 2 \\ 5 & 0 & 6 & 2 \end{vmatrix}$.

3. 证明：

(1) $\begin{vmatrix} ax+by & ay+bz & az+bx \\ ay+bz & az+bx & ax+by \\ az+bx & ax+by & ay+bz \end{vmatrix} = (a^3+b^3)\begin{vmatrix} x & y & z \\ y & z & x \\ z & x & y \end{vmatrix}$；

(2) $\begin{vmatrix} a^2 & (a+1)^2 & (a+2)^2 & (a+3)^2 \\ b^2 & (b+1)^2 & (b+2)^2 & (b+3)^2 \\ c^2 & (c+1)^2 & (c+2)^2 & (c+3)^2 \\ d^2 & (d+1)^2 & (d+2)^2 & (d+3)^2 \end{vmatrix} = 0$；

(3) $\begin{vmatrix} x & -1 & 0 & \cdots & 0 & 0 \\ 0 & x & -1 & \cdots & 0 & 0 \\ \vdots & \vdots & \vdots & & \vdots & \vdots \\ 0 & 0 & 0 & \cdots & x & -1 \\ a_n & a_{n-1} & a_{n-2} & \cdots & a_2 & x+a_1 \end{vmatrix} = x^n + a_1 x^{n-1} + \cdots + a_{n-1}x + a_n$.

4. 设 n 阶行列式 $D=\det(a_{ij})$，将 D 上下翻转、逆时针旋转90°或依副对角线翻转，依次得

$$D_1 = \begin{vmatrix} a_{n1} & \cdots & a_{nn} \\ \vdots & & \vdots \\ a_{11} & \cdots & a_{1n} \end{vmatrix},\quad D_2 = \begin{vmatrix} a_{1n} & \cdots & a_{nn} \\ \vdots & & \vdots \\ a_{11} & \cdots & a_{n1} \end{vmatrix},\quad D_3 = \begin{vmatrix} a_{nn} & \cdots & a_{1n} \\ \vdots & & \vdots \\ a_{n1} & \cdots & a_{11} \end{vmatrix},$$

证明 $D_1 = D_2 = (-1)^{\frac{n(n-1)}{2}} D$，$D_3 = D$.

5. 计算下列行列式：

(1) $D_n = \begin{vmatrix} a & & 1 \\ & \ddots & \\ 1 & & a \end{vmatrix}$，其中主对角线上元素都是 a，未写出的元素都是 0；

(2) $D_{n+1} = \begin{vmatrix} a_0 & 1 & 1 & \cdots & 1 \\ 1 & a_1 & 0 & \cdots & 0 \\ 1 & 0 & a_2 & \cdots & 0 \\ \vdots & \vdots & \vdots & & \vdots \\ 1 & 0 & 0 & \cdots & a_n \end{vmatrix}$，其中 $a_1 a_2 \cdots a_n \neq 0$；

(3) $D_{n+1}=\begin{vmatrix} a^n & (a-1)^n & \cdots & (a-n)^n \\ a^{n-1} & (a-1)^{n-1} & \cdots & (a-n)^{n-1} \\ \vdots & \vdots & & \vdots \\ a & a-1 & \cdots & (a-n) \\ 1 & 1 & \cdots & 1 \end{vmatrix}$；

(4) $D_{2n}=\begin{vmatrix} a_n & & & & & b_n \\ & \ddots & & & \iddots & \\ & & a_1 & b_1 & & \\ & & c_1 & d_1 & & \\ & \iddots & & & \ddots & \\ c_n & & & & & d_n \end{vmatrix}$，未写出的元素都是 0.

6. 用克拉默法则解下列方程组：

(1) $\begin{cases} x_2+2x_3=1 \\ x_1+x_2+4x_3=1 \\ 2x_1-x_2=2 \end{cases}$；(2) $\begin{cases} 2x_1+x_2-5x_3+x_4=8 \\ x_1-3x_2-6x_4=9 \\ 2x_1-x_3+2x_4=9 \\ x_1+4x_2-7x_3+6x_4=0 \end{cases}$.

7. 已知齐次线性方程组

$$\begin{cases} (1-\lambda)x_1-2x_2+4x_3=0 \\ 2x_1+(3-\lambda)x_2+x_3=0 \\ x_1+x_2+(1-\lambda)x_3=0 \end{cases},$$

当 λ 为何值时，此方程组有非零解？

第二章

矩　阵

本章学习目标

在现实世界中，量与量之间的依赖关系是错综复杂的，在这些依赖关系中，最简单、最常见的一种关系便是线性关系．大量的实际问题通过各种数学方法处理后，往往归结为线性方程组的求解问题，而矩阵就是研究线性关系、解决线性方程组求解问题的有力工具．本章主要介绍矩阵的概念、矩阵的运算、矩阵的初等变换以及矩阵的某些内在特征．通过本章的学习，重点掌握以下内容：

- 矩阵的线性、乘法、方阵的幂、转置、方阵的行列式等运算及其运算规律
- 逆矩阵的概念及其性质，会求矩阵的逆矩阵
- 分块矩阵的概念及运算
- 矩阵的初等变换，行阶梯形矩阵和行最简形矩阵的概念和特点，会把矩阵利用初等行变换化成行阶梯形矩阵和行最简形矩阵
- 矩阵秩的概念及性质，会求矩阵的秩
- 会用秩去判断方程组解的情况

第一节　矩阵的概念

矩阵实质上就是一张长方形数表．无论是在日常生活中还是在科学研究中，矩阵都是一种十分常见的数学现象．诸如学校里的课程表、成绩统计表；工厂里的生产进度表、销售统计表；车站里的时刻表、价目表；股市中的证券价目表；科研领域中的数据分析表等．它是表述或处理大量的生活、生产与科研问题的有力工具．

引例 1　某厂向三个商店发送三种产品 p_1，p_2，p_3 的数量如表 2-1 所示：

表 2-1　　单位：件

商店＼产品	p_1	p_2	p_3
1	a_{11}	a_{12}	a_{13}
2	a_{21}	a_{22}	a_{23}
3	a_{31}	a_{32}	a_{33}

其中，a_{ij} 为工厂向第 i 商店发送第 p_j 种产品的数量．

这三种产品的单价及单件重量如表 2-2 所示：

表 2-2

产品	单价/元	重量/千克
p_1	b_{11}	b_{12}
p_2	b_{21}	b_{22}
p_3	b_{31}	b_{32}

其中，b_{i1} 为第 p_i 种产品的单价，b_{i2} 为第 p_i 种产品的单件重量．

如果将主要关心的对象——表中的数据，按原次序排列，并加上括号（以示这些数据是一个不可分割的整体），那么，就可以简略地表示为矩形数表：

$$\boldsymbol{A}=\begin{pmatrix}a_{11}&a_{12}&a_{13}\\a_{21}&a_{22}&a_{23}\\a_{31}&a_{32}&a_{33}\end{pmatrix}\text{和 }\boldsymbol{B}=\begin{pmatrix}b_{11}&b_{12}\\b_{21}&b_{22}\\b_{31}&b_{32}\end{pmatrix}.$$

引例 2　线性方程组

$$\begin{cases}a_{11}x_1+a_{12}x_2+\cdots+a_{1n}x_n=b_1\\a_{21}x_1+a_{22}x_2+\cdots+a_{2n}x_n=b_2\\\qquad\cdots\cdots\\a_{n1}x_1+a_{n2}x_2+\cdots+a_{nn}x_n=b_n\end{cases}$$

的系数 $a_{ij}(i,\ j=1,2,\cdots,n)$，常数项 $b_j(j=1,2,\cdots,n)$ 按原位置构成一数表：

$$\begin{pmatrix}a_{11}&a_{12}&\cdots&a_{1n}&b_1\\a_{21}&a_{22}&\cdots&a_{2n}&b_2\\\vdots&\vdots&&\vdots&\vdots\\a_{n1}&a_{n2}&\cdots&a_{nn}&b_n\end{pmatrix}.$$

根据克拉默法则，该数表决定着上述方程组是否有解以及如果有解，解是什么，解的结构如何等问题，因此研究这个表很有意义．

如果不考虑上述各引例中所涉及的矩形数表的具体意义，数学上则用矩阵这一概念一般地进行描述．

一、矩阵的定义

定义 1 由 $m\times n$ 个数 a_{ij} （$i=1, 2, \cdots, m$；$j=1, 2, \cdots, n$）排成的 m 行 n 列的数表

$$\begin{pmatrix} a_{11} & a_{12} & \cdots & a_{1n} \\ a_{21} & a_{22} & \cdots & a_{2n} \\ \vdots & \vdots & & \vdots \\ a_{m1} & a_{m2} & \cdots & a_{mn} \end{pmatrix}, \tag{2-1}$$

称为 m 行 n 列**矩阵**，简称 $m\times n$ 矩阵．组成矩阵（2-1）的每个数 a_{ij} 称为位于矩阵的第 i 行第 j 列的元素．

通常用大写的黑体英文字母 **A**、**B**、**C** 等来表示矩阵．有时为了表明矩阵的行数与列数，把 m 行 n 列矩阵记作 $\boldsymbol{A}_{m\times n}$，以数 a_{ij}（$i=1, 2, \cdots, m$；$j=1, 2, \cdots, n$）为元素的矩阵记作 $(a_{ij})_{m\times n}$.

元素是实数的矩阵称为实矩阵，元素是复数的矩阵称为复矩阵．本书中的矩阵除特别说明外，都指实矩阵．

若两个矩阵的行数相等且列数也相等，就称它们是同型矩阵．若对于同型矩阵 $\boldsymbol{A}=(a_{ij})_{m\times n}$ 与 $\boldsymbol{B}=(b_{ij})_{m\times n}$，如果它们的对应元素相等，即

$$a_{ij} = b_{ij} \quad (i=1, 2, \cdots, m;\ j=1, 2, \cdots, n),$$

则称矩阵 $\boldsymbol{A}$ 与矩阵 $\boldsymbol{B}$ 相等，记作

$$\boldsymbol{A}=\boldsymbol{B}.$$

二、一些特殊的矩阵

（1）行矩阵．当 $m=1$ 时，即只有一行的矩阵

$$\boldsymbol{A}=(a_1, a_2, \cdots, a_n),$$

称为行矩阵或行向量．

（2）列矩阵．当 $n=1$ 时，即只有一列的矩阵

$$\boldsymbol{B}=\begin{pmatrix} b_1 \\ b_2 \\ \vdots \\ b_m \end{pmatrix},$$

称为列矩阵或列向量．

（3）零矩阵．元素都是零的矩阵称为零矩阵，记作 $\boldsymbol{O}$. 例如，$m\times n$ 的零矩阵可以记为

$$\boldsymbol{O}_{m\times n}=\begin{pmatrix} 0 & 0 & \cdots & 0 \\ 0 & 0 & \cdots & 0 \\ \vdots & \vdots & & \vdots \\ 0 & 0 & \cdots & 0 \end{pmatrix}_{m\times n}.$$

（4）方阵．当 $m=n$ 时，矩阵 $\boldsymbol{A}_{m\times n}$ 可简记为 $\boldsymbol{A}_n$，称为 n 阶矩阵或 n 阶方阵，即

$$\boldsymbol{A}_n=\begin{pmatrix} a_{11} & a_{12} & \cdots & a_{1n} \\ a_{21} & a_{22} & \cdots & a_{2n} \\ \vdots & \vdots & & \vdots \\ a_{n1} & a_{n2} & \cdots & a_{nn} \end{pmatrix}.$$

其中，元素 a_{11}，a_{22}，…，a_{nn} 称为方阵 $\boldsymbol{A}_n$ 的主对角线元素，过元素 a_{11}，a_{22}，…，a_{nn} 的直线称为方阵 $\boldsymbol{A}_n$ 的主对角线．

（5）对角阵．n 阶方阵中除了主对角线上的元素不全为 0，其余元素全为 0，这样的方阵称为 n 阶对角阵，记为 $\boldsymbol{\Lambda}_n=\mathrm{diag}(\lambda_1,\lambda_2,\cdots,\lambda_n)$，即

$$\boldsymbol{\Lambda}_n=\begin{pmatrix} \lambda_1 & 0 & \cdots & 0 \\ 0 & \lambda_2 & \cdots & 0 \\ \vdots & \vdots & & \vdots \\ 0 & 0 & \cdots & \lambda_n \end{pmatrix}.$$

（6）单位矩阵．n 阶对角阵中主对角线上的元素全是 1，其余元素全为 0，这样的方阵称为 n 阶单位矩阵，记为 $\boldsymbol{E}$ 或 $\boldsymbol{E}_n$，即

$$\boldsymbol{E}_n=\begin{pmatrix} 1 & 0 & \cdots & 0 \\ 0 & 1 & \cdots & 0 \\ \vdots & \vdots & & \vdots \\ 0 & 0 & \cdots & 1 \end{pmatrix}.$$

第二节　矩阵的运算

一、矩阵的线性运算

定义 2　设有两个 $m\times n$ 矩阵 $\boldsymbol{A}=(a_{ij})$ 和 $\boldsymbol{B}=(b_{ij})$，矩阵 $\boldsymbol{A}$ 与矩阵 $\boldsymbol{B}$ 对应元素相加，所得的 $m\times n$ 矩阵称为矩阵 $\boldsymbol{A}$ 和 $\boldsymbol{B}$ 的和，记作 $(\boldsymbol{A}+\boldsymbol{B})$，即

$$\boldsymbol{A}+\boldsymbol{B}=\begin{pmatrix} a_{11}+b_{11} & a_{12}+b_{12} & \cdots & a_{1n}+b_{1n} \\ a_{21}+b_{21} & a_{22}+b_{22} & \cdots & a_{2n}+b_{2n} \\ \vdots & \vdots & & \vdots \\ a_{m1}+b_{m1} & a_{m2}+b_{m2} & \cdots & a_{mn}+b_{mn} \end{pmatrix}.$$

例 1　设 $\boldsymbol{A}=\begin{pmatrix} 1 & 1 \\ -1 & -1 \end{pmatrix}$，$\boldsymbol{B}=\begin{pmatrix} 1 & -1 \\ -1 & 1 \end{pmatrix}$，则

$$\boldsymbol{A}+\boldsymbol{B}=\begin{pmatrix} 1 & 1 \\ -1 & -1 \end{pmatrix}+\begin{pmatrix} 1 & -1 \\ -1 & 1 \end{pmatrix}=\begin{pmatrix} 1+1 & 1+(-1) \\ (-1)+(-1) & (-1)+1 \end{pmatrix}=\begin{pmatrix} 2 & 0 \\ -2 & 0 \end{pmatrix}.$$

例 2 设 $\boldsymbol{A}=\begin{pmatrix}a_1\\a_2\\\vdots\\a_n\end{pmatrix}$，$\boldsymbol{B}=\begin{pmatrix}b_1\\b_2\\\vdots\\b_n\end{pmatrix}$，则 $\boldsymbol{A}+\boldsymbol{B}=\begin{pmatrix}a_1\\a_2\\\vdots\\a_n\end{pmatrix}+\begin{pmatrix}b_1\\b_2\\\vdots\\b_n\end{pmatrix}=\begin{pmatrix}a_1+b_1\\a_2+b_2\\\vdots\\a_n+b_n\end{pmatrix}$.

定义 3 设 $\boldsymbol{A}=(a_{ij})_{m\times n}$，$\lambda$ 是一个数，矩阵

$$\begin{pmatrix}\lambda a_{11} & \lambda a_{12} & \cdots & \lambda a_{1n}\\ \lambda a_{21} & \lambda a_{22} & \cdots & \lambda a_{2n}\\ \vdots & \vdots & & \vdots\\ \lambda a_{m1} & \lambda a_{m2} & \cdots & \lambda a_{mn}\end{pmatrix}$$

称为 $\boldsymbol{A}$ 与 λ 的数量乘积，记作 $\lambda\boldsymbol{A}$，即

$$\lambda\boldsymbol{A}=\lambda(a_{ij})_{m\times n}=(\lambda a_{ij})_{m\times n}=\begin{pmatrix}\lambda a_{11} & \lambda a_{12} & \cdots & \lambda a_{1n}\\ \lambda a_{21} & \lambda a_{22} & \cdots & \lambda a_{2n}\\ \vdots & \vdots & & \vdots\\ \lambda a_{m1} & \lambda a_{m2} & \cdots & \lambda a_{mn}\end{pmatrix}.$$

矩阵

$$\begin{pmatrix}-a_{11} & -a_{12} & \cdots & -a_{1n}\\ -a_{21} & -a_{22} & \cdots & -a_{2n}\\ \vdots & \vdots & & \vdots\\ -a_{m1} & -a_{m2} & \cdots & -a_{mn}\end{pmatrix}$$

称为矩阵 $\boldsymbol{A}$ 的负矩阵，记作 $-\boldsymbol{A}$.

矩阵 $\boldsymbol{A}=(a_{ij})_{m\times n}$ 与 $\boldsymbol{B}=(b_{ij})_{m\times n}$ 的差记作 $\boldsymbol{A}-\boldsymbol{B}$，即

$$\begin{aligned}\boldsymbol{A}-\boldsymbol{B}&=\boldsymbol{A}+(-\boldsymbol{B})=(a_{ij}-b_{ij})_{m\times n}\\&=\begin{pmatrix}a_{11}-b_{11} & a_{12}-b_{12} & \cdots & a_{1n}-b_{1n}\\ a_{21}-b_{21} & a_{22}-b_{22} & \cdots & a_{2n}-b_{2n}\\ \vdots & \vdots & & \vdots\\ a_{m1}-b_{m1} & a_{m2}-b_{m2} & \cdots & a_{mn}-b_{mn}\end{pmatrix}.\end{aligned}$$

设 $\boldsymbol{A}$、$\boldsymbol{B}$、$\boldsymbol{C}$ 是同型矩阵，λ、μ 为数，矩阵加法、数乘矩阵满足以下运算律：

(1) $\boldsymbol{A}+\boldsymbol{B}=\boldsymbol{B}+\boldsymbol{A}$.

(2) $(\boldsymbol{A}+\boldsymbol{B})+\boldsymbol{C}=\boldsymbol{A}+(\boldsymbol{B}+\boldsymbol{C})$.

(3) $\lambda(\mu\boldsymbol{A})=(\lambda\mu)\boldsymbol{A}$.

(4) $(\lambda+\mu)\boldsymbol{A}=\lambda\boldsymbol{A}+\mu\boldsymbol{A}$.

(5) $\lambda(\boldsymbol{A}+\boldsymbol{B})=\lambda\boldsymbol{A}+\lambda\boldsymbol{B}$.

矩阵相加与数乘矩阵合起来，统称为矩阵的线性运算．

例 3 设 $\boldsymbol{A}=\begin{pmatrix}1 & 2 & -1\\0 & 3 & -2\end{pmatrix}$，$\boldsymbol{B}=\begin{pmatrix}0 & 1 & 2\\-1 & -2 & 1\end{pmatrix}$，求 $2\boldsymbol{A}-3\boldsymbol{B}$.

解 $2\boldsymbol{A}-3\boldsymbol{B}=\begin{pmatrix}2 & 4 & -2\\0 & 6 & -4\end{pmatrix}-\begin{pmatrix}0 & 3 & 6\\-3 & -6 & 3\end{pmatrix}=\begin{pmatrix}2 & 1 & -8\\3 & 12 & -7\end{pmatrix}$.

二、矩阵的乘法

以第一节中引例 1 为例，某厂向三个商店发送三种产品 p_1，p_2，p_3 的总价和总重量如表 2-3 所示.

表 2-3

商店	总价/元	总重量/千克
1	$a_{11}b_{11}+a_{12}b_{21}+a_{13}b_{31}$	$a_{11}b_{12}+a_{12}b_{22}+a_{13}b_{32}$
2	$a_{21}b_{11}+a_{22}b_{21}+a_{23}b_{31}$	$a_{21}b_{12}+a_{22}b_{22}+a_{23}b_{32}$
3	$a_{31}b_{11}+a_{32}b_{21}+a_{33}b_{31}$	$a_{31}b_{12}+a_{32}b_{22}+a_{33}b_{32}$

在第一节引例 1 中，已经有矩阵

$$\boldsymbol{A}=\begin{pmatrix}a_{11} & a_{12} & a_{13}\\a_{21} & a_{22} & a_{23}\\a_{31} & a_{32} & a_{33}\end{pmatrix},\ \boldsymbol{B}=\begin{pmatrix}b_{11} & b_{12}\\b_{21} & b_{22}\\b_{31} & b_{32}\end{pmatrix},$$

若记

$$\boldsymbol{C}=\begin{pmatrix}a_{11}b_{11}+a_{12}b_{21}+a_{13}b_{31} & a_{11}b_{12}+a_{12}b_{22}+a_{13}b_{32}\\a_{21}b_{11}+a_{22}b_{21}+a_{23}b_{31} & a_{21}b_{12}+a_{22}b_{22}+a_{23}b_{32}\\a_{31}b_{11}+a_{32}b_{21}+a_{33}b_{31} & a_{31}b_{12}+a_{32}b_{22}+a_{33}b_{32}\end{pmatrix},$$

则矩阵 $\boldsymbol{C}$ 即为矩阵 $\boldsymbol{A}$ 与 $\boldsymbol{B}$ 的乘积.

定义 4 设 $\boldsymbol{A}$ 是一个 $m\times s$ 矩阵，$\boldsymbol{B}$ 是一个 $s\times n$ 矩阵，即

$$\boldsymbol{A}=(a_{ij})_{m\times s}=\begin{pmatrix}a_{11} & a_{12} & \cdots & a_{1s}\\a_{21} & a_{22} & \cdots & a_{2s}\\\vdots & \vdots & & \vdots\\a_{m1} & a_{m2} & \cdots & a_{ms}\end{pmatrix},\ \boldsymbol{B}=(b_{ij})_{s\times n}=\begin{pmatrix}b_{11} & b_{12} & \cdots & b_{1n}\\b_{21} & b_{22} & \cdots & b_{2n}\\\vdots & \vdots & & \vdots\\b_{s1} & b_{s2} & \cdots & b_{sn}\end{pmatrix},$$

规定

$$\boldsymbol{C}=\boldsymbol{AB}=(c_{ij})_{m\times n}=\begin{pmatrix}c_{11} & c_{12} & \cdots & c_{1n}\\c_{21} & c_{22} & \cdots & c_{2n}\\\vdots & \vdots & & \vdots\\c_{m1} & c_{m2} & \cdots & c_{mn}\end{pmatrix},$$

其中，$c_{ij}=a_{i1}b_{1j}+a_{i2}b_{2j}+\cdots+a_{is}b_{sj}=\sum_{k=1}^{s}a_{ik}b_{kj}$（$i=1,2,\cdots,m$；$j=1,2,\cdots,n$），称 $\boldsymbol{C}$ 为矩阵 $\boldsymbol{A}$ 与 $\boldsymbol{B}$ 的乘积，记作 $\boldsymbol{AB}$，常读作 $\boldsymbol{A}$ 左乘 $\boldsymbol{B}$ 或 $\boldsymbol{B}$ 右乘 $\boldsymbol{A}$.

上述定义表明：只有当矩阵 $\boldsymbol{A}$ 的列数等于矩阵 $\boldsymbol{B}$ 的行数时，矩阵 $\boldsymbol{A}$ 才能左乘

$\boldsymbol{B}$；当 $\boldsymbol{C}=\boldsymbol{AB}$ 时，$\boldsymbol{C}$ 的行数等于 $\boldsymbol{A}$ 的行数，而 $\boldsymbol{C}$ 的列数等于 $\boldsymbol{B}$ 的列数，$\boldsymbol{C}$ 的元素 c_{ij} 等于 $\boldsymbol{A}$ 的第 i 行与 $\boldsymbol{B}$ 的第 j 列对应元素的乘积之和，即

$$c_{ij}=(a_{i1},a_{i2},\cdots,a_{is})\begin{pmatrix}b_{1j}\\b_{2j}\\\vdots\\b_{sj}\end{pmatrix}=\sum_{k=1}^{s}a_{ik}b_{kj}.$$

例 4 求下列矩阵的乘积 $\boldsymbol{AB}$ 与 $\boldsymbol{BA}$，并对 $\boldsymbol{AB}$ 与 $\boldsymbol{BA}$ 进行比较，观察 $\boldsymbol{AB}$ 与 $\boldsymbol{BA}$ 是否相等.

（1）$\boldsymbol{A}=\begin{pmatrix}2&-1\\-4&0\\3&1\end{pmatrix}$，$\boldsymbol{B}=\begin{pmatrix}7&-9\\-8&10\end{pmatrix}$；

（2）$\boldsymbol{A}=\begin{pmatrix}a_1\\a_2\\\vdots\\a_n\end{pmatrix}$，$\boldsymbol{B}=(b_1,\ b_2,\ \cdots,\ b_n)$；

（3）$\boldsymbol{A}=\begin{pmatrix}1&1\\-1&-1\end{pmatrix}$，$\boldsymbol{B}=\begin{pmatrix}1&-1\\-1&1\end{pmatrix}$.

解 （1）
$$\boldsymbol{AB}=\begin{pmatrix}2&-1\\-4&0\\3&1\end{pmatrix}\begin{pmatrix}7&-9\\-8&10\end{pmatrix}$$
$$=\begin{pmatrix}2\times7+(-1)\times(-8)&2\times(-9)+(-1)\times10\\(-4)\times7+0\times(-8)&(-4)\times(-9)+0\times10\\3\times7+1\times(-8)&3\times(-9)+1\times10\end{pmatrix}=\begin{pmatrix}22&-28\\-28&36\\13&-17\end{pmatrix}.$$

但 $\boldsymbol{BA}$ 无意义，因为 $\boldsymbol{B}$ 有 2 列，而 $\boldsymbol{A}$ 有 3 行，故 $\boldsymbol{AB}\neq\boldsymbol{BA}$.

（2）
$$\boldsymbol{AB}=\begin{pmatrix}a_1\\a_2\\\vdots\\a_n\end{pmatrix}(b_1,\ b_2,\ \cdots,\ b_n)=\begin{pmatrix}a_1b_1&a_1b_2&\cdots&a_1b_n\\a_2b_1&a_2b_2&\cdots&a_2b_n\\\vdots&\vdots&&\vdots\\a_nb_1&a_nb_2&\cdots&a_nb_n\end{pmatrix},$$

$$\boldsymbol{BA}=(b_1,\ b_2,\ \cdots,\ b_n)\begin{pmatrix}a_1\\a_2\\\vdots\\a_n\end{pmatrix}=b_1a_1+b_2a_2+\cdots+b_na_n.$$

$\boldsymbol{BA}$ 是一阶矩阵，不可能与 n 阶矩阵 $\boldsymbol{AB}$ 相等，因此 $\boldsymbol{AB}\neq\boldsymbol{BA}$.

（3）
$$\boldsymbol{AB}=\begin{pmatrix}1&1\\-1&-1\end{pmatrix}\begin{pmatrix}1&-1\\-1&1\end{pmatrix}=\begin{pmatrix}0&0\\0&0\end{pmatrix},$$

$$\boldsymbol{BA}=\begin{pmatrix}1 & -1\\ -1 & 1\end{pmatrix}\begin{pmatrix}1 & 1\\ -1 & -1\end{pmatrix}=\begin{pmatrix}2 & 2\\ -2 & -2\end{pmatrix}.$$

$\boldsymbol{AB}$ 与 $\boldsymbol{BA}$ 都是 2 阶矩阵，但 $\boldsymbol{AB}\neq\boldsymbol{BA}$.

例 4 中的三个题目均表明：一般地，矩阵乘法不满足交换律，即 $\boldsymbol{AB}\neq\boldsymbol{BA}$. 因此，矩阵相乘时，有左乘与右乘之分 . $\boldsymbol{AB}$ 是 $\boldsymbol{A}$ 左乘 $\boldsymbol{B}$ 的乘积，而 $\boldsymbol{BA}$ 是 $\boldsymbol{A}$ 右乘 $\boldsymbol{B}$ 的乘积 .

在例 4 的（2）中可以看出，若 $\boldsymbol{A}$ 是 $m\times n$ 阶矩阵，$\boldsymbol{B}$ 是 $n\times m$ 阶矩阵，这时 $\boldsymbol{AB}$ 与 $\boldsymbol{BA}$ 均有意义 . 若 $m\neq n$，一定有 $\boldsymbol{AB}\neq\boldsymbol{BA}$；若 $m=n$，则此例中的（3）说明，仍有可能 $\boldsymbol{AB}\neq\boldsymbol{BA}$.

在例 4 的（3）中还看到一个值得注意的现象：$\boldsymbol{A}\neq\boldsymbol{\Theta}$，$\boldsymbol{B}\neq\boldsymbol{\Theta}$ 但是 $\boldsymbol{AB}=\boldsymbol{\Theta}$，即两个非零矩阵的乘积可能是零矩阵，这也是与数的乘法不同的地方 . 由此还说明：若 $\boldsymbol{AC}=\boldsymbol{BC}$ 或 $(\boldsymbol{A}-\boldsymbol{B})\boldsymbol{C}=\boldsymbol{\Theta}$，当 $\boldsymbol{C}\neq\boldsymbol{\Theta}$ 时，不能推出 $\boldsymbol{A}=\boldsymbol{B}$ 或 $\boldsymbol{A}-\boldsymbol{B}=\boldsymbol{\Theta}$，即一般不能在等式两边都消去矩阵 $\boldsymbol{C}$，也就是矩阵乘法不满足消去律 .

虽然矩阵乘法不满足交换律及消去律，但它也有一些与数的乘法相类似的地方，它满足以下运算律：

（1）$(\boldsymbol{AB})\boldsymbol{C}=\boldsymbol{A}(\boldsymbol{BC})$.

（2）$\lambda(\boldsymbol{AB})=(\lambda\boldsymbol{A})\boldsymbol{B}=\boldsymbol{A}(\lambda\boldsymbol{B})$（$\lambda$ 为数）.

（3）$\boldsymbol{A}(\boldsymbol{B}+\boldsymbol{C})=\boldsymbol{AB}+\boldsymbol{AC}$，$(\boldsymbol{B}+\boldsymbol{C})\boldsymbol{A}=\boldsymbol{BA}+\boldsymbol{CA}$.

矩阵乘法不满足交换律，但是也有例外的情况，例如，

设

$$\boldsymbol{A}=\begin{pmatrix}2 & 0\\ 0 & 2\end{pmatrix},\ \boldsymbol{B}=\begin{pmatrix}1 & -1\\ -1 & 1\end{pmatrix},$$

则

$$\boldsymbol{AB}=\boldsymbol{BA}=\begin{pmatrix}2 & -2\\ -2 & 2\end{pmatrix}.$$

定义 5 如果两个 n 阶方阵 $\boldsymbol{A}$ 与 $\boldsymbol{B}$ 相乘，有 $\boldsymbol{AB}=\boldsymbol{BA}$，则称矩阵 $\boldsymbol{A}$ 与 $\boldsymbol{B}$ 是可交换的，简称 $\boldsymbol{A}$ 与 $\boldsymbol{B}$ 可换 .

对于单位矩阵 $\boldsymbol{E}$，容易验证

$$\boldsymbol{E}_m\boldsymbol{A}_{m\times n}=\boldsymbol{A}_{m\times n},\ \boldsymbol{A}_{m\times n}\boldsymbol{E}_n=\boldsymbol{A}_{m\times n}.$$

若 $\boldsymbol{A}$ 与 $\boldsymbol{E}$ 是同阶方阵，则有

$$\boldsymbol{EA}=\boldsymbol{AE}=\boldsymbol{A}.$$

由此可知，在矩阵乘法中，单位矩阵 $\boldsymbol{E}$ 起着类似于数 1 的作用 .

一般地，n 个变量 x_1，x_2，…，x_n 与 m 个变量 y_1，y_2，…，y_m 之间的线性关系式

$$\begin{cases} y_1 = a_{11}x_1 + a_{12}x_2 + \cdots + a_{1n}x_n \\ y_2 = a_{21}x_1 + a_{22}x_2 + \cdots + a_{2n}x_n \\ \quad\cdots\cdots \\ y_m = a_{m1}x_1 + a_{m2}x_2 + \cdots + a_{mn}x_n \end{cases} \tag{2-2}$$

表示一个从变量 x_1，x_2，…，x_n 到变量 y_1，y_2，…，y_m 的线性变换，其中 a_{ij} 为常数，称为线性变换（2-2）的系数，a_{ij} 构成了矩阵 $\boldsymbol{A}=(a_{ij})_{m\times n}$，称为线性变换（2-2）的系数矩阵．

设 $\boldsymbol{A}=\begin{pmatrix} a_{11} & a_{12} & \cdots & a_{1n} \\ a_{21} & a_{22} & \cdots & a_{2n} \\ \vdots & \vdots & & \vdots \\ a_{m1} & a_{m2} & \cdots & a_{mn} \end{pmatrix}$，$\boldsymbol{x}=\begin{pmatrix} x_1 \\ x_2 \\ \vdots \\ x_n \end{pmatrix}$，$\boldsymbol{y}=\begin{pmatrix} y_1 \\ y_2 \\ \vdots \\ y_m \end{pmatrix}$，则根据矩阵乘法和矩阵相等的概念，线性变换（2-2）可以表示为矩阵形式：

$$\boldsymbol{y}=\boldsymbol{A}\boldsymbol{x}.$$

三、方阵的幂

定义 6 设方阵 $\boldsymbol{A}=(a_{ij})_n$，规定

$$\boldsymbol{A}^0=\boldsymbol{E},\ \boldsymbol{A}^k=\underbrace{\boldsymbol{A}\boldsymbol{A}\cdots\boldsymbol{A}}_{k},\ (k\text{ 为正整数}).$$

$\boldsymbol{A}^k$ 称为矩阵 $\boldsymbol{A}$ 的 k 次幂．

显然，只有方阵才有 k 次幂，且满足以下运算律：

$$\boldsymbol{A}^k\boldsymbol{A}^l = \boldsymbol{A}^{k+l},(\boldsymbol{A}^k)^l = \boldsymbol{A}^{kl}\quad(k,\ l\text{ 为正整数}),$$
$$(\boldsymbol{AB})^k = \underbrace{(\boldsymbol{AB})(\boldsymbol{AB})\cdots(\boldsymbol{AB})}_{k}.$$

需要注意，一般情况下，$(\boldsymbol{AB})^k\neq\boldsymbol{A}^k\boldsymbol{B}^k$（$\boldsymbol{A}$ 和 $\boldsymbol{B}$ 均为 n 阶方阵，k 为自然数）；但是当 $\boldsymbol{A}$ 与 $\boldsymbol{B}$ 为可交换的同阶方阵时，则可以证明 $(\boldsymbol{AB})^k=\boldsymbol{A}^k\boldsymbol{B}^k$．

设 $f(x) = a_m x^m + a_{m-1}x^{m-1} + \cdots + a_1 x + a_0$（$a_m\neq0$）为 m 次多项式，$\boldsymbol{A}$ 为 n 阶方阵，则

$$f(\boldsymbol{A}) = a_m\boldsymbol{A}^m + a_{m-1}\boldsymbol{A}^{m-1} + \cdots + a_1\boldsymbol{A} + a_0\boldsymbol{E}\quad(a_m \neq 0).$$

仍为一个 n 阶方阵，称为方阵 $\boldsymbol{A}$ 的多项式．

例 5 求例 4（2）中 $\boldsymbol{AB}$ 的 n 次幂 $(\boldsymbol{AB})^n$．

解 $\boldsymbol{AB}=\begin{pmatrix} a_1 \\ a_2 \\ \vdots \\ a_n \end{pmatrix}(b_1,\ b_2,\ \cdots,\ b_n) = \begin{pmatrix} a_1b_1 & a_1b_2 & \cdots & a_1b_n \\ a_2b_1 & a_2b_2 & \cdots & a_2b_n \\ \vdots & \vdots & & \vdots \\ a_nb_1 & a_nb_2 & \cdots & a_nb_n \end{pmatrix}$，

$$\boldsymbol{BA}=(b_1, b_2, \cdots, b_n)\begin{pmatrix}a_1\\a_2\\\vdots\\a_n\end{pmatrix}=b_1a_1+b_2a_2+\cdots+b_na_n.$$

所以

$$\begin{aligned}(\boldsymbol{AB})^n &= (\boldsymbol{AB})(\boldsymbol{AB})(\boldsymbol{AB})\cdots(\boldsymbol{AB})(\boldsymbol{AB})\\ &= \boldsymbol{A}(\boldsymbol{BA})(\boldsymbol{BA})(\boldsymbol{BA})\cdots(\boldsymbol{BA})\boldsymbol{B}\\ &= \boldsymbol{A}(a_1b_1+a_2b_2+\cdots+a_nb_n)^{n-1}\boldsymbol{B}\\ &= (a_1b_1+a_2b_2+\cdots+a_nb_n)^{n-1}\boldsymbol{AB}\\ &= (a_1b_1+a_2b_2+\cdots a_nb_n)^{n-1}\begin{pmatrix}a_1b_1 & a_1b_2 & \cdots & a_1b_n\\ a_2b_1 & a_2b_2 & \cdots & a_2b_n\\ \vdots & \vdots & & \vdots\\ a_nb_1 & a_nb_2 & \cdots & a_nb_n\end{pmatrix}\\ &= \begin{pmatrix}ka_1b_1 & ka_1b_2 & \cdots & ka_1b_n\\ ka_2b_1 & ka_2b_2 & \cdots & ka_2b_n\\ \vdots & \vdots & & \vdots\\ ka_nb_1 & ka_nb_2 & \cdots & ka_nb_n\end{pmatrix},\end{aligned}$$

其中，$k=(a_1b_1+a_2b_2+\cdots a_nb_n)^{n-1}$.

该例运用了矩阵运算的一些技巧，若直接计算$(\boldsymbol{AB})^n$会非常繁琐.

四、矩阵的转置

定义 7 把 $m\times n$ 矩阵 $\boldsymbol{A}$ 的行换成同序数的列得到的新矩阵，称为 $\boldsymbol{A}$ 的**转置矩阵**，记作 $\boldsymbol{A}^{\mathrm{T}}$.

例如，矩阵 $\boldsymbol{A}=\begin{pmatrix}1 & 2 & 0\\ 3 & -1 & 2\end{pmatrix}$的转置矩阵为 $\boldsymbol{A}^{\mathrm{T}}=\begin{pmatrix}1 & 3\\ 2 & -1\\ 0 & 2\end{pmatrix}$.

矩阵的转置也是一种运算，满足以下运算律：

(1) $(\boldsymbol{A}^{\mathrm{T}})^{\mathrm{T}}=\boldsymbol{A}$.

(2) $(\boldsymbol{A}+\boldsymbol{B})^{\mathrm{T}}=\boldsymbol{A}^{\mathrm{T}}+\boldsymbol{B}^{\mathrm{T}}$,可推广为$(\boldsymbol{A}+\boldsymbol{B}+\cdots+\boldsymbol{C})^{\mathrm{T}}=\boldsymbol{A}^{\mathrm{T}}+\boldsymbol{B}^{\mathrm{T}}+\cdots+\boldsymbol{C}^{\mathrm{T}}$；

(3) $(\lambda\boldsymbol{A})^{\mathrm{T}}=\lambda\boldsymbol{A}^{\mathrm{T}}$($\lambda$ 为常数)；

(4) $(\boldsymbol{AB})^{\mathrm{T}}=\boldsymbol{B}^{\mathrm{T}}\boldsymbol{A}^{\mathrm{T}}$，可推广为$(\boldsymbol{AB}\cdots\boldsymbol{C})^{\mathrm{T}}=\boldsymbol{C}^{\mathrm{T}}\cdots\boldsymbol{B}^{\mathrm{T}}\boldsymbol{A}^{\mathrm{T}}$.

下面只证明 (4) .

证明 设 $\boldsymbol{A}=(a_{ij})_{m\times s}$，$\boldsymbol{B}=(b_{ij})_{s\times n}$，则$(\boldsymbol{AB})^{\mathrm{T}}$ 与 $\boldsymbol{B}^{\mathrm{T}}\boldsymbol{A}^{\mathrm{T}}$ 都是 $n\times m$ 矩阵，而$(\boldsymbol{AB})^{\mathrm{T}}$ 的第 i 行第 j 列的元素等于 $\boldsymbol{AB}$ 的第 j 行第 i 列的元素 . $\boldsymbol{AB}$ 的第 j 行第 i 列

的元素是 $\sum_{k=1}^{s} a_{jk}b_{ki}$，所以$(\boldsymbol{AB})^{\mathrm{T}}$的第 i 行第 j 列的元素是 $\sum_{k=1}^{s} a_{jk}b_{ki}$.

$\boldsymbol{B}^{\mathrm{T}}\boldsymbol{A}^{\mathrm{T}}$ 的第 i 行第 j 列的元素是 $\sum_{k=1}^{s} b_{ki}a_{jk}$，而 $\sum_{k=1}^{s} b_{ki}a_{jk} = \sum_{k=1}^{s} a_{jk}b_{ki}$，从而有 $(\boldsymbol{AB})^{\mathrm{T}}=\boldsymbol{B}^{\mathrm{T}}\boldsymbol{A}^{\mathrm{T}}$.

例 6 已知

$$\boldsymbol{A}=\begin{pmatrix}1&0\\2&3\\4&5\end{pmatrix},\ \boldsymbol{B}=\begin{pmatrix}2&1\\4&3\end{pmatrix},$$

求 $\boldsymbol{B}^{\mathrm{T}}\boldsymbol{A}^{\mathrm{T}}$.

解法一

$$\boldsymbol{B}^{\mathrm{T}}\boldsymbol{A}^{\mathrm{T}}=\begin{pmatrix}2&1\\4&3\end{pmatrix}^{\mathrm{T}}\begin{pmatrix}1&0\\2&3\\4&5\end{pmatrix}^{\mathrm{T}}=\begin{pmatrix}2&4\\1&3\end{pmatrix}\begin{pmatrix}1&2&4\\0&3&5\end{pmatrix}=\begin{pmatrix}2&16&28\\1&11&19\end{pmatrix}.$$

解法二

$$\boldsymbol{AB}=\begin{pmatrix}1&0\\2&3\\4&5\end{pmatrix}\begin{pmatrix}2&1\\4&3\end{pmatrix}=\begin{pmatrix}2&1\\16&11\\28&19\end{pmatrix},$$

故

$$\boldsymbol{B}^{\mathrm{T}}\boldsymbol{A}^{\mathrm{T}}=(\boldsymbol{AB})^{\mathrm{T}}=\begin{pmatrix}2&16&28\\1&11&19\end{pmatrix}.$$

定义 8 设 $\boldsymbol{A}$ 为 n 阶方阵，如果满足 $\boldsymbol{A}^{\mathrm{T}}=\boldsymbol{A}$，则称 $\boldsymbol{A}$ 是**对称矩阵**. 例如，$\begin{pmatrix}1&0\\0&-1\end{pmatrix}$和$\begin{pmatrix}1&1&3\\1&0&-1\\3&-1&2\end{pmatrix}$都是对称矩阵. 显然，对称矩阵 $\boldsymbol{A}$ 的元素关于主对角线对称.

例 7 设 $\boldsymbol{A}$ 是对称矩阵，求证：$\boldsymbol{B}^{\mathrm{T}}\boldsymbol{AB}$ 也是对称矩阵.

证明 因为 $\boldsymbol{A}^{\mathrm{T}}=\boldsymbol{A}$，所以

$$(\boldsymbol{B}^{\mathrm{T}}\boldsymbol{AB})^{\mathrm{T}}=\boldsymbol{B}^{\mathrm{T}}\boldsymbol{A}^{\mathrm{T}}(\boldsymbol{B}^{\mathrm{T}})^{\mathrm{T}}=\boldsymbol{B}^{\mathrm{T}}\boldsymbol{AB},$$

即 $\boldsymbol{B}^{\mathrm{T}}\boldsymbol{AB}$ 是对称矩阵.

五、方阵的行列式

定义 9 由方阵 $\boldsymbol{A}$ 的元素按原来次序所构成的行列式，称为**方阵 $\boldsymbol{A}$ 的行列式**，记作 $|\boldsymbol{A}|$.

例如，若

$$\boldsymbol{A}=\begin{pmatrix}1 & 2\\ 3 & 4\end{pmatrix},$$

则 $\boldsymbol{A}$ 的行列式

$$|\boldsymbol{A}|=\begin{vmatrix}1 & 2\\ 3 & 4\end{vmatrix}=-2.$$

应该注意，方阵与行列式是两个不同的概念．n 阶方阵是 n^2 个数按一定方式排成的数表，而 n 阶行列式是这些数按一定的运算法则所确定的一个数，它们的意义完全不同．但是，利用方阵的行列式常可以讨论方阵的某些性质，并且有着广泛的应用．

设 $\boldsymbol{A}$，$\boldsymbol{B}$ 为 n 阶方阵，λ 为常数，利用行列式的性质并结合矩阵相应运算的定义，可以证明以下结论：

(1) $|\boldsymbol{A}^{\mathrm{T}}|=|\boldsymbol{A}|$.

(2) $|\lambda\boldsymbol{A}|=\lambda^n|\boldsymbol{A}|$.

(3) $|\boldsymbol{AB}|=|\boldsymbol{A}||\boldsymbol{B}|$（行列式乘法公式）.

公式（3）可推广为：若 $\boldsymbol{A}_1$，$\boldsymbol{A}_2$，…，$\boldsymbol{A}_k$ 都是 n 阶方阵，则 $|\boldsymbol{A}_1\boldsymbol{A}_2\cdots\boldsymbol{A}_k|=|\boldsymbol{A}_1||\boldsymbol{A}_2|\cdots|\boldsymbol{A}_k|$.

注意：对于 n 阶方阵 $\boldsymbol{A}$，$\boldsymbol{B}$，虽然一般 $\boldsymbol{AB}\neq\boldsymbol{BA}$，但

$$|\boldsymbol{AB}|=|\boldsymbol{A}||\boldsymbol{B}|=|\boldsymbol{B}||\boldsymbol{A}|=|\boldsymbol{BA}|.$$

例 8 设三阶方阵 $\boldsymbol{A}$，$\boldsymbol{B}$ 满足 $\boldsymbol{A}^2+\boldsymbol{AB}+2\boldsymbol{E}=\boldsymbol{O}$，且 $|\boldsymbol{A}|=2$，求 $|\boldsymbol{A}+\boldsymbol{B}|$.

解 由条件有

$$\boldsymbol{A}(\boldsymbol{A}+\boldsymbol{B})=-2\boldsymbol{E},$$

两边取行列式有

$$|\boldsymbol{A}||\boldsymbol{A}+\boldsymbol{B}|=|-2\boldsymbol{E}|=(-2)^3|\boldsymbol{E}|=-8,$$

再由 $|\boldsymbol{A}|=2$，得 $|\boldsymbol{A}+\boldsymbol{B}|=-4$.

定义 10 由 n 阶方阵 $\boldsymbol{A}=(a_{ij})$ 的行列式 $|\boldsymbol{A}|$ 各个元素的代数余子式 A_{ij} 所构成的方阵

$$\boldsymbol{A}^*=\begin{pmatrix}A_{11} & A_{21} & \cdots & A_{n1}\\ A_{12} & A_{22} & \cdots & A_{n2}\\ \vdots & \vdots & & \vdots\\ A_{1n} & A_{2n} & \cdots & A_{nn}\end{pmatrix},$$

称为方阵 $\boldsymbol{A}$ 的**伴随矩阵**.

例 9 已知矩阵 $\boldsymbol{A}=\begin{pmatrix}1 & 0 & 1\\ 2 & 1 & 0\\ -3 & 2 & -5\end{pmatrix}$，求矩阵 $\boldsymbol{A}$ 的伴随矩阵 $\boldsymbol{A}^*$.

解 按定义，每个元素的代数余子式为

$$A_{11}=\begin{vmatrix}1 & 0\\ 2 & -5\end{vmatrix}=-5,\ A_{12}=-\begin{vmatrix}2 & 0\\ -3 & -5\end{vmatrix}=10,\ A_{13}=\begin{vmatrix}2 & 1\\ -3 & 2\end{vmatrix}=7,$$

同理 $A_{21}=2$，$A_{22}=-2$，$A_{23}=-2$，$A_{31}=-1$，$A_{32}=2$，$A_{33}=1$，

所以 $\boldsymbol{A}^*=\begin{pmatrix}-5 & 2 & -1\\ 10 & -2 & 2\\ 7 & -2 & 1\end{pmatrix}$.

通过此例可以看出，用伴随矩阵的定义来求伴随矩阵是非常麻烦的，伴随矩阵经常要用到下面这个性质．

定理 1 设 $\boldsymbol{A}$ 是 n 阶方阵，$\boldsymbol{A}^*$ 是 $\boldsymbol{A}$ 的伴随矩阵，$\boldsymbol{E}$ 是 n 阶单位矩阵，则有

$$\boldsymbol{AA}^*=\boldsymbol{A}^*\boldsymbol{A}=|\boldsymbol{A}|\boldsymbol{E}.$$

证明 由行列式的展开定理 $\sum_{k=1}^{n}a_{ik}A_{jk}=\begin{cases}0, & i\neq j,\\ |\boldsymbol{A}|, & i=j.\end{cases}$

有

$$\boldsymbol{AA}^*=\begin{pmatrix}a_{11} & a_{12} & \cdots & a_{1n}\\ a_{21} & a_{22} & \cdots & a_{2n}\\ \vdots & \vdots & & \vdots\\ a_{n1} & a_{n2} & \cdots & a_{nn}\end{pmatrix}\begin{pmatrix}A_{11} & A_{21} & \cdots & A_{n1}\\ A_{12} & A_{22} & \cdots & A_{n2}\\ \vdots & \vdots & & \vdots\\ A_{1n} & A_{2n} & \cdots & A_{nn}\end{pmatrix}=\begin{pmatrix}|\boldsymbol{A}| & 0 & \cdots & 0\\ 0 & |\boldsymbol{A}| & \cdots & 0\\ \vdots & \vdots & & \vdots\\ 0 & 0 & \cdots & |\boldsymbol{A}|\end{pmatrix}=|\boldsymbol{A}|\boldsymbol{E},$$

同理可证 $\boldsymbol{A}^*\boldsymbol{A}=|\boldsymbol{A}|\boldsymbol{E}$.

该性质反映了矩阵 $\boldsymbol{A}$、伴随矩阵 $\boldsymbol{A}^*$ 及 $\boldsymbol{A}$ 的行列式 $|\boldsymbol{A}|$ 之间的内在联系，是伴随矩阵非常重要的一个性质．

例 10 三阶矩阵 $\boldsymbol{A}$ 的伴随矩阵为 $\boldsymbol{A}^*$，已知 $|\boldsymbol{A}|=2$，求 $|3\boldsymbol{A}^*|$.

解 由伴随矩阵的性质 $\boldsymbol{A}^*\boldsymbol{A}=|\boldsymbol{A}|\boldsymbol{E}$，等式两边取行列式，

得 $|\boldsymbol{A}^*\boldsymbol{A}|=||\boldsymbol{A}|\boldsymbol{E}|$，又 $|\boldsymbol{A}^*||\boldsymbol{A}|=|\boldsymbol{A}|^n|\boldsymbol{E}|=|\boldsymbol{A}|^n$，$|\boldsymbol{A}|\neq 0$，

故 $|\boldsymbol{A}^*|=|\boldsymbol{A}|^{n-1}$.

由已知，$|\boldsymbol{A}|=2$，$n=3$，得 $|\boldsymbol{A}^*|=|\boldsymbol{A}|^{n-1}=4$，

则 $|3\boldsymbol{A}^*|=3^3|\boldsymbol{A}^*|=27\times 4=108$.

通过此题可以得出 $|\boldsymbol{A}^*|$ 和 $|\boldsymbol{A}|$ 之间的关系，即当 $|\boldsymbol{A}|\neq 0$，$|\boldsymbol{A}^*|=|\boldsymbol{A}|^{n-1}$；事实上，无论 $|\boldsymbol{A}|$ 是否等于 0，都有 $|\boldsymbol{A}^*|=|\boldsymbol{A}|^{n-1}$.

第三节 逆矩阵

一、逆矩阵的概念

一般地，对于数 $a\neq 0$，总存在唯一乘法逆元 a^{-1}，使得 $a\cdot a^{-1}=1$ 且 $a^{-1}\cdot a=1$. 数的逆元在解方程中起着重要作用．例如，解一元线性方程 $ax=b$，当 $a\neq$

0 时，其解为 $x=a^{-1}b=ba^{-1}$.

由于矩阵的乘法不满足交换律，因此将逆元概念推广到矩阵时，式 $a\cdot a^{-1}=1$ 且 $a^{-1}\cdot a=1$ 中的两个方程需同时满足．此外，根据两个矩阵乘积的定义，仅当所讨论的矩阵是方阵时，才有可能得到一个完全的推广．

定义 11 对于 n 阶矩阵 $\boldsymbol{A}$，若有一个 n 阶矩阵 $\boldsymbol{B}$，使得

$$\boldsymbol{AB}=\boldsymbol{BA}=\boldsymbol{E}, \tag{2-3}$$

则称矩阵 $\boldsymbol{A}$ 为**可逆矩阵**（或称矩阵 $\boldsymbol{A}$ 可逆），矩阵 $\boldsymbol{B}$ 称为 $\boldsymbol{A}$ 的逆矩阵．

定义 11 中只要求 $\boldsymbol{B}$ 存在，没有要求 $\boldsymbol{B}$ 唯一．下面证明满足 $\boldsymbol{AB}=\boldsymbol{BA}=\boldsymbol{E}$ 的 $\boldsymbol{B}$ 是唯一的．

事实上，如果矩阵 $\boldsymbol{A}$ 有两个逆矩阵 $\boldsymbol{B}_1$ 与 $\boldsymbol{B}_2$，则根据定义，有

$$\boldsymbol{AB}_1=\boldsymbol{B}_1\boldsymbol{A}=\boldsymbol{E},\ \boldsymbol{AB}_2=\boldsymbol{B}_2\boldsymbol{A}=\boldsymbol{E},$$

于是

$$\boldsymbol{B}_1=\boldsymbol{B}_1\boldsymbol{E}=\boldsymbol{B}_1(\boldsymbol{AB}_2)=(\boldsymbol{B}_1\boldsymbol{A})\boldsymbol{B}_2=\boldsymbol{EB}_2=\boldsymbol{B}_2.$$

将矩阵 $\boldsymbol{A}$ 的唯一的逆矩阵记为 $\boldsymbol{A}^{-1}$，则 $\boldsymbol{AA}^{-1}=\boldsymbol{A}^{-1}\boldsymbol{A}=\boldsymbol{E}$.

注意： *在式（2-3）中，$\boldsymbol{A}$ 与 $\boldsymbol{B}$ 的地位是平等的，所以 $\boldsymbol{B}$ 也是可逆矩阵，并且 $\boldsymbol{A}$ 与 $\boldsymbol{B}$ 互为逆矩阵，即 $\boldsymbol{B}=\boldsymbol{A}^{-1}$，$\boldsymbol{A}=\boldsymbol{B}^{-1}$.*

二、矩阵可逆的充分必要条件

引入逆矩阵概念后，需要解决的问题是：方阵 $\boldsymbol{A}$ 可逆的条件是什么？如果 $\boldsymbol{A}$ 可逆，如何求 $\boldsymbol{A}^{-1}$？下面的定理解决了这两个问题．

定理 2 方阵 $\boldsymbol{A}$ 可逆的充分必要条件是 $|\boldsymbol{A}|\neq 0$. 当 $\boldsymbol{A}$ 可逆时，有

$$\boldsymbol{A}^{-1}=\frac{1}{|\boldsymbol{A}|}\boldsymbol{A}^*. \tag{2-4}$$

其中，$\boldsymbol{A}^*$ 为矩阵 $\boldsymbol{A}$ 的伴随矩阵．

证明 必要性．设 $\boldsymbol{A}$ 可逆，则有方阵 $\boldsymbol{A}^{-1}$ 使 $\boldsymbol{AA}^{-1}=\boldsymbol{E}$. 两边取行列式有 $|\boldsymbol{AA}^{-1}|=|\boldsymbol{E}|$，根据行列式的乘法公式得 $|\boldsymbol{A}||\boldsymbol{A}^{-1}|=1$，所以，$|\boldsymbol{A}|\neq 0$.

充分性．设 $|\boldsymbol{A}|\neq 0$，由第二节定理 1 中公式 $\boldsymbol{AA}^*=\boldsymbol{A}^*\boldsymbol{A}=|\boldsymbol{A}|\boldsymbol{E}$，有

$$\boldsymbol{A}\left(\frac{1}{|\boldsymbol{A}|}\boldsymbol{A}^*\right)=\left(\frac{1}{|\boldsymbol{A}|}\boldsymbol{A}^*\right)\boldsymbol{A}=\boldsymbol{E},$$

由逆矩阵的定义知 $\boldsymbol{A}$ 可逆，并且有

$$\boldsymbol{A}^{-1}=\frac{1}{|\boldsymbol{A}|}\boldsymbol{A}^*.$$

式（2-4）不仅给出了求逆矩阵的公式，实际上还揭示了 $\boldsymbol{A}$，$\boldsymbol{A}^*$，$\boldsymbol{A}^{-1}$，$|\boldsymbol{A}|$ 之间的关系．

例 11 求二阶矩阵 $\boldsymbol{A}=\begin{pmatrix} a & b \\ c & d \end{pmatrix}$ 的逆阵．

解 $|A|=ad-bc$，$A^*=\begin{pmatrix} d & -b \\ -c & a \end{pmatrix}$，

利用逆阵公式（2-4），当$|A|\neq 0$即$ad\neq bc$时，有

$$A^{-1}=\frac{1}{|A|}A^*=\frac{1}{ad-bc}\begin{pmatrix} d & -b \\ -c & a \end{pmatrix}.$$

例如，$\begin{pmatrix} 1 & 1 \\ 3 & 4 \end{pmatrix}^{-1}=\begin{pmatrix} 4 & -1 \\ -3 & 1 \end{pmatrix}$，$\begin{pmatrix} 1 & 2 \\ 3 & 4 \end{pmatrix}^{-1}=-\frac{1}{2}\begin{pmatrix} 4 & -2 \\ -3 & 1 \end{pmatrix}=\begin{pmatrix} -2 & 1 \\ \frac{3}{2} & -\frac{1}{2} \end{pmatrix}$.

例 12 求矩阵

$$A=\begin{pmatrix} 1 & 0 & 1 \\ 2 & 1 & 0 \\ -3 & 2 & -5 \end{pmatrix}$$

的逆矩阵.

解 经过计算得出，$|A|=2\neq 0$，所以A可逆. 又由第二节例 9 知，A的伴随矩阵

$$A^*=\begin{pmatrix} -5 & 2 & -1 \\ 10 & -2 & 2 \\ 7 & -2 & 1 \end{pmatrix}.$$

所以

$$A^{-1}=\frac{1}{|A|}A^*=\begin{pmatrix} -\frac{5}{2} & 1 & -\frac{1}{2} \\ 5 & -1 & 1 \\ \frac{7}{2} & -1 & \frac{1}{2} \end{pmatrix}.$$

由例 12 不难看出，按公式（2-4）求逆矩阵，计算量一般非常大，因此在第五节将给出求逆矩阵的另一种方法. 但是，由例 11 可以看出，利用公式（2-4）求逆矩阵还是比较适合于二阶矩阵的.

对于n阶矩阵A，若$|A|\neq 0$，则称A是**非奇异矩阵**，否则称为**奇异矩阵**. 定理 2 表明：方阵可逆的充要条件是方阵为非奇异矩阵.

推论 1 设A与B都是n阶矩阵，若$AB=E$（或$BA=E$），则A与B都可逆，并且$A^{-1}=B$，$B^{-1}=A$.

证明 由$AB=E$得$|A||B|=|E|=1$，故$|A|\neq 0$，$|B|\neq 0$，因此，由定理 2 知A与B都可逆，用A^{-1}左乘$AB=E$的两端得$B=A^{-1}$；用B^{-1}右乘$AB=E$的两端得$A=B^{-1}$.

推论 1 的作用是：验证B是A的逆矩阵，只要验证$AB=E$或$BA=E$中的一个即可. 显然用推论 1 去判断一个方阵是否可逆比直接用定义 11 判断要省一半的

计算量.

例 13 设 $a_1a_2\cdots a_n\neq 0$，证明对角矩阵

$$\boldsymbol{A}=\begin{pmatrix} a_1 & & & \\ & a_2 & & \\ & & \ddots & \\ & & & a_n \end{pmatrix}$$

是可逆矩阵，并且

$$\boldsymbol{A}^{-1}=\begin{pmatrix} a_1^{-1} & & & \\ & a_2^{-1} & & \\ & & \ddots & \\ & & & a_n^{-1} \end{pmatrix}.$$

利用推论 1 直接计算即知.

例 14 单位矩阵 $\boldsymbol{E}$ 是可逆矩阵，而且 $\boldsymbol{E}^{-1}=\boldsymbol{E}$. 因为 $\boldsymbol{EE}=\boldsymbol{E}$.

例 15 设 $\boldsymbol{A}=\begin{pmatrix} 2 & 0 \\ -1 & 2 \end{pmatrix}$，$\boldsymbol{AB}=\boldsymbol{A}+\boldsymbol{B}$，求矩阵 $\boldsymbol{B}$.

解 由 $\boldsymbol{AB}=\boldsymbol{A}+\boldsymbol{B}$，得 $\boldsymbol{AB}-\boldsymbol{B}=\boldsymbol{A}$，即 $(\boldsymbol{A}-\boldsymbol{E})\boldsymbol{B}=\boldsymbol{A}$.

由于 $\boldsymbol{A}-\boldsymbol{E}=\begin{pmatrix} 1 & 0 \\ -1 & 1 \end{pmatrix}$的行列式 $|\boldsymbol{A}-\boldsymbol{E}|=\begin{vmatrix} 1 & 0 \\ -1 & 1 \end{vmatrix}=1\neq 0$，故 $\boldsymbol{A}-\boldsymbol{E}$ 可逆，

且$(\boldsymbol{A}-\boldsymbol{E})^{-1}=\begin{pmatrix} 1 & 0 \\ 1 & 1 \end{pmatrix}$，用它左乘 $(\boldsymbol{A}-\boldsymbol{E})\boldsymbol{B}=\boldsymbol{A}$ 的两端，得

$$\boldsymbol{B}=(\boldsymbol{A}-\boldsymbol{E})^{-1}\boldsymbol{A}=\begin{pmatrix} 1 & 0 \\ 1 & 1 \end{pmatrix}\begin{pmatrix} 2 & 0 \\ -1 & 2 \end{pmatrix}=\begin{pmatrix} 2 & 0 \\ 1 & 2 \end{pmatrix}.$$

例 16 设 $\boldsymbol{A}^2+\boldsymbol{A}-\boldsymbol{E}=\boldsymbol{O}$，证明 $\boldsymbol{A}$ 和 $\boldsymbol{A}+2\boldsymbol{E}$ 都可逆，并求 $\boldsymbol{A}^{-1}$及$(\boldsymbol{A}+2\boldsymbol{E})^{-1}$.

证明 由 $\boldsymbol{A}^2+\boldsymbol{A}=\boldsymbol{E}$ 得 $\boldsymbol{A}(\boldsymbol{A}+\boldsymbol{E})=\boldsymbol{E}$，由推论 1 知，$\boldsymbol{A}$ 可逆，并且 $\boldsymbol{A}^{-1}=\boldsymbol{A}+\boldsymbol{E}$.

由 $\boldsymbol{A}^2+\boldsymbol{A}-\boldsymbol{E}=\boldsymbol{O}$，得$(\boldsymbol{A}+2\boldsymbol{E})(\boldsymbol{A}-\boldsymbol{E})=-\boldsymbol{E}$，即$(\boldsymbol{A}+2\boldsymbol{E})[-(\boldsymbol{A}-\boldsymbol{E})]=\boldsymbol{E}$，由推论 1 知，$(\boldsymbol{A}+2\boldsymbol{E})$ 可逆，并且$(\boldsymbol{A}+2\boldsymbol{E})^{-1}=\boldsymbol{E}-\boldsymbol{A}$.

例 17 设矩阵 $\boldsymbol{A}$ 是可逆矩阵，且 $\boldsymbol{AB}=\boldsymbol{AC}$，证明 $\boldsymbol{B}=\boldsymbol{C}$.

证明 因为矩阵 $\boldsymbol{A}$ 是可逆矩阵，所以有逆矩阵 $\boldsymbol{A}^{-1}$. 于是在等式 $\boldsymbol{AB}=\boldsymbol{AC}$ 的两边左乘 $\boldsymbol{A}^{-1}$得 $\boldsymbol{A}^{-1}(\boldsymbol{AB})=\boldsymbol{A}^{-1}(\boldsymbol{AC})$，由矩阵的乘法满足结合律有 $\boldsymbol{B}=\boldsymbol{C}$.

完全类似地可以证明，当矩阵 $\boldsymbol{A}$ 是可逆矩阵，且 $\boldsymbol{BA}=\boldsymbol{CA}$ 时，也有 $\boldsymbol{B}=\boldsymbol{C}$. 与第二节例 4 比较可以发现，这个例子中的条件"矩阵 $\boldsymbol{A}$ 可逆"起到了关键的作用，它实际上是矩阵满足消去律的条件.

三、可逆矩阵的性质

性质 1 若 $\boldsymbol{A}$ 可逆，则 $\boldsymbol{A}^{-1}$也可逆，且$(\boldsymbol{A}^{-1})^{-1}=\boldsymbol{A}$，$|\boldsymbol{A}^{-1}|=|\boldsymbol{A}|^{-1}$.

证明 由 $A^{-1}A=E$，得 $|A^{-1}||A|=|E|=1$，$|A^{-1}|\neq 0$，故 A^{-1} 可逆，在 $A^{-1}A=E$ 两边左乘以 $(A^{-1})^{-1}$ 即可得出 $(A^{-1})^{-1}=A$；由 $|A^{-1}||A|=|E|=1$ 有 $|A^{-1}|=|A|^{-1}$.

性质 2 若矩阵 A 可逆，则矩阵 A^{T} 也可逆，且 $(A^{T})^{-1}=(A^{-1})^{T}$.

证明 由 $A^{-1}A=E$，得 $(A^{-1})^{T}A^{T}=(AA^{-1})^{T}=E^{T}=E$.

性质 2 表明，求矩阵的逆和求矩阵的转置这两种运算可以交换次序.

性质 3 若矩阵 A 可逆，数 $\lambda\neq 0$，则 λA 也可逆，且

$$(\lambda A)^{-1}=\frac{1}{\lambda}A^{-1}.$$

证明 $\left(\frac{1}{\lambda}A^{-1}\right)(\lambda A)=\left(\frac{1}{\lambda}\lambda\right)(A^{-1}A)=E.$

性质 4 若方阵 A、B 可逆，则 AB 也可逆，且 $(AB)^{-1}=B^{-1}A^{-1}$.

证明 $(AB)(B^{-1}A^{-1})=A(BB^{-1})A=AEA^{-1}=AA^{-1}=E.$

例 18 三阶矩阵 A 的伴随矩阵为 A^{*}，已知 $|A|=2$，求 $\left|3A^{*}-\left(\frac{1}{2}A\right)^{-1}\right|$.

解 由伴随矩阵的性质 $A^{*}A=|A|E$，等式两边同时右乘以 A^{-1}，$A^{*}=|A|A^{-1}=2A^{-1}$，

则 $\left|3A^{*}-\left(\frac{1}{2}A\right)^{-1}\right|=|6A^{-1}-2A^{-1}|=|4A^{-1}|=4^{3}|A^{-1}|=64|A|^{-1}=32.$

例 19 设 $P=\begin{pmatrix}1&2\\1&4\end{pmatrix}$，$\Lambda=\begin{pmatrix}1&0\\0&2\end{pmatrix}$，且 $AP=P\Lambda$，求 A^{n}（n 为正整数）.

解 因为 $|P|=2\neq 0$，所以 $P^{-1}=\frac{1}{2}\begin{pmatrix}4&-2\\-1&1\end{pmatrix}$.

$$A=P\Lambda P^{-1},\ A^{2}=(P\Lambda P^{-1})(P\Lambda P^{-1})=P\Lambda^{2}P^{-1},\ \cdots,\ A^{n}=P\Lambda^{n}P^{-1},$$

而 $\Lambda=\begin{pmatrix}1&0\\0&2\end{pmatrix}$，$\Lambda^{2}=\begin{pmatrix}1&0\\0&2\end{pmatrix}\begin{pmatrix}1&0\\0&2\end{pmatrix}=\begin{pmatrix}1&0\\0&2^{2}\end{pmatrix}$，…，$\Lambda^{n}=\begin{pmatrix}1&0\\0&2^{n}\end{pmatrix}$，

故 $A^{n}=\begin{pmatrix}1&2\\1&4\end{pmatrix}\begin{pmatrix}1&0\\0&2^{n}\end{pmatrix}\frac{1}{2}\begin{pmatrix}4&-2\\-1&1\end{pmatrix}=\frac{1}{2}\begin{pmatrix}1&2^{n+1}\\1&2^{n+2}\end{pmatrix}\begin{pmatrix}4&-2\\-1&1\end{pmatrix}$

$$=\frac{1}{2}\begin{pmatrix}4-2^{n+1}&2^{n+1}-2\\4-2^{n+2}&2^{n+2}-2\end{pmatrix}=\begin{pmatrix}2-2^{n}&2^{n}-1\\2-2^{n+1}&2^{n+1}-1\end{pmatrix}.$$

第四节 矩阵的分块

对于行数和列数较高的矩阵，为了简化运算，经常采用分块法，使大矩阵的运算化成若干小矩阵的运算，同时也使原矩阵的结构显得简单而清晰．具体做法是：在矩阵的某些行之间插入横线，某些列之间插入纵线，从而把矩阵分割成若

干“子块”（子矩阵），叫做矩阵的分块．被分块以后的矩阵称为分块矩阵．事实上，在第一章讨论行列式的性质的过程中，已涉及分块的思想了．

矩阵的分块方式可以是任意的，根据矩阵的特点、运算内容或分析论证的需要，可选择适当的分块方法．

引例 设矩阵

$$A=\left(\begin{array}{cc|ccc}1&4&1&0&0\\2&0&0&1&0\\3&-1&0&0&1\\\hline 2&0&0&0&0\\0&2&0&0&0\end{array}\right).$$

用纵、横线将它分成四个小块，每个小块里的元素按原来的次序组成一个小矩阵：

$$\boldsymbol{P}=\begin{pmatrix}1&4\\2&0\\3&-1\end{pmatrix},\ \boldsymbol{E}_3=\begin{pmatrix}1&0&0\\0&1&0\\0&0&1\end{pmatrix},\ 2\boldsymbol{E}_2=\begin{pmatrix}2&0\\0&2\end{pmatrix},\ \boldsymbol{\Theta}=\begin{pmatrix}0&0&0\\0&0&0\end{pmatrix}.$$

称它们为矩阵 $\boldsymbol{A}$ 的子矩阵（或子块）．于是，可以把矩阵 $\boldsymbol{A}$ 看成由这 4 个子块组成，即写为

$$\boldsymbol{A}=\begin{pmatrix}\boldsymbol{P}&\boldsymbol{E}_3\\2\boldsymbol{E}_2&\boldsymbol{\Theta}\end{pmatrix}.$$

给定一个矩阵，由于横线纵线的取法不同，所以可以得到不同的分块矩阵，究竟取哪种分块合适，这要由对问题的需要来决定．

一、分块矩阵的基本运算

分块矩阵的运算与普通矩阵运算规则相类似，但分块不合理，运算就无法进行．分块时要注意，运算的两矩阵按块能运算，并且参与运算的子块也能运算，即内外都能运算．下面介绍分块矩阵的基本运算．

1. 分块矩阵的加法

设 $\boldsymbol{A}$，$\boldsymbol{B}$ 为同型矩阵，并采用相同的分块法，有

$$\boldsymbol{A}=\begin{pmatrix}\boldsymbol{A}_{11}&\cdots&\boldsymbol{A}_{1r}\\\vdots&&\vdots\\\boldsymbol{A}_{s1}&\cdots&\boldsymbol{A}_{sr}\end{pmatrix}=(\boldsymbol{A}_{ij})_{s\times r},\boldsymbol{B}=\begin{pmatrix}\boldsymbol{B}_{11}&\cdots&\boldsymbol{B}_{1r}\\\vdots&&\vdots\\\boldsymbol{B}_{s1}&\cdots&\boldsymbol{B}_{sr}\end{pmatrix}=(\boldsymbol{B}_{ij})_{s\times r},$$

其中，子矩阵 $\boldsymbol{A}_{ij}$ 与 $\boldsymbol{B}_{ij}$（$i=1,2,\cdots,s$；$j=1,2,\cdots,r$）也是同型矩阵，那么

$$\boldsymbol{A}+\boldsymbol{B}=(\boldsymbol{A}_{ij})+(\boldsymbol{B}_{ij})=(\boldsymbol{A}_{ij}+\boldsymbol{B}_{ij})=\begin{pmatrix}\boldsymbol{A}_{11}+\boldsymbol{B}_{11}&\cdots&\boldsymbol{A}_{1r}+\boldsymbol{B}_{1r}\\\vdots&&\vdots\\\boldsymbol{A}_{s1}+\boldsymbol{B}_{s1}&\cdots&\boldsymbol{A}_{sr}+\boldsymbol{B}_{sr}\end{pmatrix}.$$

2. 分块矩阵的数乘

设分块矩阵 $\boldsymbol{A}=\begin{pmatrix}\boldsymbol{A}_{11} & \cdots & \boldsymbol{A}_{1r}\\ \vdots & & \vdots\\ \boldsymbol{A}_{s1} & \cdots & \boldsymbol{A}_{sr}\end{pmatrix}=(\boldsymbol{A}_{ij})_{s\times r}$，$\lambda$ 是一个数，则

$$\lambda\boldsymbol{A}=\lambda(\boldsymbol{A}_{ij})_{s\times r}=(\lambda\boldsymbol{A}_{ij})_{s\times r}=\begin{pmatrix}\lambda\boldsymbol{A}_{11} & \cdots & \lambda\boldsymbol{A}_{1r}\\ \vdots & & \vdots\\ \lambda\boldsymbol{A}_{s1} & \cdots & \lambda\boldsymbol{A}_{sr}\end{pmatrix}.$$

3. 分块矩阵的乘法

设 $\boldsymbol{A}$ 为 $m\times l$ 矩阵，$\boldsymbol{B}$ 为 $l\times n$ 矩阵，分块成

$$\boldsymbol{A}_{m\times l}=\begin{pmatrix}\boldsymbol{A}_{11} & \cdots & \boldsymbol{A}_{1t}\\ \vdots & & \vdots\\ \boldsymbol{A}_{s1} & \cdots & \boldsymbol{A}_{st}\end{pmatrix},\ \boldsymbol{B}_{l\times n}=\begin{pmatrix}\boldsymbol{B}_{11} & \cdots & \boldsymbol{B}_{1r}\\ \vdots & & \vdots\\ \boldsymbol{B}_{t1} & \cdots & \boldsymbol{B}_{tr}\end{pmatrix},$$

注意这里左矩阵 $\boldsymbol{A}$ 的列分成 t 组，右矩阵 $\boldsymbol{B}$ 的行也分成 t 组；并且 $\boldsymbol{A}$ 的列分成的每个组所含列数等于 $\boldsymbol{B}$ 的行分成的相应组所含行数，即 $\boldsymbol{A}_{i1}$，…，$\boldsymbol{A}_{it}$（$i=1$，2，…，s）的列数依次等于 $\boldsymbol{B}_{1j}$，…，$\boldsymbol{B}_{tj}$ 的（$j=1$，2，…，r）行数，那么，由矩阵的分块乘法

$$\boldsymbol{AB}=\begin{pmatrix}\boldsymbol{C}_{11} & \cdots & \boldsymbol{C}_{1r}\\ \vdots & & \vdots\\ \boldsymbol{C}_{s1} & \cdots & \boldsymbol{C}_{sr}\end{pmatrix},$$

其中

$$\boldsymbol{C}_{ij}=\sum_{k=1}^{t}\boldsymbol{A}_{ik}\boldsymbol{B}_{kj},(i=1,2,\cdots s;j=1,2,\cdots r).$$

4. 分块矩阵的转置

设 $\boldsymbol{A}=\begin{pmatrix}\boldsymbol{A}_{11} & \cdots & \boldsymbol{A}_{1r}\\ \vdots & & \vdots\\ \boldsymbol{A}_{s1} & \cdots & \boldsymbol{A}_{sr}\end{pmatrix}$，则 $\boldsymbol{A}$ 的转置矩阵为 $\boldsymbol{A}^{\mathrm{T}}=\begin{pmatrix}\boldsymbol{A}_{11}^{\mathrm{T}} & \cdots & \boldsymbol{A}_{s1}^{\mathrm{T}}\\ \vdots & & \vdots\\ \boldsymbol{A}_{1r}^{\mathrm{T}} & \cdots & \boldsymbol{A}_{sr}^{\mathrm{T}}\end{pmatrix}$.

二、分块对角矩阵

定义 12 设 $\boldsymbol{A}$ 为 n 阶方阵，$\boldsymbol{A}$ 的分块矩阵形式也是方阵，它除主对角线是非零子块（且都是方阵）外，其余子块都为零矩阵，即

$$\boldsymbol{A}=\begin{pmatrix}\boldsymbol{A}_1 & \boldsymbol{O} & \cdots & \boldsymbol{O}\\ \boldsymbol{O} & \boldsymbol{A}_2 & \cdots & \boldsymbol{O}\\ \vdots & \vdots & & \vdots\\ \boldsymbol{O} & \boldsymbol{O} & \cdots & \boldsymbol{A}_s\end{pmatrix},$$

其中，$\boldsymbol{A}_1$，$\boldsymbol{A}_2$，…，$\boldsymbol{A}_s$ 都是方阵，则称矩阵 $\boldsymbol{A}$ 为**分块对角矩阵**．

分块对角矩阵具有以下性质：

(1) $|\boldsymbol{A}|=|\boldsymbol{A}_1||\boldsymbol{A}_2|\cdots|\boldsymbol{A}_s|$.

(2) 若 $\boldsymbol{A}_i(i=1,2,\cdots,s)$ 可逆，即 $|\boldsymbol{A}_i|\neq 0$，则 $|\boldsymbol{A}|\neq 0$，从而 $\boldsymbol{A}$ 可逆，并有

$$\boldsymbol{A}^{-1}=\begin{pmatrix}\boldsymbol{A}_1^{-1} & \boldsymbol{O} & \cdots & \boldsymbol{O}\\ \boldsymbol{O} & \boldsymbol{A}_2^{-1} & \cdots & \boldsymbol{O}\\ \vdots & \vdots & & \vdots\\ \boldsymbol{O} & \boldsymbol{O} & \cdots & \boldsymbol{A}_s^{-1}\end{pmatrix}.$$

(3) 同结构的分块对角矩阵的和、差、积、数乘及逆仍是分块对角矩阵，且运算表现为对应子块的运算.

例 20 设 $\boldsymbol{A}=\begin{pmatrix}4 & 1 & 0\\ 3 & 2 & 0\\ 0 & 0 & 3\end{pmatrix}$，求 $\boldsymbol{A}^{-1}$ 及 $|\boldsymbol{A}^4|$.

解 将矩阵 $\boldsymbol{A}$ 分块成分块对角矩阵：

$$\boldsymbol{A}=\left(\begin{array}{cc|c}4 & 1 & 0\\ 3 & 2 & 0\\ \hline 0 & 0 & 3\end{array}\right)=\begin{pmatrix}\boldsymbol{A}_1 & \boldsymbol{O}\\ \boldsymbol{O} & \boldsymbol{A}_2\end{pmatrix},$$

则

$$\boldsymbol{A}_1=\begin{pmatrix}4 & 1\\ 3 & 2\end{pmatrix},\ \boldsymbol{A}_1^{-1}=\frac{1}{5}\begin{pmatrix}2 & -1\\ -3 & 4\end{pmatrix}=\begin{pmatrix}\frac{2}{5} & -\frac{1}{5}\\ -\frac{3}{5} & \frac{4}{5}\end{pmatrix};\ \boldsymbol{A}_2=3,\ \boldsymbol{A}_2^{-1}=\frac{1}{3},$$

于是

$$\boldsymbol{A}^{-1}=\begin{pmatrix}\frac{2}{5} & -\frac{1}{5} & 0\\ -\frac{3}{5} & \frac{4}{5} & 0\\ 0 & 0 & \frac{1}{3}\end{pmatrix}.$$

$$|\boldsymbol{A}^4|=|\boldsymbol{A}|^4=|\boldsymbol{A}_1|^4|\boldsymbol{A}_2|^4=5^4\times 3^4=15^4.$$

三、按行分块矩阵和按列分块矩阵

对矩阵分块时，有两种分块法应予以重视，这就是按行分块和按列分块.

$m\times n$ 矩阵 $\boldsymbol{A}$ 有 m 行，称为矩阵 $\boldsymbol{A}$ 的 m 个行向量. 若第 i 行记作

$$\boldsymbol{\alpha}_i^{\mathrm{T}}=(a_{i1},a_{i2},\cdots,a_{in}),$$

则矩阵 $\boldsymbol{A}$ 的行分块矩阵记为

$$\boldsymbol{A}=\begin{pmatrix}\boldsymbol{\alpha}_1^{\mathrm{T}}\\ \boldsymbol{\alpha}_2^{\mathrm{T}}\\ \vdots\\ \boldsymbol{\alpha}_m^{\mathrm{T}}\end{pmatrix}.$$

$m\times n$ 矩阵 $\boldsymbol{A}$ 有 n 列，称为矩阵 $\boldsymbol{A}$ 的 n 个列向量．若第 j 列记作

$$\boldsymbol{\alpha}_j=\begin{pmatrix}a_{1j}\\ a_{2j}\\ \vdots\\ a_{mj}\end{pmatrix},$$

则矩阵 $\boldsymbol{A}$ 的列分块矩阵记为

$$\boldsymbol{A}=(\boldsymbol{\alpha}_1,\boldsymbol{\alpha}_2,\cdots,\boldsymbol{\alpha}_n).$$

注意：在本书中，列向量通常用黑体的希腊字母 $\boldsymbol{\alpha}$，$\boldsymbol{\beta}$，$\boldsymbol{\gamma}$，…表示，而行向量通常用列向量的转置 $\boldsymbol{\alpha}^{\mathrm{T}}$，$\boldsymbol{\beta}^{\mathrm{T}}$，$\boldsymbol{\gamma}^{\mathrm{T}}$，…表示．

下面是矩阵相乘时，常用的几种特殊分块方法．

设 $\boldsymbol{A}=(a_{ij})_{m\times s}$，$\boldsymbol{B}=(b_{ij})_{s\times n}$，$\boldsymbol{\Lambda}$ 为对角阵

（1）将矩阵 $\boldsymbol{A}$ 本身作为一个子块，矩阵 $\boldsymbol{B}$ 按列分块，则有

$$\boldsymbol{AB}=\boldsymbol{A}(\boldsymbol{\beta}_1,\boldsymbol{\beta}_2,\cdots,\boldsymbol{\beta}_n)=(\boldsymbol{A\beta}_1,\boldsymbol{A\beta}_2,\cdots,\boldsymbol{A\beta}_n).$$

（2）将矩阵 $\boldsymbol{A}$ 按列分块，矩阵 $\boldsymbol{B}$ 的每个元素也当成一个子块，则有

$$\boldsymbol{AB}=(\boldsymbol{\alpha}_1,\boldsymbol{\alpha}_2,\cdots,\boldsymbol{\alpha}_s)\begin{pmatrix}b_{11}&b_{12}&\cdots&b_{1n}\\ b_{21}&b_{22}&\cdots&b_{2n}\\ \vdots&\vdots&&\vdots\\ b_{s1}&b_{s2}&\cdots&b_{sn}\end{pmatrix}$$

$$=\left(\sum_{k=1}^{s}b_{k1}\boldsymbol{\alpha}_k,\sum_{k=1}^{s}b_{k2}\boldsymbol{\alpha}_k,\cdots,\sum_{k=1}^{s}b_{kn}\boldsymbol{\alpha}_k\right).$$

（3）将矩阵 $\boldsymbol{A}$ 按行分块，矩阵 $\boldsymbol{B}$ 按列分块，则有

$$\boldsymbol{AB}=\begin{pmatrix}\boldsymbol{\alpha}_1^{\mathrm{T}}\\ \boldsymbol{\alpha}_2^{\mathrm{T}}\\ \vdots\\ \boldsymbol{\alpha}_m^{\mathrm{T}}\end{pmatrix}(\boldsymbol{\beta}_1,\boldsymbol{\beta}_2,\cdots,\boldsymbol{\beta}_n)=\begin{pmatrix}\boldsymbol{\alpha}_1^{\mathrm{T}}\boldsymbol{\beta}_1&\boldsymbol{\alpha}_1^{\mathrm{T}}\boldsymbol{\beta}_2&\cdots&\boldsymbol{\alpha}_1^{\mathrm{T}}\boldsymbol{\beta}_n\\ \boldsymbol{\alpha}_2^{\mathrm{T}}\boldsymbol{\beta}_1&\boldsymbol{\alpha}_2^{\mathrm{T}}\boldsymbol{\beta}_2&\cdots&\boldsymbol{\alpha}_2^{\mathrm{T}}\boldsymbol{\beta}_n\\ \vdots&\vdots&&\vdots\\ \boldsymbol{\alpha}_m^{\mathrm{T}}\boldsymbol{\beta}_1&\boldsymbol{\alpha}_m^{\mathrm{T}}\boldsymbol{\beta}_2&\cdots&\boldsymbol{\alpha}_m^{\mathrm{T}}\boldsymbol{\beta}_n\end{pmatrix},$$

由此可进一步领会矩阵相乘的定义．

（4）以对角阵 $\boldsymbol{\Lambda}_m$ 左乘矩阵 $\boldsymbol{A}_{m\times s}$ 时，将矩阵 $\boldsymbol{A}$ 按行分块，则有

$$\boldsymbol{\Lambda}_m\boldsymbol{A}_{m\times s}=\begin{pmatrix}\lambda_1&&&\\ &\lambda_2&&\\ &&\ddots&\\ &&&\lambda_m\end{pmatrix}\begin{pmatrix}\boldsymbol{\alpha}_1^{\mathrm{T}}\\ \boldsymbol{\alpha}_2^{\mathrm{T}}\\ \vdots\\ \boldsymbol{\alpha}_m^{\mathrm{T}}\end{pmatrix}=\begin{pmatrix}\lambda_1\boldsymbol{\alpha}_1^{\mathrm{T}}\\ \lambda_2\boldsymbol{\alpha}_2^{\mathrm{T}}\\ \vdots\\ \lambda_m\boldsymbol{\alpha}_m^{\mathrm{T}}\end{pmatrix},$$

可见以对角阵 $\boldsymbol{\Lambda}_m$ 左乘矩阵 $\boldsymbol{A}_{m\times s}$ 的结果是 $\boldsymbol{A}$ 的每一行乘以 $\boldsymbol{\Lambda}_m$ 中与该行对应的对角元．

（5）以对角阵 $\boldsymbol{\Lambda}_s$ 右乘矩阵 $\boldsymbol{A}_{m\times s}$ 时，将矩阵 $\boldsymbol{A}$ 按列分块，则有

$$\boldsymbol{A}\boldsymbol{\Lambda}_s=(\boldsymbol{\alpha}_1,\boldsymbol{\alpha}_2,\cdots,\boldsymbol{\alpha}_s)\begin{pmatrix}\lambda_1 & & & \\ & \lambda_2 & & \\ & & \ddots & \\ & & & \lambda_s\end{pmatrix}$$

$$=(\lambda_1\boldsymbol{\alpha}_1,\lambda_2\boldsymbol{\alpha}_2,\cdots,\lambda_s\boldsymbol{\alpha}_s)$$

可见以对角阵 $\boldsymbol{\Lambda}_s$ 右乘矩阵 $\boldsymbol{A}_{m\times s}$ 的结果是 $\boldsymbol{A}$ 的每一列乘以 $\boldsymbol{\Lambda}_s$ 中与该列对应的对角元．

例 21 设 $\boldsymbol{A}^{\mathrm{T}}\boldsymbol{A}=\boldsymbol{\Theta}$，证明 $\boldsymbol{A}=\boldsymbol{\Theta}$.

证明 设 $\boldsymbol{A}=(a_{ij})_{m\times n}$，将 $\boldsymbol{A}$ 按列分块为 $\boldsymbol{A}=(\boldsymbol{\alpha}_1，\boldsymbol{\alpha}_2，\cdots，\boldsymbol{\alpha}_n)$，

则 $\boldsymbol{A}^{\mathrm{T}}$ 按行分块可以记为 $\boldsymbol{A}^{\mathrm{T}}=\begin{pmatrix}\boldsymbol{\alpha}_1^{\mathrm{T}}\\ \boldsymbol{\alpha}_2^{\mathrm{T}}\\ \vdots\\ \boldsymbol{\alpha}_n^{\mathrm{T}}\end{pmatrix}$，

$$\boldsymbol{A}^{\mathrm{T}}\boldsymbol{A}=\begin{pmatrix}\boldsymbol{\alpha}_1^{\mathrm{T}}\\ \boldsymbol{\alpha}_2^{\mathrm{T}}\\ \vdots\\ \boldsymbol{\alpha}_n^{\mathrm{T}}\end{pmatrix}(\boldsymbol{\alpha}_1，\boldsymbol{\alpha}_2，\cdots，\boldsymbol{\alpha}_n)=\begin{pmatrix}\boldsymbol{\alpha}_1^{\mathrm{T}}\boldsymbol{\alpha}_1 & \boldsymbol{\alpha}_1^{\mathrm{T}}\boldsymbol{\alpha}_2 & \cdots & \boldsymbol{\alpha}_1^{\mathrm{T}}\boldsymbol{\alpha}_n\\ \boldsymbol{\alpha}_2^{\mathrm{T}}\boldsymbol{\alpha}_1 & \boldsymbol{\alpha}_2^{\mathrm{T}}\boldsymbol{\alpha}_2 & \cdots & \boldsymbol{\alpha}_2^{\mathrm{T}}\boldsymbol{\alpha}_n\\ \vdots & \vdots & & \vdots\\ \boldsymbol{\alpha}_n^{\mathrm{T}}\boldsymbol{\alpha}_1 & \boldsymbol{\alpha}_n^{\mathrm{T}}\boldsymbol{\alpha}_2 & \cdots & \boldsymbol{\alpha}_n^{\mathrm{T}}\boldsymbol{\alpha}_n\end{pmatrix}$$

因为 $\boldsymbol{A}^{\mathrm{T}}\boldsymbol{A}-\boldsymbol{\Theta}$，故

$$\boldsymbol{\alpha}_i^{\mathrm{T}}\boldsymbol{\alpha}_j=0，(i，j=1，2，\cdots，n)，$$

特别地，有 $\boldsymbol{\alpha}_j^{\mathrm{T}}\boldsymbol{\alpha}_j=0$，$(j=1，2，\cdots，n)$，而

$$\boldsymbol{\alpha}_j^{\mathrm{T}}\boldsymbol{\alpha}_j=(a_{1j}，a_{2j}，\cdots，a_{mj})\begin{pmatrix}a_{1j}\\ a_{2j}\\ \vdots\\ a_{mj}\end{pmatrix}=a_{1j}^2+a_{2j}^2+\cdots+a_{mj}^2，$$

由 $a_{1j}^2+a_{2j}^2+\cdots+a_{mj}^2=0$，（因 a_{ij} 为实数）得 $a_{1j}=a_{2j}=\cdots=a_{mj}=0$，$(j=1，2，\cdots，n)$，即

$$\boldsymbol{A}=\boldsymbol{\Theta}.$$

例 22 设 $\boldsymbol{A}$ 为三阶方阵，且 $|\boldsymbol{A}|=1$，把 $\boldsymbol{A}$ 按列分块为 $\boldsymbol{A}=(\boldsymbol{\alpha}_1，\boldsymbol{\alpha}_2，\boldsymbol{\alpha}_3)$，求 $|\boldsymbol{\alpha}_3，4\boldsymbol{\alpha}_1，-2\boldsymbol{\alpha}_2-\boldsymbol{\alpha}_3|$.

解 $|\boldsymbol{\alpha}_3，4\boldsymbol{\alpha}_1，-2\boldsymbol{\alpha}_2-\boldsymbol{\alpha}_3|\overset{c_1\leftrightarrow c_2}{=}-|4\boldsymbol{\alpha}_1，\boldsymbol{\alpha}_3，-2\boldsymbol{\alpha}_2-\boldsymbol{\alpha}_3|$

$=-4|\boldsymbol{\alpha}_1，\boldsymbol{\alpha}_3，-2\boldsymbol{\alpha}_2-\boldsymbol{\alpha}_3|\overset{c_3+c_2}{=}-4|\boldsymbol{\alpha}_1，\boldsymbol{\alpha}_3，-2\boldsymbol{\alpha}_2|$

$\overset{c_3\leftrightarrow c_2}{=}4|\boldsymbol{\alpha}_1，-2\boldsymbol{\alpha}_2，\boldsymbol{\alpha}_3|=-8|\boldsymbol{\alpha}_1，\boldsymbol{\alpha}_2，\boldsymbol{\alpha}_3|=-8|\boldsymbol{A}|=-8.$

四、线性方程组的两种等价记法

对于线性方程组

$$\begin{cases} a_{11}x_1 + a_{12}x_2 + \cdots + a_{1n}x_n = b_1 \\ a_{21}x_1 + a_{22}x_2 + \cdots + a_{2n}x_n = b_2 \\ \cdots \\ a_{m1}x_1 + a_{m2}x_2 + \cdots + a_{mn}x_n = b_m \end{cases}, \tag{2-5}$$

记 $\boldsymbol{A}=(a_{ij})_{m\times n}$，$\boldsymbol{x}=\begin{pmatrix} x_1 \\ x_2 \\ \vdots \\ x_n \end{pmatrix}$，$\boldsymbol{\beta}=\begin{pmatrix} b_1 \\ b_2 \\ \vdots \\ b_m \end{pmatrix}$，$\boldsymbol{B}=\begin{pmatrix} a_{11} & a_{12} & \cdots & a_{1n} & b_1 \\ a_{21} & a_{22} & \cdots & a_{2n} & b_2 \\ \vdots & \vdots & & \vdots & \vdots \\ a_{m1} & a_{m2} & \cdots & a_{mn} & b_m \end{pmatrix}$，

其中，$\boldsymbol{A}$ 称为系数矩阵，$\boldsymbol{x}$ 称为解向量或解，$\boldsymbol{\beta}$ 称为常数项向量，$\boldsymbol{B}$ 称为增广矩阵. 按分块矩阵的记法，可记

$$\boldsymbol{B}=(\boldsymbol{A}\,|\,\boldsymbol{\beta})\text{，或 }\boldsymbol{B}=(\boldsymbol{A},\ \boldsymbol{\beta})=(\boldsymbol{\alpha}_1,\ \boldsymbol{\alpha}_2,\ \cdots,\ \boldsymbol{\alpha}_n,\ \boldsymbol{\beta}).$$

其中，$(\boldsymbol{\alpha}_1,\ \boldsymbol{\alpha}_2,\ \cdots,\ \boldsymbol{\alpha}_n)$是矩阵 $\boldsymbol{A}$ 的列分块矩阵.

利用矩阵的乘法，方程组（2-5）可以记作

$$\boldsymbol{A}\boldsymbol{x}=\boldsymbol{\beta}, \tag{2-6}$$

如果把系数矩阵 $\boldsymbol{A}$ 按列分块，$\boldsymbol{x}$ 每一个元素看作一个子块，从而记作

$$(\boldsymbol{\alpha}_1,\ \boldsymbol{\alpha}_2,\ \cdots,\ \boldsymbol{\alpha}_n)\begin{pmatrix} x_1 \\ x_2 \\ \vdots \\ x_n \end{pmatrix}=\boldsymbol{\beta},$$

即

$$x_1\boldsymbol{\alpha}_1 + x_2\boldsymbol{\alpha}_2 + \cdots + x_n\boldsymbol{\alpha}_n = \boldsymbol{\beta}. \tag{2-7}$$

式（2-6）和式（2-7）是线性方程组（2-5）的两种变形，分别称为线性方程组（2-5）的矩阵形式和向量形式. 今后，它们与线性方程组（2-5）将混同使用而不加区分，并都称为线性方程组.

例如，线性方程组

$$\begin{cases} x_1-2x_2-x_3=2 \\ 4x_1+3x_2-5x_3=1 \end{cases},$$

可以写成矩阵方程 $\begin{pmatrix} 1 & -2 & -1 \\ 4 & 3 & -5 \end{pmatrix}\begin{pmatrix} x_1 \\ x_2 \\ x_3 \end{pmatrix}=\begin{pmatrix} 2 \\ 1 \end{pmatrix}$或向量方程 $\begin{pmatrix} 1 \\ 4 \end{pmatrix}x_1+\begin{pmatrix} -2 \\ 3 \end{pmatrix}x_2+\begin{pmatrix} -1 \\ -5 \end{pmatrix}x_3=\begin{pmatrix} 2 \\ 1 \end{pmatrix}$.

第五节 矩阵的初等变换

矩阵的初等变换是矩阵的一种十分重要的运算，它在解线性方程组、求可逆矩阵的逆矩阵及矩阵理论的讨论中都起到重要作用．为引进矩阵的初等变换，先来分析用消元法解线性方程组的例子．

引例 求解线性方程组

$$\begin{cases} 2x_1 - x_2 - x_3 + x_4 = 2 & (1) \\ x_1 + x_2 - 2x_3 + x_4 = 4 & (2) \\ 4x_1 - 6x_2 + 2x_3 - 2x_4 = 4 & (3) \\ 3x_1 + 6x_2 - 9x_3 + 7x_4 = 9 & (4) \end{cases} . \tag{2-8}$$

解 (2-8) $\xrightarrow[(3)\div 2]{(1)\leftrightarrow(2)} \begin{cases} x_1 + x_2 - 2x_3 + x_4 = 4 & (1) \\ 2x_1 - x_2 - x_3 + x_4 = 2 & (2) \\ 2x_1 - 3x_2 + x_3 - x_4 = 2 & (3) \\ 3x_1 + 6x_2 - 9x_3 + 7x_4 = 9 & (4) \end{cases}$ (B_1)

$$\xrightarrow[\substack{(4)-3(1)}]{\substack{(2)-(3)\\(3)-2(1)}} \begin{cases} x_1 + x_2 - 2x_3 + x_4 = 4 & (1) \\ 2x_2 - 2x_3 + 2x_4 = 0 & (2) \\ -5x_2 + 5x_3 - 3x_4 = -6 & (3) \\ 3x_2 - 3x_3 + 4x_4 = -3 & (4) \end{cases} \quad (B_2)$$

$$\xrightarrow[\substack{(3)+5(2)\\(4)-3(2)}]{(2)\times\frac{1}{2}} \begin{cases} x_1 + x_2 - 2x_3 + x_4 = 4 & (1) \\ x_2 - x_3 + x_4 = 0 & (2) \\ 2x_4 = -6 & (3) \\ x_4 = -3 & (4) \end{cases} \quad (B_3)$$

$$\xrightarrow[(4)-2(3)]{(3)\leftrightarrow(4)} \begin{cases} x_1 + x_2 - 2x_3 + x_4 = 4 & (1) \\ x_2 - x_3 + x_4 = 0 & (2) \\ x_4 = -3 & (3) \\ 0 = 0 & (4) \end{cases} \quad (B_4)$$

方程组（B_4）是 4 个未知数 3 个有效方程的方程组，应有一个自由未知量．由于方程组（B_4）呈阶梯形，可把每个台阶的第一个未知数（即 x_1，x_2，x_4）选为非自由未知量，剩下的 x_3 选为自由未知量，这样就只需用“回代”的方法便能求出解了．于是解得

$$\begin{cases} x_1 = x_3 + 4 \\ x_2 = x_3 + 3 \\ x_4 = -3 \end{cases} . \tag{2-9}$$

在用消元法解线性方程组时经常要反复进行以下三种运算：

(1) 将一个方程遍乘一个非零常数 k；

(2) 将两个方程位置互换；

(3) 将一个方程遍乘一个常数 k 加到另一个方程上去．

这三种运算称为线性方程组的初等变换，而且线性方程组经过初等变换后其解不变．

在上述变换过程中，实际上只对方程组的系数和常数进行运算，未知量并未参与运算．因此，若记引例方程组的增广矩阵为

$$\boldsymbol{B}=(\boldsymbol{A},\ \boldsymbol{\beta})=\begin{pmatrix}2 & -1 & -1 & 1 & 2\\ 1 & 1 & -2 & 1 & 4\\ 4 & -6 & 2 & -2 & 4\\ 3 & 6 & -9 & 7 & 9\end{pmatrix},$$

那么上述对方程组的变换完全可以转换为对矩阵 $\boldsymbol{B}$ 的变换．把方程组的上述三种同解变换移植到矩阵上，就得到矩阵的三种初等变换．

一、矩阵的初等变换

定义 13 矩阵的**初等行变换**是指：

(1) 用一个非零常数 k 遍乘矩阵的某一行（k 乘第 i 行，记作 $r_i\times k$）；

(2) 互换矩阵任意两行的位置（互换 i、j 两行，记作 $r_i\leftrightarrow r_j$）；

(3) 将矩阵某一行所有元素的 k 倍加到另一行的对应元素上（第 j 行的 k 倍加到第 i 行上，记作 r_i+kr_j）．

把定义 13 中的“行”换成“列”，即得矩阵的初等列变换的定义（所用记号是把“r”换成“c”）．

矩阵的初等行变换与初等列变换统称为矩阵的**初等变换**．

初等变换的逆变换仍是初等变换，且变换类型相同．例如，变换 $r_i\leftrightarrow r_j$ 的逆变换即为其本身；变换 $r_i\times k$ 的逆变换为 $r_i\times\dfrac{1}{k}$（或记作 $r_i\div k$）；变换 (r_i+kr_j) 的逆变换为(r_i-kr_j)．

定义 14 若矩阵 $\boldsymbol{A}$ 经过有限次初等变换变成矩阵 $\boldsymbol{B}$，则称矩阵 $\boldsymbol{A}$ 与矩阵 $\boldsymbol{B}$ **等价**．记为 $\boldsymbol{A}\sim\boldsymbol{B}$ 或 $\boldsymbol{A}\rightarrow\boldsymbol{B}$.

矩阵之间的等价关系具有以下性质：

(1) 反身性　$\boldsymbol{A}\sim\boldsymbol{A}$；

(2) 对称性　若 $\boldsymbol{A}\sim\boldsymbol{B}$，则 $\boldsymbol{B}\sim\boldsymbol{A}$；

(3) 传递性　若 $\boldsymbol{A}\sim\boldsymbol{B}$，$\boldsymbol{B}\sim\boldsymbol{C}$，则 $\boldsymbol{A}\sim\boldsymbol{C}$.

二、行阶梯形矩阵和行最简形矩阵

定义 15 满足下列两个条件的矩阵称为**行阶梯形矩阵**：

(1) 零行（元素全为零的行）位于矩阵的下方；

(2) 首非零元素（即非零行的第一个不为零的元素）的列标随着行标的递增而严格增大．

例如，引例中同解方程组（B_4）对应的增广矩阵

$$\boldsymbol{B}_4=\begin{pmatrix}1&1&-2&1&4\\0&1&-1&1&0\\0&0&0&1&-3\\0&0&0&0&0\end{pmatrix}$$

就是行阶梯形矩阵，其特点是：可画出一条阶梯线，线的下方全为 0；每个台阶只有一行，台阶数即是非零行的行数，阶梯线的竖线（每段阶梯线的长度为一行）后面的第一个元素为非零元，也就是非零行的第一个非零元．

将矩阵 $\boldsymbol{B}_4$ 进行初等变换

$$\boldsymbol{B}_4\underset{r_2-r_3}{\overset{r_1-r_2}{\sim}}\begin{pmatrix}1&0&-1&0&4\\0&1&-1&0&3\\0&0&0&1&-3\\0&0&0&0&0\end{pmatrix}=\boldsymbol{B}_5.$$

此过程实际上就是方程组（B_4）得到解（2-9）的回代过程．显然矩阵 $\boldsymbol{B}_5$ 也是一个行阶梯形矩阵，但它还具备一些矩阵 $\boldsymbol{B}_4$ 没有的特点，而且在解方程组的过程中，矩阵 $\boldsymbol{B}_5$ 的地位也更重要．

定义 16 满足下列两个条件的行阶梯形矩阵称为**行最简形矩阵**：

(1) 矩阵的各首非零元素全为 1；

(2) 矩阵的各首非零元素 1 所在列的上方元素也全为零．

行最简形矩阵的特点是：非零行的第一个非零元素为 1，且这些非零元素所在的列的其他元素都是 0.

用归纳法不难证明（这里不证）：对于任何矩阵 $\boldsymbol{A}_{m\times n}$，总可以经过有限次初等行变换把它变为行阶梯形矩阵和行最简形矩阵．

例 23 将矩阵

$$\boldsymbol{A}=\begin{pmatrix}0&1&2&-3\\-3&0&1&2\\2&-3&0&1\\1&2&-3&0\end{pmatrix}$$

利用初等行变换化成行阶梯形、行最简形矩阵．

解 $\boldsymbol{A}=\begin{pmatrix}0&1&2&-3\\-3&0&1&2\\2&-3&0&1\\1&2&-3&0\end{pmatrix}$

$$\overset{\substack{r_4\leftrightarrow r_3\\r_3\leftrightarrow r_2}}{\underset{r_2\leftrightarrow r_1}{\sim}}\begin{pmatrix}1&2&-3&0\\0&1&2&-3\\-3&0&1&2\\2&-3&0&1\end{pmatrix}\overset{r_3+3r_1}{\underset{r_4-2r_1}{\sim}}\begin{pmatrix}1&2&-3&0\\0&1&2&-3\\0&6&-8&2\\0&-7&6&1\end{pmatrix}$$

$$\overset{r_3-6r_2}{\underset{r_4+7r_2}{\sim}}\begin{pmatrix}1&2&-3&0\\0&1&2&-3\\0&0&-20&20\\0&0&20&-20\end{pmatrix}\overset{r_4+r_3}{\underset{r_3\div(-20)}{\sim}}\begin{pmatrix}1&2&-3&0\\0&1&2&-3\\0&0&1&-1\\0&0&0&0\end{pmatrix}$$

$$\overset{r_2-2r_3}{\underset{\substack{r_1+3r_3\\r_1-2r_2}}{\sim}}\begin{pmatrix}1&0&0&-1\\0&1&0&-1\\0&0&1&-1\\0&0&0&0\end{pmatrix}.$$

其中$\begin{pmatrix}1&2&-3&0\\0&1&2&-3\\0&0&1&-1\\0&0&0&0\end{pmatrix}$为行阶梯形，$\begin{pmatrix}1&0&0&-1\\0&1&0&-1\\0&0&1&-1\\0&0&0&0\end{pmatrix}$为行最简形．

将上述行最简形矩阵$\begin{pmatrix}1&0&0&-1\\0&1&0&-1\\0&0&1&-1\\0&0&0&0\end{pmatrix}$再作初等列变换，可得

$$\begin{pmatrix}1&0&0&-1\\0&1&0&-1\\0&0&1&-1\\0&0&0&0\end{pmatrix}\overset{\substack{c_4+c_1\\c_4+c_2}}{\underset{c_4+c_3}{\sim}}\begin{pmatrix}1&0&0&0\\0&1&0&0\\0&0&1&0\\0&0&0&0\end{pmatrix}=\boldsymbol{F}.$$

这里的矩阵 $\boldsymbol{F}$ 称为原矩阵 $\boldsymbol{A}=\begin{pmatrix}0&1&2&-3\\-3&0&1&2\\2&-3&0&1\\1&2&-3&0\end{pmatrix}$的标准形．标准形矩阵的特点是：$\boldsymbol{F}$ 的左上角是一个单位矩阵，其余元素全为 0.

对于矩阵 $\boldsymbol{A}_{m\times n}$，总可以经过有限次初等变换（行变换和列变换）把它变为标准形

$$F=\begin{pmatrix} E_r & O \\ O & O \end{pmatrix}_{m\times n},$$

此标准形由 m、n、r 三个数完全确定，其中 r 就是行阶梯形矩阵中非零行的行数．

三、用初等变换求逆矩阵

矩阵的初等变换是矩阵的一种最基本的运算，为了探讨它的应用，需要研究它的性质，下面的定理就是介绍初等变换的一个最基本的性质．

定理 3 设 $\boldsymbol{A}$ 与 $\boldsymbol{B}$ 为 $m\times n$ 阶矩阵，那么

（1）$\boldsymbol{A}\overset{r}{\sim}\boldsymbol{B}$ 的充分必要条件是存在 m 阶可逆矩阵 $\boldsymbol{P}$，使 $\boldsymbol{PA}=\boldsymbol{B}$；

（2）$\boldsymbol{A}\overset{c}{\sim}\boldsymbol{B}$ 的充分必要条件是存在 n 阶可逆矩阵 $\boldsymbol{Q}$，使 $\boldsymbol{AQ}=\boldsymbol{B}$；

（3）$\boldsymbol{A}\sim\boldsymbol{B}$ 的充分必要条件是存在 m 阶可逆矩阵 $\boldsymbol{P}$ 和 n 阶可逆矩阵 $\boldsymbol{Q}$，使 $\boldsymbol{PAQ}=\boldsymbol{B}$.

此定理不予证明．

定理 3 把矩阵的初等变换与矩阵的乘法联系了起来，从而可以依据矩阵乘法的运算规律得到初等变换的运算规律，也可以利用矩阵的初等变换去研究矩阵的乘法．下面先给出定理 3 的一个推论，然后介绍一种利用初等行变换求逆矩阵的方法．

推论 2 方阵 $\boldsymbol{A}$ 可逆的充分必要条件是 $\boldsymbol{A}\overset{r}{\sim}\boldsymbol{E}$.

证明 $\boldsymbol{A}$ 可逆$\Leftrightarrow$存在可逆矩阵 $\boldsymbol{P}$，使 $\boldsymbol{PA}=\boldsymbol{E}$，

$$\Leftrightarrow \boldsymbol{A}\overset{r}{\sim}\boldsymbol{E}.$$

推论 2 表明，如果 $\boldsymbol{A}$ 可逆，则 $\boldsymbol{A}\overset{r}{\sim}\boldsymbol{E}$，即 $\boldsymbol{A}$ 经过一系列初等行变换变为 $\boldsymbol{E}$. 由定理 3，则有可逆矩阵 $\boldsymbol{P}$，使 $\boldsymbol{PA}=\boldsymbol{E}$，根据可逆矩阵的定义知道，$\boldsymbol{P}=\boldsymbol{A}^{-1}$. 那么，如何去求矩阵 $\boldsymbol{P}$ 呢？

由于 $\boldsymbol{PA}=\boldsymbol{E}\Leftrightarrow\begin{cases}\boldsymbol{PA}=\boldsymbol{E}\\ \boldsymbol{PE}=\boldsymbol{P}\end{cases}\Leftrightarrow\boldsymbol{P}(\boldsymbol{A},\boldsymbol{E})=(\boldsymbol{E},\boldsymbol{P})\Leftrightarrow(\boldsymbol{A},\boldsymbol{E})\overset{r}{\sim}(\boldsymbol{E},\boldsymbol{P})$，

因此得到用初等行变换求 $\boldsymbol{A}^{-1}$ 的方法：

构造 $n\times 2n$ 阶矩阵 $(\boldsymbol{A},\boldsymbol{E})$，然后对其施以若干次初等行变换，将矩阵 $\boldsymbol{A}$ 化为单位矩阵 $\boldsymbol{E}$ 的同时，上述初等行变换也将其中的单位矩阵 $\boldsymbol{E}$ 化为了 $\boldsymbol{A}^{-1}$，即

$$(\boldsymbol{A},\boldsymbol{E})\overset{r}{\sim}\cdots\overset{r}{\sim}(\boldsymbol{E},\boldsymbol{A}^{-1}).$$

例 24 求 $\boldsymbol{A}=\begin{pmatrix}3 & -1 & 0\\ -2 & 1 & 1\\ 2 & -1 & 2\end{pmatrix}$的逆矩阵．

解 写出（$\boldsymbol{A}$，$\boldsymbol{E}$）并进行初等行变换，直至将（$\boldsymbol{A}$，$\boldsymbol{E}$）中的$\boldsymbol{A}$化成单位矩阵.

$$(\boldsymbol{A},\boldsymbol{E})=\begin{pmatrix}3&-1&0&1&0&0\\-2&1&1&0&1&0\\2&-1&2&0&0&1\end{pmatrix}\underset{r_3+r_2}{\overset{r_1+r_2}{\sim}}\begin{pmatrix}1&0&1&1&1&0\\-2&1&1&0&1&0\\0&0&3&0&1&1\end{pmatrix}$$

$$\underset{r_3\div 3}{\overset{r_2+2r_1}{\sim}}\begin{pmatrix}1&0&1&1&1&0\\0&1&3&2&3&0\\0&0&1&0&\frac{1}{3}&\frac{1}{3}\end{pmatrix}\underset{r_2-3r_3}{\overset{r_1-r_3}{\sim}}\begin{pmatrix}1&0&0&1&\frac{2}{3}&-\frac{1}{3}\\0&1&0&2&2&-1\\0&0&1&0&\frac{1}{3}&\frac{1}{3}\end{pmatrix}$$

$$=(\boldsymbol{E},\boldsymbol{A}^{-1}).$$

由此得

$$\boldsymbol{A}^{-1}=\begin{pmatrix}1&\frac{2}{3}&-\frac{1}{3}\\2&2&-1\\0&\frac{1}{3}&\frac{1}{3}\end{pmatrix}.$$

显然，用初等行变换求逆阵（阶数$\geqslant 3$）的方法要比用伴随矩阵（$\boldsymbol{A}^{-1}=\frac{1}{|\boldsymbol{A}|}\boldsymbol{A}^*$）求逆阵的方法简便得多.

注意： 用初等列变化也可以求逆矩阵，即

$$\begin{pmatrix}\boldsymbol{A}\\\boldsymbol{E}\end{pmatrix}\overset{c}{\sim}\cdots\overset{c}{\sim}\begin{pmatrix}\boldsymbol{E}\\\boldsymbol{A}^{-1}\end{pmatrix}.$$

四、用初等变换求解矩阵方程

设矩阵$\boldsymbol{A}$可逆，则求解矩阵方程$\boldsymbol{AX}=\boldsymbol{B}$等价于求矩阵$\boldsymbol{X}=\boldsymbol{A}^{-1}\boldsymbol{B}$. 为此，可采用类似初等行变换求逆矩阵的方法，构造矩阵（$\boldsymbol{A}$，$\boldsymbol{B}$），对其施以初等行变换，将矩阵$\boldsymbol{A}$化为单位矩阵$\boldsymbol{E}$，则上述初等行变换同时也将其中的矩阵$\boldsymbol{B}$化为$\boldsymbol{A}^{-1}\boldsymbol{B}$，即

$$(\boldsymbol{A},\ \boldsymbol{B})\overset{r}{\sim}\cdots\overset{r}{\sim}(\boldsymbol{E},\ \boldsymbol{A}^{-1}\boldsymbol{B}).$$

例 25 求矩阵$\boldsymbol{X}$，使$\boldsymbol{AX}=\boldsymbol{B}$，其中

$$\boldsymbol{A}=\begin{pmatrix}1&2&3\\2&2&1\\3&4&3\end{pmatrix},\ \boldsymbol{B}=\begin{pmatrix}2&5\\3&1\\4&3\end{pmatrix}.$$

解 若$\boldsymbol{A}$可逆，则$\boldsymbol{X}=\boldsymbol{A}^{-1}\boldsymbol{B}$.

$$(\boldsymbol{A},\boldsymbol{B})=\begin{pmatrix}1&2&3&2&5\\2&2&1&3&1\\3&4&3&4&3\end{pmatrix}\underset{r_3-3r_1}{\overset{r_2-2r_1}{\sim}}\begin{pmatrix}1&2&3&2&5\\0&-2&-5&-1&-9\\0&-2&-6&-2&-12\end{pmatrix}$$

$$\overset{r_1+r_2}{\underset{r_3-r_2}{\sim}}\begin{pmatrix}1&0&-2&1&-4\\0&-2&-5&-1&-9\\0&0&-1&-1&-3\end{pmatrix}\overset{r_1-2r_3}{\underset{r_2-5r_3}{\sim}}\begin{pmatrix}1&0&0&3&2\\0&-2&0&4&6\\0&0&-1&-1&-3\end{pmatrix}$$

$$\overset{r_2\div(-2)}{\underset{r_3\div(-1)}{\sim}}\begin{pmatrix}1&0&0&3&2\\0&1&0&-2&-3\\0&0&1&1&3\end{pmatrix},$$

即 $$X=\begin{pmatrix}3&2\\-2&-3\\1&3\end{pmatrix}.$$

前面用初等变换推导求逆矩阵的方法时，假定了 $\boldsymbol{A}$ 可逆．但由方法本身可见，如果 $\boldsymbol{A}$ 不可逆，必定会在作初等行变换过程（如果计算无错误）中发现 $\boldsymbol{A}$ 不能变成单位矩阵，从而判断 $\boldsymbol{A}$ 不可逆，并终止求逆过程．因此用初等变换求逆时，不必事先判断 $\boldsymbol{A}$ 是否可逆．

例 26 求解矩阵方程 $\boldsymbol{AX}=\boldsymbol{A}+\boldsymbol{X}$，其中 $\boldsymbol{A}=\begin{pmatrix}2&2&0\\2&1&3\\0&1&0\end{pmatrix}$.

解 所给方程变形为 $(\boldsymbol{A}-\boldsymbol{E})\boldsymbol{X}=\boldsymbol{A}$，则 $\boldsymbol{X}=(\boldsymbol{A}-\boldsymbol{E})^{-1}\boldsymbol{A}$.

$$(\boldsymbol{A}-\boldsymbol{E},\boldsymbol{A})=\begin{pmatrix}1&2&0&2&2&0\\2&0&3&2&1&3\\0&1&-1&0&1&0\end{pmatrix}\overset{r_2-2r_1}{\underset{r_2\leftrightarrow r_3}{\sim}}\begin{pmatrix}1&2&0&2&2&0\\0&1&-1&0&1&0\\0&-4&3&-2&-3&3\end{pmatrix}$$

$$\overset{r_1-2r_2}{\underset{r_3+4r_2}{\sim}}\begin{pmatrix}1&0&2&2&0&0\\0&1&-1&0&1&0\\0&0&-1&-2&1&3\end{pmatrix}\overset{r_3\times(-1)}{\sim}\begin{pmatrix}1&0&2&2&0&0\\0&1&-1&0&1&0\\0&0&1&2&-1&-3\end{pmatrix}$$

$$\overset{r_1-2r_3}{\underset{r_2+r_3}{\sim}}\begin{pmatrix}1&0&0&-2&2&6\\0&1&0&2&0&-3\\0&0&1&2&-1&-3\end{pmatrix},$$

即得

$$\boldsymbol{X}=\begin{pmatrix}-2&2&6\\2&0&-3\\2&-1&-3\end{pmatrix}.$$

在矩阵方程中，还有另一种形式 $\boldsymbol{XA}=\boldsymbol{B}$，对于这种形式的方程也可利用上面的方法解决．方程 $\boldsymbol{XA}=\boldsymbol{B}$ 可经过转置化为 $\boldsymbol{A}^{\mathrm{T}}\boldsymbol{X}^{\mathrm{T}}=\boldsymbol{B}^{\mathrm{T}}$ 的形式，则 $\boldsymbol{X}^{\mathrm{T}}=(\boldsymbol{A}^{\mathrm{T}})^{-1}\boldsymbol{B}^{\mathrm{T}}$. 具体步骤为

$$(\boldsymbol{A}^{\mathrm{T}},\ \boldsymbol{B}^{\mathrm{T}})\overset{r}{\sim}\cdots\overset{r}{\sim}[\boldsymbol{E},\ (\boldsymbol{A}^{\mathrm{T}})^{-1}\boldsymbol{B}^{\mathrm{T}}],$$

通过上述变换求出的是 $\boldsymbol{X}^{\mathrm{T}}$，从而 $\boldsymbol{X}=(\boldsymbol{X}^{\mathrm{T}})^{\mathrm{T}}$.

例 27 设 $\boldsymbol{A}=\begin{pmatrix}0&2&1\\2&-1&3\\-3&3&-4\end{pmatrix}$，$\boldsymbol{B}=\begin{pmatrix}1&2&3\\2&-3&1\end{pmatrix}$，

求矩阵 $\boldsymbol{X}$，使 $\boldsymbol{XA}=\boldsymbol{B}$.

解 对 $\boldsymbol{XA}=\boldsymbol{B}$ 两边转置得 $\boldsymbol{A}^{\mathrm{T}}\boldsymbol{X}^{\mathrm{T}}=\boldsymbol{B}^{\mathrm{T}}$，则 $\boldsymbol{X}^{\mathrm{T}}=(\boldsymbol{A}^{\mathrm{T}})^{-1}\boldsymbol{B}^{\mathrm{T}}$.

$$(\boldsymbol{A}^{\mathrm{T}},\boldsymbol{B}^{\mathrm{T}})=\begin{pmatrix}0&2&-3&1&2\\2&-1&3&2&-3\\1&3&-4&3&1\end{pmatrix}\overset{r_1\leftrightarrow r_3}{\underset{r_2-2r_1}{\sim}}\begin{pmatrix}1&3&-4&3&1\\0&-7&11&-4&-5\\0&2&-3&1&2\end{pmatrix}$$

$$\overset{r_2+4r_3}{\sim}\begin{pmatrix}1&3&-4&3&1\\0&1&-1&0&3\\0&2&-3&1&2\end{pmatrix}\overset{r_1-3r_2}{\underset{r_3-2r_2}{\sim}}\begin{pmatrix}1&0&-1&3&-8\\0&1&-1&0&3\\0&0&-1&1&-4\end{pmatrix}$$

$$\overset{r_3\div(-1)}{\sim}\begin{pmatrix}1&0&-1&3&-8\\0&1&-1&0&3\\0&0&1&-1&4\end{pmatrix}\overset{r_1+r_3}{\underset{r_2+r_3}{\sim}}\begin{pmatrix}1&0&0&2&-4\\0&1&0&-1&7\\0&0&1&-1&4\end{pmatrix}.$$

则 $\boldsymbol{X}^{\mathrm{T}}=\begin{pmatrix}2&-4\\-1&7\\-1&4\end{pmatrix}$，即 $\boldsymbol{X}=\begin{pmatrix}2&-1&-1\\-4&7&4\end{pmatrix}$.

事实上，例 27 也可以用初等列变化的方法来求 $\boldsymbol{BA}^{-1}$，因为

$$\begin{pmatrix}\boldsymbol{A}\\\boldsymbol{B}\end{pmatrix}\boldsymbol{A}^{-1}=\begin{pmatrix}\boldsymbol{AA}^{-1}\\\boldsymbol{BA}^{-1}\end{pmatrix}=\begin{pmatrix}\boldsymbol{E}\\\boldsymbol{BA}^{-1}\end{pmatrix},$$

所以构造矩阵 $\begin{pmatrix}\boldsymbol{A}\\\boldsymbol{B}\end{pmatrix}$，对其施以初等列变换，将矩阵 $\boldsymbol{A}$ 化为单位矩阵 $\boldsymbol{E}$，则上述初等列变换同时也将其中的矩阵 $\boldsymbol{B}$ 化为 $\boldsymbol{BA}^{-1}$，即

$$\begin{pmatrix}\boldsymbol{A}\\\boldsymbol{B}\end{pmatrix}\overset{c}{\sim}\cdots\overset{c}{\sim}\begin{pmatrix}\boldsymbol{E}\\\boldsymbol{BA}^{-1}\end{pmatrix}.$$

第六节　矩阵的秩

矩阵的秩是一个非常重要的概念，线性方程组的解的判定情况就是通过矩阵的秩给出的，下面首先给出矩阵秩的定义.

一、矩阵秩的定义

定义 17 在 $m\times n$ 矩阵 $\boldsymbol{A}$ 中，任取 k 行与 k 列（$k\leqslant m$，$k\leqslant n$），位于这些行列交叉处的 k^2 个元素，不改变它们在 $\boldsymbol{A}$ 中所处的位置次序而得到的 k 阶行列式，称为矩阵 $\boldsymbol{A}$ 的 k 阶子式.

注意：矩阵的 k 阶子式是行列式而不是矩阵；$m\times n$ 矩阵 $\boldsymbol{A}$ 的 k 阶子式共有 $C_m^k\cdot C_n^k$ 个.

例如，设矩阵 $\boldsymbol{A}=\begin{pmatrix}1&3&4&5\\-1&0&2&3\\0&1&-1&2\end{pmatrix}$，则由 1、3 两行与 2、4 两列交叉处的元素构成的二阶子式为 $\begin{vmatrix}3&5\\1&2\end{vmatrix}$，该矩阵共有 $C_3^2\cdot C_4^2=18$ 个二阶子式；由于该矩阵共有三行，所以三阶子式是其最高阶的子式，共有 4 个.

定义 18 在 $m\times n$ 矩阵 $\boldsymbol{A}$ 中，如果存在一个不等于 0 的 r 阶子式 D，且所有 $(r+1)$ 阶子式（若存在的话）全等于 0，则称 D 为矩阵 $\boldsymbol{A}$ 的**最高阶非零子式**，称 D 的阶数 r 为矩阵 $\boldsymbol{A}$ 的**秩**，记作 $R(\boldsymbol{A})=r$，并规定零矩阵的秩等于 0.

由行列式的性质可知，在矩阵 $\boldsymbol{A}$ 中当所有 $(r+1)$ 阶子式全等于 0 时，所有高于 $(r+1)$ 阶的子式也全为 0，因此把 r 阶非零子式称为最高阶非零子式，并由此可知矩阵 $\boldsymbol{A}$ 的最高阶非零子式可能不止一个，而 $\boldsymbol{A}$ 的秩 $R(\boldsymbol{A})$ 就是 $\boldsymbol{A}$ 的非零子式的最高阶数.

显然，矩阵的秩具有下列性质：

(1) 若矩阵 $\boldsymbol{A}$ 中有一个 s 阶非零子式，则 $R(\boldsymbol{A})\geqslant s$；

(2) 若 $\boldsymbol{A}$ 中所有 t 阶子式全为 0，则 $R(\boldsymbol{A})<t$；

(3) 若矩阵 $\boldsymbol{A}$ 为 $m\times n$ 矩阵，则 $0\leqslant R(\boldsymbol{A})\leqslant\min\{m,n\}$；

(4) 由于行列式与其转置行列式相等，因此，$R(\boldsymbol{A}^{\mathrm{T}})=R(\boldsymbol{A})$.

对于 n 阶矩阵 $\boldsymbol{A}$，若 $|\boldsymbol{A}|\neq 0$，则 $R(\boldsymbol{A})=n$；若 $|\boldsymbol{A}|=0$，则 $R(\boldsymbol{A})<n$. 因此，可逆矩阵（非奇异矩阵）又称**满秩矩阵**，不可逆矩阵（奇异矩阵）又称**降秩矩阵**.

例 28 求矩阵 $\boldsymbol{A}$ 和 $\boldsymbol{B}$ 的秩，其中

$$\boldsymbol{A}=\begin{pmatrix}1&2&3\\2&3&-5\\4&7&1\end{pmatrix},\quad \boldsymbol{B}=\begin{pmatrix}2&-1&0&3&-2\\0&3&1&-2&5\\0&0&0&4&-3\\0&0&0&0&0\end{pmatrix}.$$

解 在矩阵 $\boldsymbol{A}$ 中，容易看出一个二阶子式 $\begin{vmatrix}1&2\\2&3\end{vmatrix}=-1\neq 0$，而 $\boldsymbol{A}$ 的三阶子式只有一个，即 $|\boldsymbol{A}|$，经计算可知 $|\boldsymbol{A}|=0$，因此 $R(\boldsymbol{A})=2$. 矩阵 $\boldsymbol{A}$ 是一个降秩矩阵.

矩阵 $\boldsymbol{B}$ 是一个行阶梯形矩阵，其非零行有 3 行，即知 $\boldsymbol{B}$ 的所有四阶子式全为 0；而以 3 个非零行首元为对角元的三阶行列式

$$\begin{vmatrix} 2 & -1 & 3 \\ 0 & 3 & -2 \\ 0 & 0 & 4 \end{vmatrix}$$

是一个上三角形行列式，它显然不等于 0，因此 $R(\boldsymbol{B})=3$.

例 29 求矩阵 $\boldsymbol{C}=\begin{pmatrix} 1 & 3 & -2 & 2 \\ 0 & 2 & -1 & 3 \\ -2 & 0 & 1 & 5 \end{pmatrix}$ 的秩．

解 在矩阵 $\boldsymbol{C}$ 中，容易看出一个二阶子式 $\begin{vmatrix} 1 & 3 \\ 0 & 2 \end{vmatrix}=2\neq 0$，而 $\boldsymbol{C}$ 的三阶子式共 4 个，并且经过计算得出

$$\begin{vmatrix} 1 & 3 & -2 \\ 0 & 2 & -1 \\ -2 & 0 & 1 \end{vmatrix}=0,\quad \begin{vmatrix} 1 & 3 & 2 \\ 0 & 2 & 3 \\ -2 & 0 & 5 \end{vmatrix}=0,\quad \begin{vmatrix} 1 & -2 & 2 \\ 0 & -1 & 3 \\ -2 & 1 & 5 \end{vmatrix}=0,\quad \begin{vmatrix} 3 & -2 & 2 \\ 2 & -1 & 3 \\ 0 & 1 & 5 \end{vmatrix}=0.$$

因此

$$R(\boldsymbol{C})=2.$$

通过例 28 和例 29 可以看出，对于一般的矩阵，当行数与列数较高时，按定义 18 求矩阵的秩是很繁琐的．然而对于行阶梯形矩阵，由定义 18 求它的秩，就等于行阶梯形矩阵的非零行的行数，一看便知而不用计算．因此，自然想到用初等变换把矩阵化为阶梯形，但矩阵经初等变换后它的秩是否保持不变呢？下面的定理对此作出了肯定的回答．

二、初等变换求矩阵的秩

定理 4 若 $\boldsymbol{A}\sim\boldsymbol{B}$，则 $R(\boldsymbol{A})=R(\boldsymbol{B})$.

此定理也可叙述为初等变换不改变矩阵的秩．此定理不予证明．

根据该定理，以后求矩阵的秩时，只需把它化成行阶梯形矩阵，行阶梯形矩阵中非零行的行数，即是它的秩．下面用该定理重新计算例 29.

将矩阵 $\boldsymbol{C}$ 进行初等行变换化为行阶梯型矩阵

$$\boldsymbol{C}=\begin{pmatrix} 1 & 3 & -2 & 2 \\ 0 & 2 & -1 & 3 \\ -2 & 0 & 1 & 5 \end{pmatrix}\overset{r_3+2r_1}{\sim}\begin{pmatrix} 1 & 3 & -2 & 2 \\ 0 & 2 & -1 & 3 \\ 0 & 6 & -3 & 9 \end{pmatrix}\overset{r_3-3r_2}{\sim}\begin{pmatrix} 1 & 3 & -2 & 2 \\ 0 & 2 & -1 & 3 \\ 0 & 0 & 0 & 0 \end{pmatrix},$$

因此

$$R(\boldsymbol{C})=2.$$

矩阵的秩是反映矩阵本质属性的一个数，是矩阵在初等行变换下的不变量，它可以通过初等行变换求得，但与所用的初等行变换无关．

上面是通过矩阵的初等行变换求矩阵的秩，当然也可以通过初等列变换以及

初等行变换与初等列变换同时进行求矩阵的秩，这也是定理 4 的内涵，只是为了解线性方程组的需要，该部分只用初等行变换求矩阵的秩．若只是为了求矩阵的秩，初等行变换、初等列变换可单独进行，也可以同时进行．

例 30 求矩阵

$$\boldsymbol{A}=\begin{pmatrix}3&2&0&5&0\\3&-2&3&6&-1\\2&0&1&5&-3\\1&6&-4&-1&4\end{pmatrix}$$

的秩，并求 $\boldsymbol{A}$ 的一个最高阶非零子式．

解

$$\boldsymbol{A}=\begin{pmatrix}3&2&0&5&0\\3&-2&3&6&-1\\2&0&1&5&-3\\1&6&-4&-1&4\end{pmatrix}\overset{\substack{r_1\leftrightarrow r_4\\ r_2-r_4}}{\underset{\substack{r_3-2r_1\\ r_4-3r_1}}{\sim}}\begin{pmatrix}1&6&-4&-1&4\\0&-4&3&1&-1\\0&-12&9&7&-11\\0&-16&12&8&-12\end{pmatrix}$$

$$\overset{r_3-3r_2}{\underset{r_4-4r_2}{\sim}}\begin{pmatrix}1&6&-4&-1&4\\0&-4&3&1&-1\\0&0&0&4&-8\\0&0&0&4&-8\end{pmatrix}\overset{r_4-r_3}{\sim}\begin{pmatrix}1&6&-4&-1&4\\0&-4&3&1&-1\\0&0&0&4&-8\\0&0&0&0&0\end{pmatrix}.$$

因此

$$R(\boldsymbol{A})=3.$$

再求 $\boldsymbol{A}$ 的一个最高阶非零子式．由 $R(\boldsymbol{A})=3$知，$\boldsymbol{A}$ 的最高阶非零子式为三阶．$\boldsymbol{A}$ 的三阶子式共有 $C_4^3\cdot C_5^3=40$ 个．

考察 $\boldsymbol{A}$ 的行阶梯形矩阵，记

$$\boldsymbol{A}=(\boldsymbol{\alpha}_1,\boldsymbol{\alpha}_2,\boldsymbol{\alpha}_3,\boldsymbol{\alpha}_4,\boldsymbol{\alpha}_5),$$

则矩阵 $\boldsymbol{B}=(\boldsymbol{\alpha}_1,\boldsymbol{\alpha}_2,\boldsymbol{\alpha}_4)$的行阶梯形矩阵为

$$\begin{pmatrix}1&6&-1\\0&-4&1\\0&0&4\\0&0&0\end{pmatrix},$$

$R(\boldsymbol{B})=3$，故 $\boldsymbol{B}$ 中共有 4 个三阶子式，且必有三阶非零子式．

计算 $\boldsymbol{B}$ 中前三行构成的子式

$$\begin{vmatrix}3&2&5\\3&-2&6\\2&0&5\end{vmatrix}=\begin{vmatrix}3&2&5\\6&0&11\\2&0&5\end{vmatrix}=-2\begin{vmatrix}6&11\\2&5\end{vmatrix}=-16\neq0,$$

则这个子式便是 $\boldsymbol{A}$ 中的一个最高阶非零子式．

例 31 设 $\boldsymbol{A}$ 为 n 阶非奇异矩阵，$\boldsymbol{B}$ 为 $n\times m$ 矩阵．试证：$\boldsymbol{A}$ 与 $\boldsymbol{B}$ 之积的秩等于 $\boldsymbol{B}$ 的秩，即 $R(\boldsymbol{AB})=R(\boldsymbol{B})$.

证明 因为 $\boldsymbol{A}$ 为 n 阶非奇异矩阵，故 $\boldsymbol{A}$ 为可逆矩阵．由第五节定理 3 知，在 $\boldsymbol{B}$ 的左侧乘以可逆矩阵相当于对 $\boldsymbol{B}$ 进行初等行变换，即 $\boldsymbol{AB}\overset{r}{\sim}\boldsymbol{B}$，因此有 $R(\boldsymbol{AB})=R(\boldsymbol{B})$.

例 32 设

$$\boldsymbol{A}=\begin{pmatrix}1&-2&2&-1\\2&-4&8&0\\-2&4&-2&3\\3&-6&0&-6\end{pmatrix},\ \boldsymbol{\beta}=\begin{pmatrix}1\\2\\3\\4\end{pmatrix}$$

且 $\boldsymbol{B}=(\boldsymbol{A},\boldsymbol{\beta})$，求 $R(\boldsymbol{A})$ 及 $R(\boldsymbol{B})$.

解

$$\boldsymbol{B}=\begin{pmatrix}1&-2&2&-1&1\\2&-4&8&0&2\\-2&4&-2&3&3\\3&-6&0&-6&4\end{pmatrix}\overset{\substack{r_2-2r_1\\r_3+2r_1\\r_4-3r_1}}{\sim}\begin{pmatrix}1&-2&2&-1&1\\0&0&4&2&0\\0&0&2&1&5\\0&0&-6&-3&1\end{pmatrix}$$

$$\overset{\substack{r_2\div 2\\r_3-r_2\\r_4+3r_2}}{\sim}\begin{pmatrix}1&-2&2&-1&1\\0&0&2&1&0\\0&0&0&0&5\\0&0&0&0&1\end{pmatrix}\overset{\substack{r_3\div 5\\r_4-r_3}}{\sim}\begin{pmatrix}1&-2&2&-1&1\\0&0&2&1&0\\0&0&0&0&1\\0&0&0&0&0\end{pmatrix},$$

因此

$$R(\boldsymbol{A})=2,\ R(\boldsymbol{B})=3.$$

显然，以 $\boldsymbol{B}$ 为增广矩阵的线性方程组

$$\begin{cases}x_1-2x_2+2x_3-x_4=1\\2x_1-4x_2+8x_3=2\\-2x_1+4x_2-2x_3+3x_4=3\\3x_1-6x_2-6x_4=4\end{cases}\tag{2-10}$$

与以行阶梯型矩阵

$$\begin{pmatrix}1&-2&2&-1&1\\0&0&2&1&0\\0&0&0&0&1\\0&0&0&0&0\end{pmatrix}$$

为增广矩阵的线性方程组

$$\begin{cases}x_1-2x_2+2x_3-x_4=1\\2x_3+x_4=0\\0=1\end{cases}\tag{2-11}$$

同解，而线性方程组（2-11）显然无解，因此线性方程组（2-10）也无解．

此例说明，判断一个线性方程组 $\boldsymbol{Ax}=\boldsymbol{\beta}$ 解的情况，可以用系数矩阵 $\boldsymbol{A}$ 的秩与增广矩阵 $\boldsymbol{B}$ 的秩之间的关系去判断，下面给出判定定理．

三、线性方程组解的判定方法

设有 n 个未知量 m 个方程的线性方程组

$$\begin{cases} a_{11}x_1+a_{12}x_2+\cdots+a_{1n}x_n=b_1 \\ a_{21}x_1+a_{22}x_2+\cdots+a_{2n}x_n=b_2 \\ \cdots\cdots \\ a_{m1}x_1+a_{m2}x_2+\cdots+a_{mn}x_n=b_m \end{cases}, \tag{2-12}$$

可以写成矩阵方程的形式

$$\boldsymbol{Ax}=\boldsymbol{\beta}. \tag{2-13}$$

其中

$$\boldsymbol{A}=\begin{pmatrix} a_{11} & a_{12} & \cdots & a_{1n} \\ a_{21} & a_{22} & \cdots & a_{2n} \\ \vdots & \vdots & & \vdots \\ a_{m1} & a_{m2} & \cdots & a_{mn} \end{pmatrix},\ \boldsymbol{x}=\begin{pmatrix} x_1 \\ x_2 \\ \vdots \\ x_n \end{pmatrix},\ \boldsymbol{\beta}=\begin{pmatrix} b_1 \\ b_2 \\ \vdots \\ b_m \end{pmatrix}.$$

第四节中已经说明，线性方程组（2-12）与矩阵方程（2-13）将混同使用而不加区分．

若存在一组数 $x_1=c_1$，$x_2=c_2$，…，$x_n=c_n$ 使得线性方程组（2-12）中的每一个方程都成立，则称这 n 个数 c_1，c_2，…，c_n 是方程组（2-12）的解，或者说 $\boldsymbol{x}=\begin{pmatrix} c_1 \\ c_2 \\ \vdots \\ c_n \end{pmatrix}$ 是线性方程组（2-12）的**解**（或**解向量**），这时也称线性方程组（2-12）是相容的，如果无解，就称它不相容．表示线性方程组全部解的表达式称为线性方程组的**通解**．利用系数矩阵 $\boldsymbol{A}$ 的秩与增广矩阵 $\boldsymbol{B}$ 的秩之间的关系，可以方便地讨论线性方程组（2-12）是否有解（即是否相容）以及有解时解是否唯一等问题，其结论是：

定理 5 n 元线性方程组 $\boldsymbol{Ax}=\boldsymbol{\beta}$

（1）方程组无解的充分必要条件是 $R(\boldsymbol{A})\neq R(\boldsymbol{A},\boldsymbol{\beta})$，即 $R(\boldsymbol{A})<R(\boldsymbol{A},\boldsymbol{\beta})$；

（2）方程组有唯一解的充分必要条件是 $R(\boldsymbol{A})=R(\boldsymbol{A},\boldsymbol{\beta})=n$；

（3）方程组有无穷多组解的充分必要条件是 $R(\boldsymbol{A})=R(\boldsymbol{A},\boldsymbol{\beta})<n$.

证 只需证明条件的充分性，因为（1），（2），（3）中条件的必要性依次是（2）（3），（1）（3），（1）（2）中条件的充分性的逆否命题．

设 $R(\boldsymbol{A})=r$. 为叙述方便，无妨设 $\boldsymbol{B}=(\boldsymbol{A},\boldsymbol{\beta})$ 的行最简形为

$$\widetilde{\boldsymbol{B}}=\begin{pmatrix} 1 & 0 & \cdots & 0 & b_{11} & \cdots & b_{1,n-r} & d_1 \\ 0 & 1 & \cdots & 0 & b_{21} & \cdots & b_{2,n-r} & d_2 \\ \vdots & \vdots & & \vdots & \vdots & & \vdots & \vdots \\ 0 & 0 & \cdots & 1 & b_{r1} & \cdots & b_{r,n-r} & d_r \\ 0 & 0 & \cdots & 0 & 0 & \cdots & 0 & d_{r+1} \\ 0 & 0 & \cdots & 0 & 0 & \cdots & 0 & 0 \\ \vdots & \vdots & & \vdots & \vdots & & \vdots & \vdots \\ 0 & 0 & \cdots & 0 & 0 & \cdots & 0 & 0 \end{pmatrix}.$$

(1) 若 $R(\boldsymbol{A})<R(\boldsymbol{B})$，则 $\widetilde{\boldsymbol{B}}$ 中的 $d_{r+1}=1$，于是 $\widetilde{\boldsymbol{B}}$ 的第（$r+1$）行对应矛盾方程 $0=1$，故方程（2-13）无解．

(2) 若 $R(\boldsymbol{A})=R(\boldsymbol{B})=n$，则 $\widetilde{\boldsymbol{B}}$ 中的 $d_{r+1}=0$（或 d_{r+1} 不出现），且 b_{ij} 都不出现，于是 $\widetilde{\boldsymbol{B}}$ 对应方程组

$$\begin{cases} x_1=d_1 \\ x_2=d_2 \\ \cdots\cdots\cdots \\ x_n=d_n \end{cases},$$

故方程（2-13）有唯一解．

(3) 若 $R(\boldsymbol{A})=R(\boldsymbol{B})=r<n$，则 $\widetilde{\boldsymbol{B}}$ 中的 $d_{r+1}=0$（或 d_{r+1} 不出现），$\widetilde{\boldsymbol{B}}$ 对应方程组

$$\begin{cases} x_1=-b_{11}x_{r+1}-\cdots-b_{1,n-r}x_n+d_1 \\ x_2=-b_{21}x_{r+1}-\cdots-b_{2,n-r}x_n+d_2 \\ \cdots\cdots\cdots \\ x_r=-b_{r1}x_{r+1}-\cdots-b_{r,n-r}x_n+d_r \end{cases},$$

令自由未知量 $x_{r+1}=c_1$，…，$x_n=c_{n-r}$，即得方程（2-13）的含（$n-r$）个参数的解

$$\begin{pmatrix} x_1 \\ \vdots \\ x_r \\ x_{r+1} \\ \vdots \\ x_n \end{pmatrix}=\begin{pmatrix} -b_{11}c_1-\cdots-b_{1,n-r}c_{n-r}+d_1 \\ \vdots \\ -b_{r1}c_1-\cdots-b_{r,n-r}c_{n-r}+d_r \\ c_1 \\ \vdots \\ c_{n-r} \end{pmatrix},$$

即

$$\begin{pmatrix} x_1 \\ \vdots \\ x_r \\ x_{r+1} \\ \vdots \\ x_n \end{pmatrix} = c_1 \begin{pmatrix} -b_{11} \\ \vdots \\ -b_{r1} \\ 1 \\ \vdots \\ 0 \end{pmatrix} + \cdots + c_{n-r} \begin{pmatrix} -b_{1,n-r} \\ \vdots \\ -b_{r,n-r} \\ 0 \\ \vdots \\ 1 \end{pmatrix} + \begin{pmatrix} d_1 \\ \vdots \\ d_r \\ 0 \\ \vdots \\ 0 \end{pmatrix},$$

由于参数 c_1，…，c_{n-r}可取任意值，故方程（2-13）有无限多个解．

在线性方程组（2-12）中，若常数项不全为零，称线性方程组（2-12）为非齐次线性方程组；若常数项全为零，称之为齐次线性方程组，即

$$\begin{cases} a_{11}x_1 + a_{12}x_2 + \cdots + a_{1n}x_n = 0 \\ a_{21}x_1 + a_{22}x_2 + \cdots + a_{2n}x_n = 0 \\ \cdots\cdots \\ a_{m1}x_1 + a_{m2}x_2 + \cdots + a_{mn}x_n = 0 \end{cases} \tag{2-14}$$

与其等价的矩阵形式为

$$\boldsymbol{Ax} = \boldsymbol{0}.$$

由于齐次线性方程组 $\boldsymbol{Ax}=\boldsymbol{0}$ 是非齐次线性方程组 $\boldsymbol{Ax}=\boldsymbol{\beta}$ 的特殊情况，所以不难得到下面的定理．

定理 6　n 元齐次线性方程组 $\boldsymbol{Ax}=\boldsymbol{0}$

（1）当 $R(\boldsymbol{A})=n$ 时，方程组有唯一解（零解）；

（2）当 $R(\boldsymbol{A})<n$ 时，方程组有无穷多组非零解．

例 33　求解齐次线性方程组

$$\begin{cases} x_1 + 2x_2 + 2x_3 + x_4 = 0 \\ 2x_1 + x_2 - 2x_3 - 2x_4 = 0. \\ x_1 - x_2 - 4x_3 - 3x_4 = 0 \end{cases}$$

解　对系数矩阵进行初等行变换，化为行最简形矩阵，有

$$(\boldsymbol{A}) = \begin{pmatrix} 1 & 2 & 2 & 1 \\ 2 & 1 & -2 & -2 \\ 1 & -1 & -4 & -3 \end{pmatrix} \underset{r_3-r_1}{\overset{r_2-2r_1}{\sim}} \begin{pmatrix} 1 & 2 & 2 & 1 \\ 0 & -3 & -6 & -4 \\ 0 & -3 & -6 & -4 \end{pmatrix}$$

$$\underset{r_2\times(-1/3)}{\overset{r_3-r_2}{\sim}} \begin{pmatrix} 1 & 2 & 2 & 1 \\ 0 & 1 & 2 & \frac{4}{3} \\ 0 & 0 & 0 & 0 \end{pmatrix} \overset{r_1-2r_2}{\sim} \begin{pmatrix} 1 & 0 & -2 & -\frac{5}{3} \\ 0 & 1 & 2 & \frac{4}{3} \\ 0 & 0 & 0 & 0 \end{pmatrix}.$$

由于 $\boldsymbol{R}(\boldsymbol{A})=2<4$，故方程组有无穷解．

依据行最简形，得与原方程组同解的方程组为

$$\begin{cases}x_1-2x_3-\dfrac{5}{3}x_4=0\\ x_2+2x_3+\dfrac{4}{3}x_4=0\end{cases}.$$

取 x_3，x_4 为自由未知量，得

$$\begin{cases}x_1=2x_3+\dfrac{5}{3}x_4\\ x_2=-2x_3-\dfrac{4}{3}x_4\end{cases},$$

在上式中，令 $x_3=c_1$，$x_4=c_2$，并把上式写成向量形式的通解

$$\boldsymbol{x}=\begin{pmatrix}x_1\\x_2\\x_3\\x_4\end{pmatrix}=\begin{pmatrix}2c_1+\dfrac{5}{3}c_2\\-2c_1-\dfrac{4}{3}c_2\\c_1\\c_2\end{pmatrix}.$$

即
$$\boldsymbol{x}=c_1\begin{pmatrix}2\\-2\\1\\0\end{pmatrix}+c_2\begin{pmatrix}\dfrac{5}{3}\\-\dfrac{4}{3}\\0\\1\end{pmatrix},\ (c_1,\ c_2\in R).$$

例 34 求解非齐次解线性方程组

$$\begin{cases}6x_1-9x_2+3x_3-x_4=2\\4x_1-6x_2+2x_3+3x_4=5\\2x_1-3x_2+x_3-2x_4=-1\end{cases}.$$

解 对线性方程组的增广矩阵作初等行变换，有

$$(\boldsymbol{A},\boldsymbol{\beta})=\begin{pmatrix}6&-9&3&-1&2\\4&-6&2&3&5\\2&-3&1&-2&-1\end{pmatrix}\overset{\substack{r_1\leftrightarrow r_3\\r_2-2r_1\\r_3-3r_1}}{\sim}\begin{pmatrix}2&-3&1&-2&-1\\0&0&0&7&7\\0&0&0&5&5\end{pmatrix}$$

$$\overset{\substack{r_2\times(1/7)\\r_3-5r_2}}{\sim}\begin{pmatrix}2&-3&1&-2&-1\\0&0&0&1&1\\0&0&0&0&0\end{pmatrix},$$

$(\boldsymbol{A},\ \boldsymbol{\beta})$ 的行阶梯显示 $R(\boldsymbol{A})=R(\boldsymbol{A},\boldsymbol{\beta})=2$，知方程组有解．

继续做初等行变换

$$\begin{pmatrix}2 & -3 & 1 & -2 & -1\\0 & 0 & 0 & 1 & 1\\0 & 0 & 0 & 0 & 0\end{pmatrix}\underset{r_1\times(1/2)}{\overset{r_1+2r_2}{\sim}}\begin{pmatrix}1 & \frac{-3}{2} & \frac{1}{2} & 0 & \frac{1}{2}\\0 & 0 & 0 & 1 & 1\\0 & 0 & 0 & 0 & 0\end{pmatrix},$$

依据行最简形，得与原方程组同解的方程组为

$$\begin{cases}x_1-\dfrac{3}{2}x_2+\dfrac{1}{2}x_3=\dfrac{1}{2},\\ \qquad\qquad\qquad x_4=1\end{cases}$$

取 x_2，x_3 为自由未知量，即得方程组的通解为

$$\begin{cases}x_1=\dfrac{3}{2}x_2-\dfrac{1}{2}x_3+\dfrac{1}{2}\\ x_4=1\end{cases}（x_2，x_3\text{ 可任意取值}）.$$

令 $x_2=c_1$，$x_3=c_2$，并把上式写成向量形式的通解

$$\boldsymbol{x}=\begin{pmatrix}x_1\\x_2\\x_3\\x_4\end{pmatrix}=\begin{pmatrix}\dfrac{3}{2}c_1-\dfrac{1}{2}c_2+\dfrac{1}{2}\\c_1\\c_2\\1\end{pmatrix},$$

即
$$\boldsymbol{x}=c_1\begin{pmatrix}\frac{3}{2}\\1\\0\\0\end{pmatrix}+c_2\begin{pmatrix}\frac{1}{2}\\0\\1\\0\end{pmatrix}+\begin{pmatrix}\frac{1}{2}\\0\\0\\1\end{pmatrix},（c_1，c_2\in R）.$$

习题二

1. 设 $\boldsymbol{A}=\begin{pmatrix}3 & 4 & 5 & 3\\2 & 7 & 4 & 0\\3 & 0 & 1 & 2\end{pmatrix}$，$\boldsymbol{B}=\begin{pmatrix}1 & 3 & 7 & 0\\5 & 1 & 3 & 6\\0 & 5 & 2 & 4\end{pmatrix}$，求 $\boldsymbol{A}+\boldsymbol{B}$，$\boldsymbol{A}-\boldsymbol{B}$.

2. 设 $\boldsymbol{A}=(1,\ 2,\ -3)$，$\boldsymbol{B}=\begin{pmatrix}2\\1\\1\end{pmatrix}$，求 $\boldsymbol{AB}$ 与 $\boldsymbol{BA}$.

3. 计算：

(1) $\begin{pmatrix}1\\2\\3\end{pmatrix}(1,\ 0)+\begin{pmatrix}1 & 2\\-1 & 3\\0 & -1\end{pmatrix}\begin{pmatrix}0 & 1\\-1 & 0\end{pmatrix}$；

(2) $\begin{pmatrix}1&0&0\\0&1&0\\0&0&1\end{pmatrix}\begin{pmatrix}2&1\\4&3\\7&9\end{pmatrix}$；

(3) $\begin{pmatrix}2&1&4&0\\1&-1&3&4\end{pmatrix}\begin{pmatrix}1&3&1\\0&-1&2\\1&-3&1\\4&0&-2\end{pmatrix}$；

(4) $(x_1\quad x_2\quad x_3)\begin{pmatrix}a_{11}&a_{12}&a_{13}\\a_{12}&a_{22}&a_{23}\\a_{13}&a_{23}&a_{33}\end{pmatrix}\begin{pmatrix}x_1\\x_2\\x_3\end{pmatrix}$.

4. $\boldsymbol{A}=\begin{pmatrix}1&1&1\\1&1&-1\\1&-1&1\end{pmatrix}$，$\boldsymbol{B}=\begin{pmatrix}1&2&3\\-1&-2&4\\0&5&1\end{pmatrix}$，求 $3\boldsymbol{AB}-2\boldsymbol{A}$ 及 $\boldsymbol{A}^{\mathrm{T}}\boldsymbol{B}$.

5. 设 $\boldsymbol{A}=(1,\ -1,\ 1)$，$\boldsymbol{B}=\begin{pmatrix}1\\1\\2\end{pmatrix}$，求 $(\boldsymbol{BA})^n$.

6. 设 $\boldsymbol{A}=\begin{pmatrix}\lambda&1&0\\0&\lambda&1\\0&0&\lambda\end{pmatrix}$，求 $\boldsymbol{A}^n$.

7. 设 $\boldsymbol{A}$，$\boldsymbol{B}$ 为 n 阶方阵，且 $\boldsymbol{A}$ 为对称阵，证明 $\boldsymbol{B}^{\mathrm{T}}\boldsymbol{AB}$ 也是对称阵.

8. 若方阵 $\boldsymbol{A}$，$\boldsymbol{B}$ 是可交换的，即 $\boldsymbol{AB}=\boldsymbol{BA}$，则下列两式成立：

(1) $(\boldsymbol{A}+\boldsymbol{B})^2=\boldsymbol{A}^2+2\boldsymbol{AB}+\boldsymbol{B}^2$；

(2) $(\boldsymbol{A}+\boldsymbol{B})(\boldsymbol{A}-\boldsymbol{B})=\boldsymbol{A}^2-\boldsymbol{B}^2$.

9. 设 $\boldsymbol{X}$ 为 n 维列向量，$\boldsymbol{X}^{\mathrm{T}}\boldsymbol{X}=1$，令 $\boldsymbol{H}=\boldsymbol{E}-2\boldsymbol{XX}^{\mathrm{T}}$，证明 $\boldsymbol{H}$ 是对称阵，且 $\boldsymbol{HH}^{\mathrm{T}}=\boldsymbol{E}$.

10. 设 $\boldsymbol{A}$ 为 n 阶方阵，并且满足 $\boldsymbol{A}^2-\boldsymbol{A}-2\boldsymbol{E}=\boldsymbol{\Theta}$，

证明：$\boldsymbol{A}$ 及 $\boldsymbol{A}+2\boldsymbol{E}$ 都可逆，并求 $\boldsymbol{A}^{-1}$ 及 $(\boldsymbol{A}+2\boldsymbol{E})^{-1}$.

11. 设 $\boldsymbol{P}^{-1}\boldsymbol{AP}=\boldsymbol{\Lambda}$，其中 $\boldsymbol{P}=\begin{pmatrix}-1&-4\\1&1\end{pmatrix}$，$\boldsymbol{\Lambda}=\begin{pmatrix}-1&0\\0&2\end{pmatrix}$，求 $\boldsymbol{A}^{11}$.

12. 设 $\boldsymbol{A}^k=\boldsymbol{\Theta}$（$k$ 为正整数），证明 $(\boldsymbol{E}-\boldsymbol{A})^{-1}=\boldsymbol{E}+\boldsymbol{A}+\boldsymbol{A}^2+\cdots+\boldsymbol{A}^{k-1}$.

13. 设 $\boldsymbol{A}$，$\boldsymbol{B}$ 均为 n 阶方阵，$\boldsymbol{A}=\dfrac{1}{2}(\boldsymbol{B}+\boldsymbol{E})$，求证 $\boldsymbol{A}^2=\boldsymbol{A}$ 的充分必要条件是 $\boldsymbol{B}^2=\boldsymbol{E}$.

14. 设 $\boldsymbol{A}=\mathrm{diag}(1,\ -2,\ 1)$，$\boldsymbol{A}^*\boldsymbol{BA}=2\boldsymbol{BA}-8\boldsymbol{E}$，求 $\boldsymbol{B}$.

15. 设 $\boldsymbol{A}$ 为三阶方阵，$\boldsymbol{E}$ 为三阶单位矩阵，且 $\boldsymbol{A}$ 满足

$$A^2+2A-2E=\Theta,\ |A|=3,$$

求 $|A+2E|$ 及 $|A+E|$.

16. 若 A，B 均为 n 阶矩阵，且 $|A|=-2$，$|B|=3$，求 $|-A^*B^{-1}|$.

17. 若三阶矩阵 A 的伴随矩阵为 A^*，已知 $|A|=\dfrac{1}{2}$，求 $|(3A)^{-1}-2A^*|$.

18. 设 n 阶矩阵 A 的伴随矩阵为 A^*，证明：

(1) 若 $|A|=0$，则 $|A^*|=0$；(2) $|A^*|=|A|^{n-1}$.

19. 设 n 阶矩阵 A 可逆，证明其伴随矩阵 A^* 也可逆，且 $(A^*)^{-1}=(A^{-1})^*$.

20. 设 $A=\begin{pmatrix}3&4&0&0\\4&-3&0&0\\0&0&2&0\\0&0&2&2\end{pmatrix}$，求 A^{-1} 及 $|A^8|$.

21. 设 A 为三阶矩阵，$|A|=-2$，将矩阵 A 按列分块为 $A=(\alpha_1,\alpha_2,\alpha_3)$，其中 $\alpha_j(j=1,2,3)$ 为矩阵 A 的第 j 列．求：

(1) $|\alpha_1,2\alpha_2,\alpha_3|$；(2) $|\alpha_3-2\alpha_1,3\alpha_2,\alpha_1|$.

22. 求下列方阵的逆阵：

(1) $\begin{pmatrix}5&2&0&0\\2&1&0&0\\0&0&1&-2\\0&0&1&1\end{pmatrix}$；(2) $\begin{pmatrix}1&2&-1\\3&4&-2\\5&-4&1\end{pmatrix}$；

(3) $\begin{pmatrix}3&2&1\\3&1&5\\3&2&3\end{pmatrix}$；(4) $\begin{pmatrix}-2&3&3\\1&-1&0\\-1&2&1\end{pmatrix}$；

(5) $\begin{pmatrix}0&1&0&0\\0&0&2&0\\0&0&0&3\\4&0&0&0\end{pmatrix}$；(6) $\begin{pmatrix}1&0&1&-1\\2&0&1&0\\3&1&2&0\\-3&1&0&4\end{pmatrix}$.

23. 解下列矩阵方程：

(1) $\begin{pmatrix}2&5\\1&3\end{pmatrix}X=\begin{pmatrix}4&-6\\2&1\end{pmatrix}$；

(2) $X\begin{pmatrix}2&1&-1\\2&1&0\\1&-1&1\end{pmatrix}=\begin{pmatrix}1&-1&3\\4&3&2\end{pmatrix}$；

(3) $\begin{pmatrix}1&-1&-1\\-3&2&1\\2&0&1\end{pmatrix}X=\begin{pmatrix}1&2\\3&0\\2&5\end{pmatrix}$；

(4) 设 $\boldsymbol{AX}+\boldsymbol{B}=\boldsymbol{X}$，其中 $\boldsymbol{A}=\begin{pmatrix}0&1&0\\-1&1&1\\-1&0&-1\end{pmatrix}$，$\boldsymbol{B}=\begin{pmatrix}1&-1\\2&0\\5&-3\end{pmatrix}$.

24. 将矩阵：

(1) $\boldsymbol{A}=\begin{pmatrix}1&2&-1&1\\-3&-1&-1&-1\\4&3&0&2\\-7&-4&-1&-3\end{pmatrix}$；(2) $\boldsymbol{B}=\begin{pmatrix}1&2&-1&-3\\-2&0&1&-1\\2&-1&0&1\\0&3&-1&2\end{pmatrix}$

化成行阶梯形、行最简形及标准形矩阵．

25. 求下列矩阵的秩：

(1) $\begin{pmatrix}1&1&1\\1&0&-1\\3&2&3\end{pmatrix}$；(2) $\begin{pmatrix}2&3&-1\\-1&3&-3\\3&0&3\end{pmatrix}$；

(3) $\begin{pmatrix}3&1&0&2\\1&-1&2&-1\\1&3&-4&4\end{pmatrix}$；(4) $\begin{pmatrix}1&2&1&1\\1&-1&0&1\\0&1&2&1\\-1&1&1&-1\end{pmatrix}$.

26. 设 $\boldsymbol{A}=\begin{pmatrix}1&-2&3k\\-1&2k&-3\\k&-2&3\end{pmatrix}$，求 k 为何值时可使 $R(\boldsymbol{A})$ 等于：

(1) 1；(2) 2；(3) 3.

27. 设矩阵 $\boldsymbol{A}=\begin{pmatrix}0&0&1&2&-1\\1&3&-2&2&-1\\2&6&-4&5&0\\-1&-3&4&0&-5\end{pmatrix}$，求 $R(\boldsymbol{A})$，并求一个最高阶非零子式．

28. λ 取何值时，非齐次线性方程组

$$\begin{cases}\lambda x_1+x_2+x_3=1\\x_1+\lambda x_2+x_3=\lambda\\x_1+x_2+\lambda x_3=\lambda^2\end{cases}：$$

(1) 有唯一解；(2) 无解；(3) 有无穷多组解？

第三章

线性方程组

本章学习目标

求解线性方程组是线性代数最主要的任务，此类问题在科学技术与经济管理领域有着广泛的应用．第一章中已经研究过线性方程组的一种特殊情形，即方程组所含方程的个数等于未知量个数，且方程组的系数行列式不等于零，这种情形可以通过克拉默法则直接求解．第二章给出了一般线性方程组有解的判定定理．本章将从向量组的角度进一步讨论线性方程组，引入向量空间，并给出线性方程组解的结构．通过本章的学习，重点掌握以下内容：

- 向量组的线性相关性
- 向量组的秩及向量组的最大线性无关组
- 线性方程组解的结构

第一节　n 维向量及向量组的线性组合

一个 $m\times n$ 矩阵的每一行都是由 n 个数组成的有序数组，其每一列都是由 m 个数组成的有序数组，在研究其他问题时也常遇到有序数组，为此引入 n 维向量的概念．

一、向量组与矩阵

定义 1　n 个有次序的数 a_1，a_2，…，a_n 所组成的数组称为 n 维**向量**，这 n 个数称为该向量的 n 个分量，第 i 个数 a_i 称为 n 维向量的第 i 个分量．

n 维向量可以写成一列

$$\boldsymbol{\alpha}=\begin{pmatrix}a_1\\a_2\\\vdots\\a_n\end{pmatrix},$$

称为 n 维列向量，也可写成一行

$$\boldsymbol{\alpha}^{\mathrm{T}}=(a_1, a_2, \cdots, a_n),$$

称为 n 维行向量．

常用黑体小写希腊字母 $\boldsymbol{\alpha}$，$\boldsymbol{\beta}$，$\boldsymbol{\gamma}$，…表示列向量，而用 $\boldsymbol{\alpha}^{\mathrm{T}}$，$\boldsymbol{\beta}^{\mathrm{T}}$，$\boldsymbol{\gamma}^{\mathrm{T}}$，…表示行向量．

分量全为零的向量称为零向量，记作 $\mathbf{0}$.

向量 $(-a_1, -a_2, \cdots, -a_n)^{\mathrm{T}}$ 称为向量 $\boldsymbol{\alpha}=(a_1, a_2, \cdots, a_n)^{\mathrm{T}}$ 的负向量，记作 $-\boldsymbol{\alpha}$.

若 n 维向量 $\boldsymbol{\alpha}=(a_1, a_2, \cdots, a_n)^{\mathrm{T}}$ 与 $\boldsymbol{\beta}=(b_1, b_2, \cdots, b_n)^{\mathrm{T}}$ 中各个对应的分量都相等，即 $a_i=b_i(i=1, 2, \cdots, n)$ 时，称 $\boldsymbol{\alpha}$ 与 $\boldsymbol{\beta}$ 相等，记作 $\boldsymbol{\alpha}=\boldsymbol{\beta}$.

由定义可以看出，行向量即为行矩阵，列向量即为列矩阵，可按矩阵的线性运算定义向量的线性运算．

定义 2　设 $\boldsymbol{\alpha}=(a_1, a_2, \cdots, a_n)^{\mathrm{T}}$，$\boldsymbol{\beta}=(b_1, b_2, \cdots, b_n)^{\mathrm{T}}$ 都是 n 维向量，则向量 $(a_1+b_1, a_2+b_2, \cdots, a_n+b_n)^{\mathrm{T}}$ 叫作向量 $\boldsymbol{\alpha}$ 与 $\boldsymbol{\beta}$ 的和，记作 $(\boldsymbol{\alpha}+\boldsymbol{\beta})$．

由负向量可定义向量的减法

$$\boldsymbol{\alpha}-\boldsymbol{\beta}=\boldsymbol{\alpha}+(-\boldsymbol{\beta})=(a_1-b_1, a_2-b_2, \cdots, a_n-b_n)^{\mathrm{T}}.$$

定义 3　设 $\boldsymbol{\alpha}=(a_1, a_2, \cdots, a_n)^{\mathrm{T}}$，$\lambda$ 为实数，那么向量 $(\lambda a_1, \lambda a_2, \cdots, \lambda a_n)^{\mathrm{T}}$ 叫作数 λ 与向量 $\boldsymbol{\alpha}$ 的乘积，记作 $\lambda\boldsymbol{\alpha}$ 或 $\boldsymbol{\alpha}\lambda$.

向量的加法和数乘运算称为向量的线性运算．

对于 $m\times n$ 矩阵

$$\boldsymbol{A}=\begin{pmatrix} a_{11} & a_{12} & \cdots & a_{1n} \\ a_{21} & a_{22} & \cdots & a_{2n} \\ \vdots & \vdots & & \vdots \\ a_{m1} & a_{m2} & \cdots & a_{mn} \end{pmatrix},$$

我们可将其每一行看成是一个 n 维行向量，而每一列看成是一个 m 维列向量．

设 $\boldsymbol{\alpha}$，$\boldsymbol{\beta}$，$\boldsymbol{\gamma}$ 为 n 维向量，λ，μ 为数，向量加法、数乘向量满足下述运算规律：

(1) $\boldsymbol{\alpha}+\boldsymbol{\beta}=\boldsymbol{\beta}+\boldsymbol{\alpha}$；

(2) $(\boldsymbol{\alpha}+\boldsymbol{\beta})+\boldsymbol{r}=\boldsymbol{\alpha}+(\boldsymbol{\beta}+\boldsymbol{r})$；

(3) $\boldsymbol{\alpha}+\mathbf{0}=\boldsymbol{\alpha}$；

(4) $\boldsymbol{\alpha}+(-\boldsymbol{\alpha})=\mathbf{0}$，($-\boldsymbol{\alpha}$ 为 $\boldsymbol{\alpha}$ 的负向量)；

(5) $1\boldsymbol{\alpha}=\boldsymbol{\alpha}$；

(6) $\lambda(\mu\boldsymbol{\alpha})=(\lambda\mu)\boldsymbol{\alpha}$；

(7) $(\lambda+\mu)\boldsymbol{\alpha}=\lambda\boldsymbol{\alpha}+\mu\boldsymbol{\alpha}$；

(8) $\lambda(\boldsymbol{\alpha}+\boldsymbol{\beta})=\lambda\boldsymbol{\alpha}+\lambda\boldsymbol{\beta}$.

二、线性组合与线性表示

若干个同维数的列向量（或同维数的行向量）所组成的集合，叫作**向量组**．

对于一个 $m\times n$ 矩阵 $\boldsymbol{A}=(a_{ij})$，它的 n 个 m 维列向量组成的向量组 $\boldsymbol{\alpha}_1$，$\boldsymbol{\alpha}_2$，…，$\boldsymbol{\alpha}_n$ 称为矩阵 $\boldsymbol{A}$ 的列向量组；它的 m 个 n 维行向量组成的向量组 $\boldsymbol{\beta}_1^{\mathrm{T}}$，$\boldsymbol{\beta}_2^{\mathrm{T}}$，…，$\boldsymbol{\beta}_m^{\mathrm{T}}$ 称为矩阵 $\boldsymbol{A}$ 的行向量组．

反之，由 n 个 m 维列向量组成的向量组 $\boldsymbol{\alpha}_1$，$\boldsymbol{\alpha}_2$，…，$\boldsymbol{\alpha}_n$ 构成一个 $m\times n$ 矩阵 $\boldsymbol{A}=(\boldsymbol{\alpha}_1,\boldsymbol{\alpha}_2,\cdots,\boldsymbol{\alpha}_n)$，由 m 个 n 维行向量组成的向量组 $\boldsymbol{\beta}_1^{\mathrm{T}}$，$\boldsymbol{\beta}_2^{\mathrm{T}}$，…，$\boldsymbol{\beta}_m^{\mathrm{T}}$ 构成一个 $m\times n$ 矩阵 $\boldsymbol{A}=\begin{pmatrix}\boldsymbol{\beta}_1^{\mathrm{T}}\\\boldsymbol{\beta}_2^{\mathrm{T}}\\\vdots\\\boldsymbol{\beta}_m^{\mathrm{T}}\end{pmatrix}$.

总之，含有有限个向量的向量组可构成矩阵，而矩阵也可看作含有有限个向量的向量组．因此，矩阵与向量组之间有了一一对应关系，今后无论是矩阵还是向量组都用大写英文字母 A，B，C，…表示．

建立了 n 维向量的概念后，可以从向量的角度观察线性方程组．例如，线性方程组

$$\begin{cases}x_1+x_2-2x_3+3x_4=4\\2x_1-3x_2+x_3+2x_4=2\\2x_1\qquad\ \ -x_3+4x_4=5\end{cases}$$

的矩阵方程为

$$\begin{pmatrix}1&1&-2&3\\2&-3&1&2\\2&0&-1&4\end{pmatrix}\begin{pmatrix}x_1\\x_2\\x_3\\x_4\end{pmatrix}=\begin{pmatrix}4\\2\\5\end{pmatrix},$$

也可以把线性方程组写成

$$x_1\begin{pmatrix}1\\2\\2\end{pmatrix}+x_2\begin{pmatrix}1\\-3\\0\end{pmatrix}+x_3\begin{pmatrix}-2\\1\\-1\end{pmatrix}+x_4\begin{pmatrix}3\\2\\4\end{pmatrix}=\begin{pmatrix}4\\2\\5\end{pmatrix},\tag{3-1}$$

于是，线性方程组的求解问题就转化成求一组数 x_1，x_2，x_3，x_4，使等式右端向量

$$\begin{pmatrix}4\\2\\5\end{pmatrix}$$

和系数矩阵的列向量

$$\begin{pmatrix}1\\2\\2\end{pmatrix},\ \begin{pmatrix}1\\-3\\0\end{pmatrix},\ \begin{pmatrix}-2\\1\\-1\end{pmatrix},\ \begin{pmatrix}3\\2\\4\end{pmatrix}$$

之间有式（3-1）所表示的那种关系．

定义 4 给定向量组 A：$\boldsymbol{\alpha}_1$，$\boldsymbol{\alpha}_2$，…，$\boldsymbol{\alpha}_m$，对于任意的一组实数 k_1，k_2，…，k_m，表达式

$$k_1\boldsymbol{\alpha}_1+k_2\boldsymbol{\alpha}_2+\cdots+k_m\boldsymbol{\alpha}_m$$

称为向量组 A 的一个线性组合，k_1，k_2，…，k_m 称为这个线性组合的系数．

给定向量组 A：$\boldsymbol{\alpha}_1$，$\boldsymbol{\alpha}_2$，…，$\boldsymbol{\alpha}_m$ 和向量 $\boldsymbol{\beta}$，如果存在一组数 λ_1，λ_2，…，λ_m，使

$$\boldsymbol{\beta}=\lambda_1\boldsymbol{\alpha}_1+\lambda_2\boldsymbol{\alpha}_2+\cdots+\lambda_m\boldsymbol{\alpha}_m,$$

则称向量 $\boldsymbol{\beta}$ 可由向量组 $\boldsymbol{\alpha}_1$，$\boldsymbol{\alpha}_2$，…，$\boldsymbol{\alpha}_m$ 线性表示，而 $\lambda_i(i=1,2,\cdots,m)$ 称为此表示的第 i 个系数．

例 1 零向量可以由任意一组向量 $\boldsymbol{\alpha}_1$，$\boldsymbol{\alpha}_2$，…，$\boldsymbol{\alpha}_m$ 线性表示，因为有

$$\mathbf{0}=0\boldsymbol{\alpha}_1+0\boldsymbol{\alpha}_2+\cdots+0\boldsymbol{\alpha}_m.$$

例 2 向量$\begin{pmatrix}2\\3\end{pmatrix}$不可由向量$\begin{pmatrix}1\\0\end{pmatrix}$和$\begin{pmatrix}-2\\0\end{pmatrix}$线性表示，因为对于任意的一组数 k_1，k_2，有

$$k_1\begin{pmatrix}1\\0\end{pmatrix}+k_2\begin{pmatrix}-2\\0\end{pmatrix}=\begin{pmatrix}k_1-2k_2\\0\end{pmatrix}\neq\begin{pmatrix}2\\3\end{pmatrix}.$$

例 3 向量组 $\boldsymbol{\alpha}_1$，$\boldsymbol{\alpha}_2$，…，$\boldsymbol{\alpha}_m$ 中的任一向量 $\boldsymbol{\alpha}_i(i=1,2,\cdots,m)$ 可以由向量组 $\boldsymbol{\alpha}_1$，$\boldsymbol{\alpha}_2$，…，$\boldsymbol{\alpha}_m$ 线性表示．因为

$$\boldsymbol{\alpha}_i=0\boldsymbol{\alpha}_1+0\boldsymbol{\alpha}_2+\cdots+0\boldsymbol{\alpha}_{i-1}+1\boldsymbol{\alpha}_i+0\boldsymbol{\alpha}_{i+1}+\cdots+0\boldsymbol{\alpha}_m.$$

例 4 试证向量 $\boldsymbol{\beta}=(-1,1,5)^{\mathrm{T}}$ 可由向量组 $\boldsymbol{\alpha}_1=(1,2,3)^{\mathrm{T}}$，$\boldsymbol{\alpha}_2=(0,1,4)^{\mathrm{T}}$，$\boldsymbol{\alpha}_3=(2,3,6)^{\mathrm{T}}$ 线性表示，并求出线性表示式．

证明 设 $x_1\boldsymbol{\alpha}_1+x_2\boldsymbol{\alpha}_2+x_3\boldsymbol{\alpha}_3=\boldsymbol{\beta}$，

即

$$x_1\begin{pmatrix}1\\2\\3\end{pmatrix}+x_2\begin{pmatrix}0\\1\\4\end{pmatrix}+x_3\begin{pmatrix}2\\3\\6\end{pmatrix}=\begin{pmatrix}-1\\1\\5\end{pmatrix},$$

其矩阵方程形式为

$$\begin{pmatrix}1&0&2\\2&1&3\\3&4&6\end{pmatrix}\begin{pmatrix}x_1\\x_2\\x_3\end{pmatrix}=\begin{pmatrix}-1\\1\\5\end{pmatrix}.$$

方程组有解，求解可得

$$\begin{pmatrix}x_1\\x_2\\x_3\end{pmatrix}=\begin{pmatrix}1\\2\\-1\end{pmatrix},$$

即有

$$\boldsymbol{\beta}=\boldsymbol{\alpha}_1+2\boldsymbol{\alpha}_2-\boldsymbol{\alpha}_3.$$

由定义 4 向量 $\boldsymbol{\beta}$ 可由向量组 A：$\boldsymbol{\alpha}_1$，$\boldsymbol{\alpha}_2$，…，$\boldsymbol{\alpha}_m$ 线性表示，也就是线性方程组

$$x_1\boldsymbol{\alpha}_1+x_2\boldsymbol{\alpha}_2+\cdots+x_m\boldsymbol{\alpha}_m=\boldsymbol{\beta}$$

或其矩阵形式 $$\boldsymbol{A}\boldsymbol{x}=\boldsymbol{\beta}$$

有解，于是利用线性方程组有解的判别法即可推得下述结论：

定理 1 向量 $\boldsymbol{\beta}$ 能由向量组 A：$\boldsymbol{\alpha}_1$，$\boldsymbol{\alpha}_2$，…，$\boldsymbol{\alpha}_m$ 线性表示的充分必要条件是矩阵 $\boldsymbol{A}=(\boldsymbol{\alpha}_1, \boldsymbol{\alpha}_2, \cdots, \boldsymbol{\alpha}_m)$ 的秩等于矩阵 $\boldsymbol{B}=(\boldsymbol{\alpha}_1, \boldsymbol{\alpha}_2, \cdots, \boldsymbol{\alpha}_m, \boldsymbol{\beta})$ 的秩，即 $R(\boldsymbol{\alpha}_1, \boldsymbol{\alpha}_2, \cdots, \boldsymbol{\alpha}_m)=R(\boldsymbol{\alpha}_1, \boldsymbol{\alpha}_2, \cdots, \boldsymbol{\alpha}_m, \boldsymbol{\beta})$.

例 5 判断向量 $\boldsymbol{\beta}$ 能否由向量组 $\boldsymbol{\alpha}_1$，$\boldsymbol{\alpha}_2$，$\boldsymbol{\alpha}_3$ 线性表示，若能，求出线性表达式，其中

$$\boldsymbol{\beta}=\begin{pmatrix}1\\0\\3\\1\end{pmatrix},\ \boldsymbol{\alpha}_1=\begin{pmatrix}1\\1\\2\\2\end{pmatrix},\ \boldsymbol{\alpha}_2=\begin{pmatrix}1\\2\\1\\3\end{pmatrix},\ \boldsymbol{\alpha}_3=\begin{pmatrix}1\\-1\\4\\0\end{pmatrix}.$$

解

$$\boldsymbol{B}=\begin{pmatrix}1&1&1&1\\1&2&-1&0\\2&1&4&3\\2&3&0&1\end{pmatrix}\overset{\substack{r_2-r_1\\r_3-2r_1\\r_4-2r_1}}{\sim}\begin{pmatrix}1&1&1&1\\0&1&-2&-1\\0&-1&2&1\\0&1&-2&-1\end{pmatrix}\overset{\substack{r_3+r_2\\r_4-r_2}}{\sim}\begin{pmatrix}1&0&3&2\\0&1&-2&-1\\0&0&0&0\\0&0&0&0\end{pmatrix},$$

$R(\boldsymbol{A})=R(\boldsymbol{B})=2$，故由定理 1，向量 $\boldsymbol{\beta}$ 可由向量组 $\boldsymbol{\alpha}_1$，$\boldsymbol{\alpha}_2$，$\boldsymbol{\alpha}_3$ 线性表示 .

由矩阵的行最简形知线性方程组的通解为

$$\begin{cases}x_1=2-3x_3\\x_2=-1+2x_3\end{cases}.$$

可取 $x_3=0$，得一解 $(x_1, x_2, x_3)^{\mathrm{T}}=(2, -1, 0)^{\mathrm{T}}$. 故

$$\boldsymbol{\beta}=2\boldsymbol{\alpha}_1-1\boldsymbol{\alpha}_2+0\boldsymbol{\alpha}_3.$$

显然，此例中，$\boldsymbol{\beta}$ 由 $\boldsymbol{\alpha}_1$，$\boldsymbol{\alpha}_2$，$\boldsymbol{\alpha}_3$ 线性表示的方法有许多种 .

三、向量组的等价

定义 5 设有向量组

$$A\text{：}\boldsymbol{\alpha}_1, \boldsymbol{\alpha}_2, \cdots, \boldsymbol{\alpha}_m\text{；}B\text{：}\boldsymbol{\beta}_1, \boldsymbol{\beta}_2, \cdots, \boldsymbol{\beta}_l.$$

若向量组 B 中的每个向量都能由向量组 A 中的向量线性表示，则称向量组 B 能由向量组 A 线性表示．如果向量组 B 能由向量组 A 线性表示，且向量组 A 也能由向量组 B 线性表示，则称向量组 A 与向量组 B **等价**．

向量组 B 能由向量组 A 线性表示，即对每个向量 $\boldsymbol{\beta}_j(j=1,2,\cdots,l)$ 存在数 $k_{1j},k_{2j},\cdots,k_{mj}$，使 $\boldsymbol{\beta}_j=k_{1j}\boldsymbol{\alpha}_1+k_{2j}\boldsymbol{\alpha}_2+\cdots+k_{mj}\boldsymbol{\alpha}_m=(\boldsymbol{\alpha}_1,\boldsymbol{\alpha}_2,\cdots,\boldsymbol{\alpha}_m)\begin{pmatrix}k_{1j}\\k_{2j}\\\vdots\\k_{mj}\end{pmatrix}$，

从而 $(\boldsymbol{\beta}_1,\boldsymbol{\beta}_2,\cdots,\boldsymbol{\beta}_l)=(\boldsymbol{\alpha}_1,\boldsymbol{\alpha}_2,\cdots,\boldsymbol{\alpha}_m)\begin{pmatrix}k_{11}&k_{12}&\cdots&k_{1l}\\k_{21}&k_{22}&\cdots&k_{2l}\\\vdots&\vdots&&\vdots\\k_{m1}&k_{m2}&\cdots&k_{ml}\end{pmatrix}=\boldsymbol{AK}$，矩阵 $\boldsymbol{K}=(k_{ij})_{m\times l}$ 称为这一线性表示的系数矩阵．

向量组 B：$\boldsymbol{\beta}_1,\boldsymbol{\beta}_2,\cdots,\boldsymbol{\beta}_l$ 能由向量组 A：$\boldsymbol{\alpha}_1,\boldsymbol{\alpha}_2,\cdots,\boldsymbol{\alpha}_m$ 线性表示，等价于存在矩阵 $\boldsymbol{K}$，使得，$(\boldsymbol{\beta}_1,\boldsymbol{\beta}_2,\cdots,\boldsymbol{\beta}_l)=(\boldsymbol{\alpha}_1,\boldsymbol{\alpha}_2,\cdots,\boldsymbol{\alpha}_m)\boldsymbol{K}$，于是

定理 2 向量组 B：$\boldsymbol{\beta}_1,\boldsymbol{\beta}_2,\cdots,\boldsymbol{\beta}_l$ 能由向量组 A：$\boldsymbol{\alpha}_1,\boldsymbol{\alpha}_2,\cdots,\boldsymbol{\alpha}_m$ 线性表示的充要条件是矩阵方程

$$(\boldsymbol{\alpha}_1,\boldsymbol{\alpha}_2,\cdots,\boldsymbol{\alpha}_m)\boldsymbol{X}=(\boldsymbol{\beta}_1,\boldsymbol{\beta}_2,\cdots,\boldsymbol{\beta}_l)$$

有解．

由定理 2 和第二章第六节定理 5 可得：

定理 3 向量组 B：$\boldsymbol{\beta}_1,\boldsymbol{\beta}_2,\cdots,\boldsymbol{\beta}_l$ 能由向量组 A：$\boldsymbol{\alpha}_1,\boldsymbol{\alpha}_2,\cdots,\boldsymbol{\alpha}_m$ 线性表示的充要条件是矩阵 $\boldsymbol{A}=(\boldsymbol{\alpha}_1,\boldsymbol{\alpha}_2,\cdots,\boldsymbol{\alpha}_m)$ 的秩等于矩阵 $(\boldsymbol{A},\boldsymbol{B})=(\boldsymbol{\alpha}_1,\cdots,\boldsymbol{\alpha}_m,\boldsymbol{\beta}_1,\cdots,\boldsymbol{\beta}_l)$ 的秩，即 $R(\boldsymbol{A})=R(\boldsymbol{A},\boldsymbol{B})$.

推论 1 向量组 A：$\boldsymbol{\alpha}_1,\boldsymbol{\alpha}_2,\cdots,\boldsymbol{\alpha}_m$ 与向量组 B：$\boldsymbol{\beta}_1,\boldsymbol{\beta}_2,\cdots,\boldsymbol{\beta}_l$ 等价的充分必要条件是

$$R(\boldsymbol{A})=R(\boldsymbol{B})=R(\boldsymbol{A},\boldsymbol{B}).$$

例 6 设 $\boldsymbol{\alpha}_1=\begin{pmatrix}1\\-1\\1\\-1\end{pmatrix}$，$\boldsymbol{\alpha}_2=\begin{pmatrix}3\\1\\1\\3\end{pmatrix}$，$\boldsymbol{\beta}_1=\begin{pmatrix}2\\0\\1\\1\end{pmatrix}$，$\boldsymbol{\beta}_2=\begin{pmatrix}1\\1\\0\\2\end{pmatrix}$，$\boldsymbol{\beta}_3=\begin{pmatrix}3\\-1\\2\\0\end{pmatrix}$，

证明向量组 $\boldsymbol{\alpha}_1,\boldsymbol{\alpha}_2$ 与向量组 $\boldsymbol{\beta}_1,\boldsymbol{\beta}_2,\boldsymbol{\beta}_3$ 等价．

证明 记 $\boldsymbol{A}=(\boldsymbol{\alpha}_1,\boldsymbol{\alpha}_2)$，$\boldsymbol{B}=(\boldsymbol{\beta}_1,\boldsymbol{\beta}_2,\boldsymbol{\beta}_3)$. 由于

$$(\boldsymbol{A},\boldsymbol{B})=\begin{pmatrix}1&3&2&1&3\\-1&1&0&1&-1\\1&1&1&0&2\\-1&3&1&2&0\end{pmatrix}\sim\begin{pmatrix}1&3&2&1&3\\0&4&2&2&2\\0&-2&-1&-1&-1\\0&6&3&3&3\end{pmatrix}\sim\begin{pmatrix}1&3&2&1&3\\0&2&1&1&1\\0&0&0&0&0\\0&0&0&0&0\end{pmatrix},$$

可以看出，$R(\boldsymbol{A})=2$，$R(\boldsymbol{A},\boldsymbol{B})=2$.

由于矩阵 $\boldsymbol{B}$ 中有不等于 0 的二阶子式，故 $R(\boldsymbol{B})\geqslant 2$，又由于 $R(\boldsymbol{B})\leqslant R(\boldsymbol{A},\boldsymbol{B})=2$，于是知 $R(\boldsymbol{B})=2$. 因此，$R(\boldsymbol{A})=R(\boldsymbol{B})=R(\boldsymbol{A},\boldsymbol{B})$.

从而向量组 $\boldsymbol{\alpha}_1$，$\boldsymbol{\alpha}_2$ 与向量组 $\boldsymbol{\beta}_1$，$\boldsymbol{\beta}_2$，$\boldsymbol{\beta}_3$ 等价.

定理 4 设向量组 B：$\boldsymbol{\beta}_1$，$\boldsymbol{\beta}_2$，…，$\boldsymbol{\beta}_l$ 能由向量组 A：$\boldsymbol{\alpha}_1$，$\boldsymbol{\alpha}_2$，…，$\boldsymbol{\alpha}_m$ 线性表示，则 $R(\boldsymbol{\beta}_1,\cdots,\boldsymbol{\beta}_l)\leqslant R(\boldsymbol{\alpha}_1,\cdots,\boldsymbol{\alpha}_m)$.

证明 记 $\boldsymbol{A}=(\boldsymbol{\alpha}_1,\boldsymbol{\alpha}_2,\cdots,\boldsymbol{\alpha}_m)$，$\boldsymbol{B}=(\boldsymbol{\beta}_1,\boldsymbol{\beta}_0,\cdots,\boldsymbol{\beta}_l)$. 由于向量组 B 能由向量组 A 线性表示，所以根据定理 3 有 $R(\boldsymbol{A})=R(\boldsymbol{A},\boldsymbol{B})$，而 $R(\boldsymbol{B})\leqslant R(\boldsymbol{A},\boldsymbol{B})$，因此，$R(\boldsymbol{B})\leqslant R(\boldsymbol{A})$，即

$$R(\boldsymbol{\beta}_1,\cdots,\boldsymbol{\beta}_l)\leqslant R(\boldsymbol{\alpha}_1,\cdots,\boldsymbol{\alpha}_m).$$

第二节　向量组的线性相关性

一、线性相关性概念

定义 6 给定向量组 A：$\boldsymbol{\alpha}_1$，$\boldsymbol{\alpha}_2$，…，$\boldsymbol{\alpha}_m$，若存在不全为零的数 k_1，k_2，…，k_m 使

$$k_1\boldsymbol{\alpha}_1+k_2\boldsymbol{\alpha}_2+\cdots+k_m\boldsymbol{\alpha}_m=\boldsymbol{0}, \tag{3-2}$$

则称向量组 A 是**线性相关**的；若只有 k_1，k_2，…，k_m 全为零时式（3-2）才成立，则称向量组 A：$\boldsymbol{\alpha}_1$，$\boldsymbol{\alpha}_2$，…，$\boldsymbol{\alpha}_m$ **线性无关**.

由定义 6 不难理解：

（1）向量组只含一个向量 $\boldsymbol{\alpha}$ 时，$\boldsymbol{\alpha}$ 线性无关的充分必要条件是 $\boldsymbol{\alpha}\neq\boldsymbol{0}$. 因此，单个零向量 $\boldsymbol{0}$ 是线性相关的；

（2）含有零向量的向量组一定是线性相关的.

事实上，对于向量组 $\boldsymbol{\alpha}_1$，$\boldsymbol{\alpha}_2$，…，$\boldsymbol{0}$，…，$\boldsymbol{\alpha}_m$ 恒有

$$0\boldsymbol{\alpha}_1+0\boldsymbol{\alpha}_2+\cdots+k\boldsymbol{0}+\cdots+0\alpha_m=\boldsymbol{0},$$

其中 k 可以是任意不为零的数，故该向量组线性相关.

定理 5 向量组 A：$\boldsymbol{\alpha}_1$，$\boldsymbol{\alpha}_2$，…，$\boldsymbol{\alpha}_m$（$m\geqslant 2$）线性相关的充要条件是其中至少有一个向量可由其余（$m-1$）个向量线性表示.

证明 充分性：若向量组 $\boldsymbol{\alpha}_1$，$\boldsymbol{\alpha}_2$，…，$\boldsymbol{\alpha}_m$ 中有一个向量可以由其余向量线性表示，不妨设为 $\boldsymbol{\alpha}_m$，则有

$$\boldsymbol{\alpha}_m=k_1\boldsymbol{\alpha}_1+k_2\boldsymbol{\alpha}_2+\cdots+k_{m-1}\boldsymbol{\alpha}_{m-1},$$

移项得

$$k_1\boldsymbol{\alpha}_1+k_2\boldsymbol{\alpha}_2+\cdots+k_{m-1}\boldsymbol{\alpha}_{m-1}+(-1)\boldsymbol{\alpha}_m=\boldsymbol{0},$$

因为 k_1，k_2，…，k_{m-1}，-1 不全为零，所以向量组 $\boldsymbol{\alpha}_1$，$\boldsymbol{\alpha}_2$，…，$\boldsymbol{\alpha}_m$ 线性相关．

必要性：若向量组 $\boldsymbol{\alpha}_1$，$\boldsymbol{\alpha}_2$，…，$\boldsymbol{\alpha}_m$ 线性相关，则存在一组不全为零的数 k_1，k_2，…，k_m，使得

$$k_1\boldsymbol{\alpha}_1+k_2\boldsymbol{\alpha}_2+\cdots+k_m\boldsymbol{\alpha}_m=\mathbf{0}.$$

因为 k_1，k_2，…，k_m 不全为零，不妨设 $k_1\neq 0$，于是有

$$\boldsymbol{\alpha}_1=-\frac{k_2}{k_1}\boldsymbol{\alpha}_1-\frac{k_3}{k_1}\boldsymbol{\alpha}_2-\cdots-\frac{k_m}{k_1}\boldsymbol{\alpha}_m.$$

即 $\boldsymbol{\alpha}_1$ 可以由其余向量线性表示．

推论 2（逆否命题） 向量组 $\boldsymbol{\alpha}_1$，$\boldsymbol{\alpha}_2$，…，$\boldsymbol{\alpha}_m$（$m\geqslant 2$）线性无关的充分必要条件是其中任一个向量都不能由其余向量线性表示．

注意：向量组线性相关并不意味着向量组内任一个向量都能由其余向量线性表示，而是向量组内至少有一个向量能由其余向量线性表示．

例 7 试讨论 n 阶单位矩阵 $\boldsymbol{E}=(\boldsymbol{e}_1,\ \boldsymbol{e}_2,\ \cdots\boldsymbol{e}_n)$ 的列向量组

$\boldsymbol{e}_1=(1,\ 0,\ 0,\ \cdots,\ 0)^{\mathrm{T}}$，$\boldsymbol{e}_2=(0,\ 1,\ 0,\ \cdots,\ 0)^{\mathrm{T}}$，…，$\boldsymbol{e}_n=(0,\ 0,\ 0,\ \cdots,\ 1)^{\mathrm{T}}$

的线性相关性．

解 设

$$k_1\boldsymbol{e}_1+k_2\boldsymbol{e}_2+\cdots+k_n\boldsymbol{e}_n=\mathbf{0}, \tag{3-3}$$

即

$$(k_1,\ k_2,\ \cdots,\ k_n)^{\mathrm{T}}=(0,\ 0,\ \cdots,\ 0)^{\mathrm{T}}.$$

于是必有 $k_1=k_2=\cdots=k_n=0$. 即只有当 k_1，k_2，…，k_n 全为零时式（3-3）才成立，所以向量组 $\boldsymbol{e}_1$，$\boldsymbol{e}_2$，…，$\boldsymbol{e}_n$ 线性无关．

注意：n 阶单位矩阵 $\boldsymbol{E}$ 的列向量组 $\boldsymbol{e}_1$，$\boldsymbol{e}_2$，…$\boldsymbol{e}_n$ 称为 n 维单位向量组．

例 8 设向量组 $\boldsymbol{\alpha}_1$，$\boldsymbol{\alpha}_2$，$\boldsymbol{\alpha}_3$ 线性无关，而 $\boldsymbol{\beta}_1=\boldsymbol{\alpha}_1+\boldsymbol{\alpha}_2$，$\boldsymbol{\beta}_2=\boldsymbol{\alpha}_2+\boldsymbol{\alpha}_3$，$\boldsymbol{\beta}_3=\boldsymbol{\alpha}_3+\boldsymbol{\alpha}_1$，试证向量组 $\boldsymbol{\beta}_1$，$\boldsymbol{\beta}_2$，$\boldsymbol{\beta}_3$ 线性无关．

证明 设有数 k_1，k_2，k_3，使得

$$k_1\boldsymbol{\beta}_1+k_2\boldsymbol{\beta}_2+k_3\boldsymbol{\beta}_3=\mathbf{0},$$

即

$$k_1(\boldsymbol{\alpha}_1+\boldsymbol{\alpha}_2)+k_2(\boldsymbol{\alpha}_2+\boldsymbol{\alpha}_3)+k_3(\boldsymbol{\alpha}_3+\boldsymbol{\alpha}_1)=\mathbf{0},$$

整理后得

$$(k_1+k_3)\boldsymbol{\alpha}_1+(k_1+k_2)\boldsymbol{\alpha}_2+(k_2+k_3)\boldsymbol{\alpha}_3=\mathbf{0},$$

由于向量组 $\boldsymbol{\alpha}_1$，$\boldsymbol{\alpha}_2$，$\boldsymbol{\alpha}_3$ 线性无关，故有

$$\begin{cases}k_1+k_3=0\\k_1+k_2=0\\k_2+k_3=0\end{cases}.$$

因为系数行列式

$$\begin{vmatrix} 1 & 0 & 1 \\ 1 & 1 & 0 \\ 0 & 1 & 1 \end{vmatrix} = 2 \neq 0,$$

由第一章克拉默法则知该方程组只有零解 $k_1 = k_2 = k_3 = 0$，故向量组 $\boldsymbol{\beta}_1$，$\boldsymbol{\beta}_2$，$\boldsymbol{\beta}_3$ 线性无关 .

三、线性相关性的判定

向量组 $\boldsymbol{\alpha}_1$，$\boldsymbol{\alpha}_2$，…，$\boldsymbol{\alpha}_m$ 线性相关即齐次线性方程组

$$x_1\boldsymbol{\alpha}_1 + x_2\boldsymbol{\alpha}_2 + \cdots + x_m\boldsymbol{\alpha}_m = \mathbf{0},$$

也就是 $\boldsymbol{A}\boldsymbol{x} = \mathbf{0}$ 有非零解，从而由第二章第六节定理 6 可得 .

定理 6 对于向量组 $\boldsymbol{\alpha}_1$，$\boldsymbol{\alpha}_2$，…，$\boldsymbol{\alpha}_m$，设矩阵

$$\boldsymbol{A} = (\boldsymbol{\alpha}_1, \boldsymbol{\alpha}_2, \cdots, \boldsymbol{\alpha}_m),$$

则向量组 $\boldsymbol{\alpha}_1$，$\boldsymbol{\alpha}_2$，…，$\boldsymbol{\alpha}_m$ 线性无关的充要条件是 $R(\boldsymbol{A}) = m$；向量组 $\boldsymbol{\alpha}_1$，$\boldsymbol{\alpha}_2$，…，$\boldsymbol{\alpha}_m$ 线性相关的充要条件是 $R(\boldsymbol{A}) < m$.

由于一个矩阵的秩不会大于矩阵的行数，因此有下述结论：

推论 3 若 n 维向量组的向量的个数为 m，而 $m > n$，则该向量组一定线性相关 . 特别地，$(n+1)$ 个 n 维向量一定线性相关 .

推论 4 任一个 n 维向量组中线性无关的向量个数最多为 n.

我们经常利用这些定理判断向量组的线性相关性 .

例 9 已知 $\boldsymbol{\alpha}_1 - \begin{pmatrix} 1 \\ 1 \\ 1 \end{pmatrix}$，$\boldsymbol{\alpha}_2 = \begin{pmatrix} 0 \\ 2 \\ 5 \end{pmatrix}$，$\boldsymbol{\alpha}_1 = \begin{pmatrix} 2 \\ 4 \\ 7 \end{pmatrix}$，讨论向量组 $\boldsymbol{\alpha}_1$，$\boldsymbol{\alpha}_2$，$\boldsymbol{\alpha}_3$ 及 $\boldsymbol{\alpha}_1$，$\boldsymbol{\alpha}_2$ 的线性相关性 .

解 以 $\boldsymbol{\alpha}_1$，$\boldsymbol{\alpha}_2$，$\boldsymbol{\alpha}_3$ 为列构造矩阵，并对矩阵进行初等行变换，

$$(\boldsymbol{\alpha}_1, \boldsymbol{\alpha}_2, \boldsymbol{\alpha}_3) = \begin{pmatrix} 1 & 0 & 2 \\ 1 & 2 & 4 \\ 1 & 5 & 7 \end{pmatrix} \overset{r_2 - r_1}{\underset{r_3 - r_1}{\sim}} \begin{pmatrix} 1 & 0 & 2 \\ 0 & 2 & 2 \\ 0 & 5 & 5 \end{pmatrix} \overset{r_3 - \frac{5}{2}r_2}{\sim} \begin{pmatrix} 1 & 0 & 2 \\ 0 & 2 & 2 \\ 0 & 0 & 0 \end{pmatrix},$$

故 $R(\boldsymbol{\alpha}_1, \boldsymbol{\alpha}_2, \boldsymbol{\alpha}_3) = 2 < 3$，向量组 $\boldsymbol{\alpha}_1$，$\boldsymbol{\alpha}_2$，$\boldsymbol{\alpha}_3$ 线性相关；而 $R(\boldsymbol{\alpha}_1, \boldsymbol{\alpha}_2) = 2$，故向量组 $\boldsymbol{\alpha}_1$，$\boldsymbol{\alpha}_2$ 线性无关 .

例 10 设 $\boldsymbol{\alpha}_1$，$\boldsymbol{\alpha}_2$，…，$\boldsymbol{\alpha}_n$ 是一组 n 维向量，已知 n 维单位坐标向量组 $\boldsymbol{e}_1$，$\boldsymbol{e}_2$，…，$\boldsymbol{e}_n$ 能由它们线性表示，证明 $\boldsymbol{\alpha}_1$，$\boldsymbol{\alpha}_2$，…，$\boldsymbol{\alpha}_n$ 线性无关 .

证明 由定理 6，只需证明 $R(\boldsymbol{\alpha}_1, \boldsymbol{\alpha}_2, \cdots, \boldsymbol{\alpha}_n) = n$ 即可 .
一方面，

$$R(\boldsymbol{\alpha}_1, \boldsymbol{\alpha}_2, \cdots, \boldsymbol{\alpha}_n)_{n \times n} \leqslant n,$$

另一方面，由于 $\boldsymbol{e}_1$，$\boldsymbol{e}_2$，…，$\boldsymbol{e}_n$ 能由 $\boldsymbol{\alpha}_1$，$\boldsymbol{\alpha}_2$，…，$\boldsymbol{\alpha}_n$ 线性表示，由上一节定理 4，有

$$R(\boldsymbol{\alpha}_1, \boldsymbol{\alpha}_2, \cdots, \boldsymbol{\alpha}_n) \geqslant R(\boldsymbol{e}_1, \boldsymbol{e}_2, \cdots, \boldsymbol{e}_n) = n,$$

故

$$R(\boldsymbol{\alpha}_1, \boldsymbol{\alpha}_2, \cdots, \boldsymbol{\alpha}_n) = n.$$

定理 7 设向量组 $\boldsymbol{\alpha}_1$，$\boldsymbol{\alpha}_2$，…，$\boldsymbol{\alpha}_m$ 线性无关，而向量组 $\boldsymbol{\alpha}_1$，$\boldsymbol{\alpha}_2$，…，$\boldsymbol{\alpha}_m$，$\boldsymbol{\beta}$ 线性相关，则向量 $\boldsymbol{\beta}$ 能由向量组 $\boldsymbol{\alpha}_1$，$\boldsymbol{\alpha}_2$，…，$\boldsymbol{\alpha}_m$ 线性表示，且表示法唯一．

证明 记 $\boldsymbol{A}=(\boldsymbol{\alpha}_1, \boldsymbol{\alpha}_2, \cdots, \boldsymbol{\alpha}_m)$，$\boldsymbol{B}=(\boldsymbol{\alpha}_1, \boldsymbol{\alpha}_2, \cdots, \boldsymbol{\alpha}_m, \boldsymbol{\beta})$，于是 $R(\boldsymbol{A}) \leqslant R(\boldsymbol{B})$，由于 $\boldsymbol{\alpha}_1$，$\boldsymbol{\alpha}_2$，…，$\boldsymbol{\alpha}_m$ 线性无关，于是 $R(\boldsymbol{A})=m$；又由于向量组 $\boldsymbol{\alpha}_1$，$\boldsymbol{\alpha}_2$，…，$\boldsymbol{\alpha}_m$，$\boldsymbol{\beta}$ 线性相关，于是 $R(\boldsymbol{B})<m+1$. 所以 $m \leqslant R(\boldsymbol{B})<m+1$，从而有 $R(\boldsymbol{B})=m$.

由 $R(\boldsymbol{A})=R(\boldsymbol{B})=m$，根据第二章第六节定理 5，知方程组 $\boldsymbol{Ax}=\boldsymbol{\beta}$，即

$$x_1\boldsymbol{\alpha}_1 + x_2\boldsymbol{\alpha}_2 + \cdots + x_m\boldsymbol{\alpha}_m = \boldsymbol{\beta}$$

有唯一解，即向量 $\boldsymbol{\beta}$ 能由向量组 $\boldsymbol{\alpha}_1$，$\boldsymbol{\alpha}_2$，…，$\boldsymbol{\alpha}_m$ 线性表示，且表示法唯一．

定理 8 若向量组 $\boldsymbol{\alpha}_1$，$\boldsymbol{\alpha}_2$，…，$\boldsymbol{\alpha}_m$ 线性相关，则向量组 $\boldsymbol{\alpha}_1$，$\boldsymbol{\alpha}_2$，…，$\boldsymbol{\alpha}_m$，$\boldsymbol{\alpha}_{m+1}$ 也线性相关．反之，若向量组 $\boldsymbol{\alpha}_1$，$\boldsymbol{\alpha}_2$，…，$\boldsymbol{\alpha}_m$，$\boldsymbol{\alpha}_{m+1}$ 线性无关，则向量组 $\boldsymbol{\alpha}_1$，$\boldsymbol{\alpha}_2$，…，$\boldsymbol{\alpha}_m$ 也线性无关．

证明 记 $\boldsymbol{A}=(\boldsymbol{\alpha}_1, \boldsymbol{\alpha}_2, \cdots, \boldsymbol{\alpha}_m)$，$\boldsymbol{B}=(\boldsymbol{\alpha}_1, \boldsymbol{\alpha}_2, \cdots, \boldsymbol{\alpha}_m, \boldsymbol{\alpha}_{m+1})$，有 $R(\boldsymbol{B}) \leqslant R(\boldsymbol{A})+1$.

因为向量组 $\boldsymbol{\alpha}_1$，$\boldsymbol{\alpha}_2$，…，$\boldsymbol{\alpha}_m$ 线性相关，由定理 6 知，$R(\boldsymbol{A})<m$，从而 $R(\boldsymbol{B}) \leqslant R(\boldsymbol{A})+1<m+1$，因此根据定理 6 知向量组 $\boldsymbol{\alpha}_1$，$\boldsymbol{\alpha}_2$，…，$\boldsymbol{\alpha}_m$，$\boldsymbol{\alpha}_{m+1}$ 线性相关．

反之，若向量组 $\boldsymbol{\alpha}_1$，$\boldsymbol{\alpha}_2$，…，$\boldsymbol{\alpha}_m$，$\boldsymbol{\alpha}_{m+1}$ 线性无关，则有 $R(\boldsymbol{B})=m+1$. 若假设向量组 $\boldsymbol{\alpha}_1$，$\boldsymbol{\alpha}_2$，…，$\boldsymbol{\alpha}_m$ 线性相关，则 $R(\boldsymbol{A})<m$，这与 $R(\boldsymbol{B}) \leqslant R(\boldsymbol{A})+1$ 相矛盾，于是得到向量组 $\boldsymbol{\alpha}_1$，$\boldsymbol{\alpha}_2$，…，$\boldsymbol{\alpha}_m$ 线性无关．

注意： 本定理可推广为，一个向量组若有线性相关的部分组，则该向量组线性相关．特别地，含零向量的向量组必定线性相关．一个向量组若线性无关，则它的任何部分组都线性无关．

定理 9 若 m 个 n 维向量 $\boldsymbol{\alpha}_1$，$\boldsymbol{\alpha}_2$，…，$\boldsymbol{\alpha}_m$ 线性相关，同时去掉其第 i 个分量 $(1 \leqslant i \leqslant n)$ 得到的 m 个 $(n-1)$ 维向量也线性相关；反之，若 m 个 $(n-1)$ 维向量 $\boldsymbol{\beta}_1$，$\boldsymbol{\beta}_2$，…，$\boldsymbol{\beta}_m$ 线性无关，同时增加其第 i 个分量 $(1 \leqslant i \leqslant n)$ 得到的 m 个 n 维向量也线性无关．

证明 记 $\boldsymbol{A}_{n \times m}=(\boldsymbol{\alpha}_1, \boldsymbol{\alpha}_2, \cdots, \boldsymbol{\alpha}_m)$，将 $\boldsymbol{\alpha}_1$，$\boldsymbol{\alpha}_2$，…，$\boldsymbol{\alpha}_m$ 同时去掉其第 i 个分量 $(1 \leqslant i \leqslant n)$ 得到的 m 个 $(n-1)$ 维向量记作 $\boldsymbol{\beta}_1$，$\boldsymbol{\beta}_2$，…，$\boldsymbol{\beta}_m$，记 $\boldsymbol{B}_{(n-1) \times m}=(\boldsymbol{\beta}_1, \boldsymbol{\beta}_2, \cdots, \boldsymbol{\beta}_m)$，显然 $R(\boldsymbol{B}) \leqslant R(\boldsymbol{A})$．因为 $\boldsymbol{\alpha}_1$，$\boldsymbol{\alpha}_2$，…，$\boldsymbol{\alpha}_m$ 线性相关，所以由定理 6 可知，$R(\boldsymbol{A})<m$，从而 $R(\boldsymbol{B})<m$，于是，向量组 $\boldsymbol{\beta}_1$，$\boldsymbol{\beta}_2$，…，$\boldsymbol{\beta}_m$ 线性相关．

反之，记 $\boldsymbol{B}_{(n-1) \times m}=(\boldsymbol{\beta}_1, \boldsymbol{\beta}_2, \cdots, \boldsymbol{\beta}_m)$，因为 $\boldsymbol{\beta}_1$，$\boldsymbol{\beta}_2$，…，$\boldsymbol{\beta}_m$ 线性无关，于是

$R(\mathbf{B})=m$，将 $\boldsymbol{\beta}_1$，$\boldsymbol{\beta}_2$，…，$\boldsymbol{\beta}_m$ 同时增加其第 i 个分量（$1\leqslant i\leqslant n$）得到的 m 个 n 维向量 $\boldsymbol{\alpha}_1$，$\boldsymbol{\alpha}_2$，…，$\boldsymbol{\alpha}_m$，记 $\mathbf{A}_{n\times m}=(\boldsymbol{\alpha}_1,\ \boldsymbol{\alpha}_2,\ \cdots,\ \boldsymbol{\alpha}_m)$，显然 $R(\mathbf{B})\leqslant R(\mathbf{A})$，因此有 $R(\mathbf{A})\geqslant m$. 而矩阵 $\mathbf{A}_{n\times m}$ 只有 m 列，于是 $R(\mathbf{A})\leqslant m$，从而得到 $R(\mathbf{A})=m$，由定理 6 得向量组 $\boldsymbol{\alpha}_1$，$\boldsymbol{\alpha}_2$，…，$\boldsymbol{\alpha}_m$ 线性无关．

例 11 判别下列向量组的线性相关性

(1) $\boldsymbol{\alpha}_1=(1,\ 2,\ -1,\ 2)^{\mathrm{T}}$，$\boldsymbol{\alpha}_2=(3,\ 1,\ 0,\ -2)^{\mathrm{T}}$，$\boldsymbol{\alpha}_3=(3,\ 6,\ -3,\ 6)^{\mathrm{T}}$；

(2) $\boldsymbol{\alpha}_1=(1,\ 0,\ 0,\ 2)^{\mathrm{T}}$，$\boldsymbol{\alpha}_2=(0,\ 1,\ 0,\ -1)^{\mathrm{T}}$，$\boldsymbol{\alpha}_3=(0,\ 0,\ 1,\ 3)^{\mathrm{T}}$；

(3) $\boldsymbol{\alpha}_1=(1,\ 0,\ 2)^{\mathrm{T}}$，$\boldsymbol{\alpha}_2=(4,\ 1,\ -1)^{\mathrm{T}}$，$\boldsymbol{\alpha}_3=(2,\ 1,\ 3)^{\mathrm{T}}$，$\boldsymbol{\alpha}_4=(0,\ -1,\ 2)^{\mathrm{T}}$.

解 (1) 因为 $\boldsymbol{\alpha}_3=3\boldsymbol{\alpha}_1$，故 $\boldsymbol{\alpha}_1$，$\boldsymbol{\alpha}_3$ 线性相关，从而由定理 8 可知 $\boldsymbol{\alpha}_1$，$\boldsymbol{\alpha}_2$，$\boldsymbol{\alpha}_3$ 线性相关．

(2) 因为 $\boldsymbol{e}_1=(1,\ 0,\ 0)^{\mathrm{T}}$，$\boldsymbol{e}_2=(0,\ 1,\ 0)^{\mathrm{T}}$，$\boldsymbol{e}_3=(0,\ 0,\ 1)^{\mathrm{T}}$ 线性无关，由定理 9 可知 $\boldsymbol{\alpha}_1$，$\boldsymbol{\alpha}_2$，$\boldsymbol{\alpha}_3$ 线性无关．

(3) 由推论 3 可知 4 个三维向量一定线性相关，故 $\boldsymbol{\alpha}_1$，$\boldsymbol{\alpha}_2$，$\boldsymbol{\alpha}_3$，$\boldsymbol{\alpha}_4$ 线性相关．

第三节 向量组的秩

在讨论向量组的线性组合和向量组的线性相关性时，矩阵的秩起到了十分重要的作用．为使讨论进一步深入，下面把秩的概念引入向量组．

一、向量组的最大线性无关组

定义 7 设有向量组 A，若在 A 中存在 r 个向量 $\boldsymbol{\alpha}_1$，$\boldsymbol{\alpha}_2$，…，$\boldsymbol{\alpha}_r$ 满足：

(1) 向量组 A_0：$\boldsymbol{\alpha}_1$，$\boldsymbol{\alpha}_2$，…，$\boldsymbol{\alpha}_r$ 线性无关；

(2) 向量组 A 中任意 $(r+1)$ 个向量［如果 A 中含有 $(r+1)$ 个向量的话］都线性相关，则称向量组 $\boldsymbol{\alpha}_1$，$\boldsymbol{\alpha}_2$，…，$\boldsymbol{\alpha}_r$ 为向量组 A 的一个最大线性无关向量组，简称**最大无关组**；最大无关组中所含向量个数 r 称为向量组 A 的**秩**，记作 R_A.

只含零向量的向量组没有最大无关组，规定它的秩为 0.

从定义 7 可以看出：一个线性无关的向量组的最大无关组就是这个向量组本身；如果一个向量组是线性相关，那么这个向量组的最大无关组所含向量的个数一定少于原来向量组所含向量的个数；含有非零向量的任何一个向量组一定有最大无关组．一般说来，一个向量组的最大无关组不唯一．

定理 10 向量组 A 与其任一最大无关组 A_0 等价．

证明 由于 A_0 组是 A 组一个部分组，故 A_0 组总能由 A 组线性表示（A 中每个向量都能由 A 组线性表示）；而由定义 7 知，对于 A 中任一向量 $\boldsymbol{\alpha}$，$(r+1)$ 个向量 $\boldsymbol{\alpha}_1$，$\boldsymbol{\alpha}_2$，…，$\boldsymbol{\alpha}_r$，$\boldsymbol{\alpha}$ 线性相关，而 $\boldsymbol{\alpha}_1$，$\boldsymbol{\alpha}_2$，…，$\boldsymbol{\alpha}_r$ 线性无关，根据第二节定理 7 知 $\boldsymbol{\alpha}$ 能由 $\boldsymbol{\alpha}_1$，$\boldsymbol{\alpha}_2$，…，$\boldsymbol{\alpha}_r$ 线性表示，即 A 组能由 A_0 组线性表示．所以 A 组

与 A_0 组等价．

定理 11（最大无关组的等价定义） 设向量组 A_0：$\boldsymbol{\alpha}_1$，$\boldsymbol{\alpha}_2$，…，$\boldsymbol{\alpha}_r$ 是向量组 A 的一个部分组，且满足：

（1）向量组 A_0 线性无关；

（2）向量组 A 中任一个向量都可由向量组 A_0 线性表示，

那么向量组 A_0 就是向量组 A 的一个最大线性无关组．

证明 设 $\boldsymbol{\beta}_1$，$\boldsymbol{\beta}_2$，…，$\boldsymbol{\beta}_{r+1}$ 是向量组 A 中任意（$r+1$）个向量，由条件（2）知，这（$r+1$）个向量都能由向量组 A_0 线性表示，于是根据第一节定理 4，有

$$R(\boldsymbol{\beta}_1, \boldsymbol{\beta}_2, \cdots, \boldsymbol{\beta}_{r+1}) \leqslant R(\boldsymbol{\alpha}_1, \boldsymbol{\alpha}_2, \cdots, \boldsymbol{\alpha}_r) = r < r+1,$$

再根据第二节定理 6 知（$r+1$）个向量 $\boldsymbol{\beta}_1$，$\boldsymbol{\beta}_2$，…，$\boldsymbol{\beta}_{r+1}$ 线性相关．因此向量组 A 中任意（$r+1$）个向量线性相关，满足定义 7 所规定的最大无关组的条件．

二、向量组的最大线性无关组的求法

下面我们给出向量组的秩与最大无关组的一般求法．对于只含有限个向量的向量组 A：$\boldsymbol{\alpha}_1$，$\boldsymbol{\alpha}_2$，…，$\boldsymbol{\alpha}_m$，它可以构成矩阵 $\boldsymbol{A}=(\boldsymbol{\alpha}_1, \boldsymbol{\alpha}_2, \cdots, \boldsymbol{\alpha}_m)$，把定义 7 与第二章中矩阵的最高阶非零子式及矩阵的秩的定义做比较，容易想到向量组 A 的秩就等于矩阵 $\boldsymbol{A}$ 的秩，即有

定理 12 矩阵的秩等于它的列向量组的秩也等于它的行向量组的秩．

证明 记 $\boldsymbol{A}=(\boldsymbol{\alpha}_1, \boldsymbol{\alpha}_2, \cdots, \boldsymbol{\alpha}_m)$，$R(\boldsymbol{A})=r$，并设 r 阶子式 $D_r \neq 0$，根据第二节定理 6，由 $D_r \neq 0$ 知 D_r 所在的 r 列线性无关；又由 $\boldsymbol{A}$ 中所有（$r+1$）阶子式均为零，知 $\boldsymbol{A}$ 中任意（$r+1$）个列向量线性相关．因此 D_r 所在的 r 列是 $\boldsymbol{A}$ 的列向量组的一个最大无关组，所以列向量组的秩等于 r.

因为 $R(\boldsymbol{A})=R(\boldsymbol{A}^{\mathrm{T}})$，所以矩阵的行向量组的秩也等于 $R(\boldsymbol{A})$．

今后，向量组 $\boldsymbol{\alpha}_1$，$\boldsymbol{\alpha}_2$，…，$\boldsymbol{\alpha}_m$ 的秩也记作 $R(\boldsymbol{\alpha}_1, \boldsymbol{\alpha}_2, \cdots, \boldsymbol{\alpha}_m)$．

例 12 设向量组

$$\boldsymbol{\alpha}_1=\begin{pmatrix}2\\1\\4\\3\end{pmatrix},\ \boldsymbol{\alpha}_2=\begin{pmatrix}-1\\1\\-6\\6\end{pmatrix},\ \boldsymbol{\alpha}_3=\begin{pmatrix}-1\\-2\\2\\-9\end{pmatrix},\ \boldsymbol{\alpha}_4=\begin{pmatrix}1\\1\\-2\\7\end{pmatrix},\ \boldsymbol{\alpha}_5=\begin{pmatrix}2\\4\\4\\9\end{pmatrix}.$$

求向量组的秩及其一个最大无关组，并把不属于最大无关组的向量用最大无关组线性表示．

解 设矩阵 $\boldsymbol{A}=(\boldsymbol{\alpha}_1, \boldsymbol{\alpha}_2, \boldsymbol{\alpha}_3, \boldsymbol{\alpha}_4, \boldsymbol{\alpha}_5)$，用初等行变换将矩阵 $\boldsymbol{A}$ 化为行阶梯型矩阵

$$\boldsymbol{A}=\begin{pmatrix}2 & -1 & -1 & 1 & 2\\1 & 1 & -2 & 1 & 4\\4 & -6 & 2 & -2 & 4\\3 & 6 & -9 & 7 & 9\end{pmatrix}\sim\begin{pmatrix}1 & 1 & -2 & 1 & 4\\0 & 1 & -1 & 1 & 0\\0 & 0 & 0 & 1 & -3\\0 & 0 & 0 & 0 & 0\end{pmatrix}.$$

知 $R(\boldsymbol{\alpha}_1, \boldsymbol{\alpha}_2, \boldsymbol{\alpha}_3, \boldsymbol{\alpha}_4, \boldsymbol{\alpha}_5)=R(\boldsymbol{A})=3$，故列向量组的最大无关组含 3 个向量．而 3 个非零行的首位非零元在 1，2，4 三列，因为

$$(\boldsymbol{\alpha}_1, \boldsymbol{\alpha}_2, \boldsymbol{\alpha}_4) \sim \begin{pmatrix} 1 & 1 & 1 \\ 0 & 1 & 1 \\ 0 & 0 & 1 \\ 0 & 0 & 0 \end{pmatrix},$$

知 $R(\boldsymbol{\alpha}_1, \boldsymbol{\alpha}_2, \boldsymbol{\alpha}_4)=3$，故 $\boldsymbol{\alpha}_1$，$\boldsymbol{\alpha}_2$，$\boldsymbol{\alpha}_4$ 线性无关．于是 $\boldsymbol{\alpha}_1$，$\boldsymbol{\alpha}_2$，$\boldsymbol{\alpha}_4$ 为其向量组的一个最大无关组．

为把 $\boldsymbol{\alpha}_3$，$\boldsymbol{\alpha}_5$ 用 $\boldsymbol{\alpha}_1$，$\boldsymbol{\alpha}_2$，$\boldsymbol{\alpha}_4$ 线性表示，继续将 $\boldsymbol{A}$ 化为行最简形矩阵

$$\boldsymbol{A} \sim \begin{pmatrix} 1 & 0 & -1 & 0 & 4 \\ 0 & 1 & -1 & 0 & 3 \\ 0 & 0 & 0 & 1 & -3 \\ 0 & 0 & 0 & 0 & 0 \end{pmatrix}, \tag{3-4}$$

把上述行最简形矩阵记作 $\boldsymbol{B}=(\boldsymbol{\beta}_1, \boldsymbol{\beta}_2, \boldsymbol{\beta}_3, \boldsymbol{\beta}_4, \boldsymbol{\beta}_5)$，由于方程 $\boldsymbol{Ax}=\boldsymbol{0}$ 与 $\boldsymbol{Bx}=\boldsymbol{0}$ 同解，即方程

$$x_1\boldsymbol{\alpha}_1+x_2\boldsymbol{\alpha}_2+x_3\boldsymbol{\alpha}_3+x_4\boldsymbol{\alpha}_4+x_5\boldsymbol{\alpha}_5=\boldsymbol{0}$$

与

$$x_1\boldsymbol{\beta}_1+x_2\boldsymbol{\beta}_2+x_3\boldsymbol{\beta}_3+x_4\boldsymbol{\beta}_4+x_5\boldsymbol{\beta}_5=\boldsymbol{0}$$

同解，因此向量组 $\boldsymbol{\alpha}_1$，$\boldsymbol{\alpha}_2$，$\boldsymbol{\alpha}_3$，$\boldsymbol{\alpha}_4$，$\boldsymbol{\alpha}_5$ 之间的线性关系与向量组 $\boldsymbol{\beta}_1$，$\boldsymbol{\beta}_2$，$\boldsymbol{\beta}_3$，$\boldsymbol{\beta}_4$，$\boldsymbol{\beta}_5$ 之间的线性关系是相同的．由式（3-4）得

$$\boldsymbol{\beta}_3=-\boldsymbol{\beta}_1-\boldsymbol{\beta}_2,$$
$$\boldsymbol{\beta}_5=4\boldsymbol{\beta}_1+3\boldsymbol{\beta}_2-3\boldsymbol{\beta}_4,$$

因此

$$\boldsymbol{\alpha}_3=-\boldsymbol{\alpha}_1-\boldsymbol{\alpha}_2,$$
$$\boldsymbol{\alpha}_5=4\boldsymbol{\alpha}_1+3\boldsymbol{\alpha}_2-3\boldsymbol{\alpha}_4.$$

定理 13 设 $\boldsymbol{A}$，$\boldsymbol{B}$ 分别为 $m\times n$ 和 $n\times s$ 矩阵，则 $\boldsymbol{A}$ 与 $\boldsymbol{B}$ 乘积的秩不大于 $\boldsymbol{A}$ 的秩，也不大于 $\boldsymbol{B}$ 的秩，即 $R(\boldsymbol{AB})\leqslant\min[R(\boldsymbol{A}), R(\boldsymbol{B})]$.

证明 设

$$\boldsymbol{A}=(a_{ij})_{m\times n}=(\boldsymbol{\alpha}_1, \boldsymbol{\alpha}_2, \cdots, \boldsymbol{\alpha}_n),\ \boldsymbol{B}=(b_{ij})_{n\times s},$$

则

$$\boldsymbol{AB}=\boldsymbol{C}=(c_{ij})_{m\times s}=(\boldsymbol{\gamma}_1, \boldsymbol{\gamma}_2, \cdots, \boldsymbol{\gamma}_s),$$

即

$$(\boldsymbol{\gamma}_1, \boldsymbol{\gamma}_2, \cdots, \boldsymbol{\gamma}_s)=(\boldsymbol{\alpha}_1, \boldsymbol{\alpha}_2, \cdots, \boldsymbol{\alpha}_n)\begin{pmatrix} b_{11} & \cdots & b_{1j} & \cdots & b_{1s} \\ b_{21} & \cdots & b_{2j} & \cdots & b_{2s} \\ \vdots & \cdots & \vdots & & \vdots \\ b_{n1} & \cdots & b_{nj} & \cdots & b_{ns} \end{pmatrix},$$

因此有

$$\boldsymbol{\gamma}_j=b_{1j}\boldsymbol{\alpha}_1+b_{2j}\boldsymbol{\alpha}_2+\cdots+b_{nj}\boldsymbol{\alpha}_n \quad (j=1,2,\cdots,s),$$

即 $\boldsymbol{AB}$ 的列向量组 $\boldsymbol{\gamma}_1,\boldsymbol{\gamma}_2,\cdots,\boldsymbol{\gamma}_s$ 可由 $\boldsymbol{A}$ 的列向量组线性表示，由第一节定理 4 有 $R(\boldsymbol{AB})\leqslant R(\boldsymbol{A})$.

类似地，设

$$\boldsymbol{B}=(b_{ij})_{n\times s}=\begin{pmatrix}\boldsymbol{\beta}_1^{\mathrm{T}}\\ \boldsymbol{\beta}_2^{\mathrm{T}}\\ \vdots\\ \boldsymbol{\beta}_n^{\mathrm{T}}\end{pmatrix},\ \boldsymbol{AB}=(c_{ij})_{m\times n}\begin{pmatrix}\boldsymbol{\gamma}_1^{\mathrm{T}}\\ \boldsymbol{\gamma}_2^{\mathrm{T}}\\ \vdots\\ \boldsymbol{\gamma}_n^{\mathrm{T}}\end{pmatrix},$$

可以证明 $R(\boldsymbol{AB})\leqslant R(\boldsymbol{B})$. 因此 $R(\boldsymbol{AB})\leqslant\min[R(\boldsymbol{A}),R(\boldsymbol{B})]$.

定理 14 两个矩阵的和的秩不超过这两个矩阵的秩的和，即

$$R(\boldsymbol{A}+\boldsymbol{B})\leqslant R(\boldsymbol{A})+R(\boldsymbol{B}).$$

证明 设 $\boldsymbol{A}$，$\boldsymbol{B}$ 是两个 $m\times n$ 矩阵 . 令

$$\boldsymbol{A}=(\boldsymbol{\alpha}_1,\boldsymbol{\alpha}_2,\cdots,\boldsymbol{\alpha}_n),\ \boldsymbol{B}=(\boldsymbol{\beta}_1,\boldsymbol{\beta}_2,\cdots,\boldsymbol{\beta}_n).$$

从而

$$\boldsymbol{A}+\boldsymbol{B}=(\boldsymbol{\alpha}_1+\boldsymbol{\beta}_1,\boldsymbol{\alpha}_2+\boldsymbol{\beta}_2,\cdots,\boldsymbol{\alpha}_n+\boldsymbol{\beta}_n),$$

即矩阵$(\boldsymbol{A}+\boldsymbol{B})$的列向量组可由向量组 $\boldsymbol{\alpha}_1,\boldsymbol{\alpha}_2,\cdots,\boldsymbol{\alpha}_n$ 与 $\boldsymbol{\beta}_1,\boldsymbol{\beta}_2,\cdots,\boldsymbol{\beta}_n$ 线性表示，因此第一节定理 4 有

$$\begin{aligned}R(\boldsymbol{A}+\boldsymbol{B})&\leqslant R(\boldsymbol{\alpha}_1,\boldsymbol{\alpha}_2,\cdots,\boldsymbol{\alpha}_n,\boldsymbol{\beta}_1,\boldsymbol{\beta}_2,\cdots,\boldsymbol{\beta}_n)\\&\leqslant R(\boldsymbol{\alpha}_1,\boldsymbol{\alpha}_2,\cdots,\boldsymbol{\alpha}_n)+R(\boldsymbol{\beta}_1,\boldsymbol{\beta}_2,\cdots,\boldsymbol{\beta}_n)=R(\boldsymbol{A})+R(\boldsymbol{B}).\end{aligned}$$

定理 15 $\max\{R(\boldsymbol{A}),R(\boldsymbol{B})\}\leqslant R(\boldsymbol{A},\boldsymbol{B})\leqslant R(\boldsymbol{A})+R(\boldsymbol{B})$，特别的，当 $\boldsymbol{B}=\boldsymbol{\beta}$ 为非零列向量时，有

$$R(\boldsymbol{A})\leqslant R(\boldsymbol{A},\boldsymbol{\beta})\leqslant R(\boldsymbol{A})+1.$$

证明 设 $\boldsymbol{A}$ 是 $m\times n$ 矩阵，$\boldsymbol{B}$ 是 $m\times s$ 矩阵 . 令

$$\boldsymbol{A}=(\boldsymbol{\alpha}_1,\boldsymbol{\alpha}_2,\cdots,\boldsymbol{\alpha}_n),\ \boldsymbol{B}=(\boldsymbol{\beta}_1,\boldsymbol{\beta}_2,\cdots,\boldsymbol{\beta}_s).$$

则 $(\boldsymbol{A},\boldsymbol{B})=(\boldsymbol{\alpha}_1,\cdots,\boldsymbol{\alpha}_n,\boldsymbol{\beta}_1,\cdots,\boldsymbol{\beta}_s)$，由于

向量组 A：$\boldsymbol{\alpha}_1,\boldsymbol{\alpha}_2,\cdots,\boldsymbol{\alpha}_n$ 和向量组 B：$\boldsymbol{\beta}_1,\boldsymbol{\beta}_2,\cdots,\boldsymbol{\beta}_s$ 都是向量组 C：$\boldsymbol{\alpha}_1,\cdots,\boldsymbol{\alpha}_n,\boldsymbol{\beta}_1,\cdots,\boldsymbol{\beta}_s$ 的部分向量组，因此 $R(\boldsymbol{A})\leqslant R(\boldsymbol{C})$，$R(\boldsymbol{B})\leqslant R(\boldsymbol{C})$，于是 $R(\boldsymbol{A})\leqslant R(\boldsymbol{A},\boldsymbol{B})$，$R(\boldsymbol{B})\leqslant R(\boldsymbol{A},\boldsymbol{B})$，故

$$\max\{R(\boldsymbol{A}),R(\boldsymbol{B})\}\leqslant R(\boldsymbol{A},\boldsymbol{B}).$$

设 A_0，B_0 分别是 A，B 的最大无关组，构造一个新的向量组 C'：A_0，B_0，显然，$R(\boldsymbol{C}')\leqslant R(\boldsymbol{A})+R(\boldsymbol{B})$，又向量组 C 可以由向量组 C'线性表示，故 $R(\boldsymbol{C})\leqslant R(\boldsymbol{C}')\leqslant R(\boldsymbol{A})+R(\boldsymbol{B})$，于是 $R(\boldsymbol{C})\leqslant R(\boldsymbol{A})+R(\boldsymbol{B})$，故 $R(\boldsymbol{A},\boldsymbol{B})\leqslant R(\boldsymbol{A})+R(\boldsymbol{B})$.

综上所述，有 $\max\{R(\boldsymbol{A}),R(\boldsymbol{B})\}\leqslant R(\boldsymbol{A},\boldsymbol{B})\leqslant R(\boldsymbol{A})+R(\boldsymbol{B})$.

特别的，当 $B=\boldsymbol{\beta}$ 为非零列向量时，有 $R(\boldsymbol{A})\leqslant R(\boldsymbol{A},\boldsymbol{\beta})\leqslant R(\boldsymbol{A})+1$.

第四节　向量空间

一、向量空间与子空间

定义 8　设 V 为 n 维向量组成的集合，若集合 V 非空，且集合 V 关于向量的加法和数乘两种运算封闭，则称集合 V 为向量空间．

所谓封闭，是指在集合 V 中进行向量的加法和数乘两种运算之后，得到的向量仍然在集合 V 中．即，若 $\boldsymbol{\alpha}\in V$，$\boldsymbol{\beta}\in V$，则 $\boldsymbol{\alpha}+\boldsymbol{\beta}\in V$；若 $\boldsymbol{\alpha}\in V$，$k\in R$，则 $k\boldsymbol{\alpha}\in V$.

由定义 8 可知，全体 n 维向量构成一个向量空间，称为 n 维向量空间，记作 R^n.

只有零向量构成的集合 $\{\mathbf{0}\}$ 也是一个向量空间，称之为零空间．

定义 9　设 W 是向量空间 V 的一个非空子集，若 W 关于向量的加法和数乘运算都封闭，则称 W 是 V 的一个子空间．

显然，向量空间 V 本身和 V 中零向量组成的零空间都是 V 的子空间．

例 13　证明 n 维向量的集合 $V=\{(a_1,\ a_2,\ \cdots,\ a_n)^{\mathrm{T}}\mid a_1+a_2+\cdots+a_n=0,\ a_i\in R,\ i=1,\ 2,\ \cdots,\ n\}$ 为向量空间且为 R^n 的子空间．

证明　对于任意的 $\boldsymbol{\alpha}=(a_1,\ a_2,\ \cdots,\ a_n)^{\mathrm{T}}\in V$，$\boldsymbol{\beta}=(b_1,\ b_2,\ \cdots,\ b_n)^{\mathrm{T}}\in V$，由于

$$a_1+a_2+\cdots+a_n=0,\ b_1+b_2+\cdots+b_n=0,$$

则

$$a_1+b_1+a_2+b_2+\cdots+a_n+b_n=0,$$

从而

$$\boldsymbol{\alpha}+\boldsymbol{\beta}-(a_1+b_1,\ a_1+b_2,\ \cdots,\ a_n+b_n)^{\mathrm{T}}\in V.$$

而对于任意的 $k\in R$，由于

$$ka_1+ka_2+\cdots+ka_n=k\ (a_1+a_2+\cdots+a_n)=0,$$

从而

$$k\boldsymbol{\alpha}=(ka_1,\ ka_2,\ \cdots,\ ka_n)^{\mathrm{T}}\in V,$$

即 V 关于向量的加法和数乘运算都封闭，所以，V 是向量空间，且由于 $V\subseteq R^n$，故 V 是向量空间且是 R^n 的子空间．

例 14　证明 n 维向量集合 $V=\{(0,\ x_2,\ \cdots,\ x_n)^{\mathrm{T}}\mid x_2,\ \cdots,\ x_n\in R\}$ 为向量空间且为 R^n 的子空间．

证明　对于任意向量 $\boldsymbol{\alpha}=(0,\ a_2,\ \cdots,\ a_n)^{\mathrm{T}}\in V$，$\boldsymbol{\beta}=(0,\ b_1,\ \cdots,\ b_n)^{\mathrm{T}}\in V$，以及 $k\in R$，有

$$\boldsymbol{\alpha}+\boldsymbol{\beta}=(0,\ a_2+b_2,\ \cdots,\ a_n+b_n)^{\mathrm{T}}\in V,$$

$$k\boldsymbol{\alpha}=(0, ka_2, \cdots, ka_n)^{\mathrm{T}}\in V,$$

即 V 关于向量的加法和数乘运算都封闭，所以，V 是向量空间，且由于 $V\subseteq R^n$，故 V 是向量空间且是 R^n 的子空间．

例 15 证明 n 维向量集合 $V=\{(1, x_2, \cdots, x_n)^{\mathrm{T}} \mid x_2, \cdots, x_n\in R\}$ 不是向量空间．

证明 对于任意 $\boldsymbol{\alpha}=(1, a_2, \cdots, a_n)^{\mathrm{T}}\in V$，$\boldsymbol{\beta}=(1, b_1, \cdots, b_n)^{\mathrm{T}}\in V$，由于其和

$$\boldsymbol{\alpha}+\boldsymbol{\beta}=(2, a_2+b_2, \cdots, a_n+b_n)^{\mathrm{T}}\notin V,$$

即 V 关于向量的加法运算不封闭，所以，V 不是向量空间．

例 16 设 $\boldsymbol{\alpha}$，$\boldsymbol{\beta}$ 为已知的 n 维向量，集合

$$L=\{\boldsymbol{x}=\lambda\boldsymbol{\alpha}+\mu\boldsymbol{\beta} \mid \lambda, \mu\in R\}$$

是一个向量空间．

证明 设 $\boldsymbol{x}_1=\lambda_1\boldsymbol{\alpha}+\mu_1\boldsymbol{\beta}$，$\boldsymbol{x}_2=\lambda_2\boldsymbol{\alpha}+\mu_2\boldsymbol{\beta}$，由于

$$\boldsymbol{x}_1+\boldsymbol{x}_2=(\lambda_1+\lambda_2)\boldsymbol{\alpha}+(\mu_1+\mu_2)\boldsymbol{\beta}\in L,$$

$$k\boldsymbol{x}_1=(k\lambda_1)\boldsymbol{\alpha}+(k\mu_1)\boldsymbol{\beta}\in L,$$

所以，$L=\{\boldsymbol{x}=\lambda\boldsymbol{\alpha}+\mu\boldsymbol{\beta} \mid \lambda, \mu\in R\}$ 是一个向量空间．

这个向量空间称为由向量 $\boldsymbol{\alpha}$，$\boldsymbol{\beta}$ 所生成的向量空间．

一般的，由向量组 $\boldsymbol{\alpha}_1, \boldsymbol{\alpha}_2, \cdots, \boldsymbol{\alpha}_m$ 所生成的向量空间为

$$L=\{\boldsymbol{x}=\lambda_1\boldsymbol{\alpha}_1+\lambda_2\boldsymbol{\alpha}_2+\cdots+\lambda_m\boldsymbol{\alpha}_m \mid \lambda_1, \lambda_2, \cdots, \lambda_m\in R\}.$$

二、向量空间的基与维数

定义 10 设 V 为向量空间，若 r 个向量 $\boldsymbol{\alpha}_1, \boldsymbol{\alpha}_2, \cdots, \boldsymbol{\alpha}_r\in V$ 且满足：

(1) 向量组 $\boldsymbol{\alpha}_1, \boldsymbol{\alpha}_2, \cdots, \boldsymbol{\alpha}_r$ 线性无关；

(2) V 中每一个向量 $\boldsymbol{\alpha}$ 都可由向量组 $\boldsymbol{\alpha}_1, \boldsymbol{\alpha}_2, \cdots, \boldsymbol{\alpha}_r$ 线性表示，

则称向量组 $\boldsymbol{\alpha}_1, \boldsymbol{\alpha}_2, \cdots, \boldsymbol{\alpha}_r$ 为向量空间 V 的一个基，r 称为向量空间 V 的维数，并称 V 为 r 维的向量空间．

如果向量空间 V 没有基，那么 V 的维数为 0，0 维向量空间只含一个零向量 $\mathbf{0}$.

若把向量空间 V 看成向量组，则由最大线性无关组的定义可知，V 的基就是向量组的最大无关组，V 的维数就是向量组的秩．

例如，任何 n 个线性无关的 n 维向量都可以是向量空间 R^n 的一个基，且由此可知 R^n 的维数为 n，所以我们把 R^n 称为 n 维向量空间．

由于向量空间

$$L=\{\boldsymbol{x}=\lambda_1\boldsymbol{\alpha}_1+\lambda_2\boldsymbol{\alpha}_2+\cdots+\lambda_m\boldsymbol{\alpha}_m \mid \lambda_1, \lambda_2, \cdots, \lambda_m\in R\},$$

与向量组 $\boldsymbol{\alpha}_1, \boldsymbol{\alpha}_2, \cdots, \boldsymbol{\alpha}_m$ 等价，所以向量组 $\boldsymbol{\alpha}_1, \boldsymbol{\alpha}_2, \cdots, \boldsymbol{\alpha}_m$ 的最大无关组就是 L

的一个基，向量组 $\boldsymbol{\alpha}_1$，$\boldsymbol{\alpha}_2$，…，$\boldsymbol{\alpha}_m$ 的秩就是 L 的维数．

若向量组 $\boldsymbol{\alpha}_1$，$\boldsymbol{\alpha}_2$，…，$\boldsymbol{\alpha}_r$ 为向量空间 V 的一个基，则 V 可表示为

$$L=\{\boldsymbol{x}=\lambda_1\boldsymbol{\alpha}_1+\lambda_2\boldsymbol{\alpha}_2+\cdots+\lambda_r\boldsymbol{\alpha}_r \mid \lambda_1, \lambda_2, \cdots, \lambda_r\in R\}$$

即 V 是基所生成的向量空间，这就较清楚地显示出向量空间 V 的构造．

定义 11 如果在向量空间 V 中取定一个基 $\boldsymbol{\alpha}_1$，$\boldsymbol{\alpha}_2$，…，$\boldsymbol{\alpha}_r$，那么 V 中任一向量 $\boldsymbol{x}$ 可唯一地表达为

$$\boldsymbol{x}=\lambda_1\boldsymbol{\alpha}_1+\lambda_2\boldsymbol{\alpha}_2+\cdots+\lambda_r\boldsymbol{\alpha}_r,$$

数组 λ_1，λ_2，…，λ_r 称为向量 $\boldsymbol{x}$ 在基 $\boldsymbol{\alpha}_1$，$\boldsymbol{\alpha}_2$，…，$\boldsymbol{\alpha}_r$ 中的坐标．

例 17 证明向量组

$$\boldsymbol{\alpha}_1=\begin{pmatrix}1\\1\\0\end{pmatrix},\ \boldsymbol{\alpha}_2=\begin{pmatrix}2\\1\\3\end{pmatrix},\ \boldsymbol{\alpha}_3=\begin{pmatrix}0\\0\\1\end{pmatrix}$$

是三维向量空间 R^3 的一组基，并求向量

$$\boldsymbol{\alpha}=\begin{pmatrix}2\\1\\2\end{pmatrix}$$

在该基下的坐标．

解 因为 $R(\boldsymbol{\alpha}_1, \boldsymbol{\alpha}_2, \boldsymbol{\alpha}_3)=3$，所以向量组 $\boldsymbol{\alpha}_1$，$\boldsymbol{\alpha}_2$，$\boldsymbol{\alpha}_3$ 线性无关，故 $\boldsymbol{\alpha}_1$，$\boldsymbol{\alpha}_2$，$\boldsymbol{\alpha}_3$ 是三维向量空间 R^3 的一组基．

令

$$\boldsymbol{\alpha}=x_1\boldsymbol{\alpha}_1+x_2\boldsymbol{\alpha}_2+x_3\boldsymbol{\alpha}_3,$$

即

$$\begin{pmatrix}1&2&0\\1&1&0\\0&3&1\end{pmatrix}\begin{pmatrix}x_1\\x_2\\x_3\end{pmatrix}=\begin{pmatrix}2\\1\\2\end{pmatrix},$$

解此线性方程组得 $x_1=0$，$x_2=1$，$x_3=-1$，所以 $\boldsymbol{\alpha}$ 在基 $\boldsymbol{\alpha}_1$，$\boldsymbol{\alpha}_2$，$\boldsymbol{\alpha}_3$ 下的坐标为 0，1，-1.

第五节　齐次线性方程组解的结构

在第二章第六节中，我们利用矩阵的秩的概念，给出了齐次线性方程组的一个重要结果，即设 $\mathbf{A}$ 是 $m\times n$ 矩阵，则齐次线性方程组 $\mathbf{A}\boldsymbol{x}=\mathbf{0}$ 有非零解的充分必要条件是 $R(\mathbf{A})<n$. 此定理的等价命题是：设 $\mathbf{A}$ 是 $m\times n$ 矩阵，则齐次线性方程组 $\mathbf{A}\boldsymbol{x}=\mathbf{0}$ 只有零解的充要条件是 $R(\mathbf{A})=n$.

本节利用向量组的线性相关性的理论来研究齐次线性方程组的解的结构．

一、齐次线性方程组解的性质

齐次线性方程组 $\boldsymbol{Ax}=\boldsymbol{0}$ 具有以下性质：

性质 1 若 $\boldsymbol{x}=\boldsymbol{\xi}_1$ 和 $\boldsymbol{x}=\boldsymbol{\xi}_2$ 是 $\boldsymbol{Ax}=\boldsymbol{0}$ 的解，则 $\boldsymbol{x}=\boldsymbol{\xi}_1+\boldsymbol{\xi}_2$ 也是 $\boldsymbol{Ax}=\boldsymbol{0}$ 的解．

证明 因为 $\boldsymbol{A\xi}_1=\boldsymbol{0}$，$\boldsymbol{A\xi}_2=\boldsymbol{0}$，于是 $\boldsymbol{A}(\boldsymbol{\xi}_1+\boldsymbol{\xi}_2)=\boldsymbol{A\xi}_1+\boldsymbol{A\xi}_2=\boldsymbol{0}+\boldsymbol{0}=\boldsymbol{0}$，所以 $\boldsymbol{x}=\boldsymbol{\xi}_1+\boldsymbol{\xi}_2$ 是 $\boldsymbol{Ax}=\boldsymbol{0}$ 的解．

性质 2 若 $\boldsymbol{x}=\boldsymbol{\xi}$ 是 $\boldsymbol{Ax}=\boldsymbol{0}$ 的解，k 为实数，则 $\boldsymbol{x}=k\boldsymbol{\xi}$ 也是 $\boldsymbol{Ax}=\boldsymbol{0}$ 的解．

证明 因为 $\boldsymbol{A}(k\boldsymbol{\xi})=k\boldsymbol{A\xi}=k\boldsymbol{0}=\boldsymbol{0}$，所以 $\boldsymbol{x}=k\boldsymbol{\xi}$ 是 $\boldsymbol{Ax}=\boldsymbol{0}$ 的解．

二、齐次线性方程组解的结构

把齐次线性方程组 $\boldsymbol{Ax}=\boldsymbol{0}$ 的全体解所组成的集合记作 S，如果能求得解集 S 的一个最大无关组 S_0：$\boldsymbol{\xi}_1$，$\boldsymbol{\xi}_2$，…，$\boldsymbol{\xi}_s$，那么方程组 $\boldsymbol{Ax}=\boldsymbol{0}$ 的任一解都可由最大无关组 S_0 线性表示；另外，由上述性质 1 和性质 2 可知，最大无关组 S_0 的任何线性组合

$$\boldsymbol{\xi}=k_1\boldsymbol{\xi}_1+k_2\boldsymbol{\xi}_2+\cdots+k_s\boldsymbol{\xi}_s$$

都是方程组 $\boldsymbol{Ax}=\boldsymbol{0}$ 的解，因此上式便是方程组 $\boldsymbol{Ax}=\boldsymbol{0}$ 的通解．

齐次线性方程组 $\boldsymbol{Ax}=\boldsymbol{0}$ 的解集的最大无关组称为该齐次线性方程组的**基础解系**．由上面的讨论可知，要求齐次方程组的通解，只需求出它的基础解系．

定义 12 设齐次线性方程组 $\boldsymbol{Ax}=\boldsymbol{0}$ 有非零解，如果它的 s 个解向量 $\boldsymbol{\xi}_1$，$\boldsymbol{\xi}_2$，…，$\boldsymbol{\xi}_s$ 满足：

（1）$\boldsymbol{\xi}_1$，$\boldsymbol{\xi}_2$，…，$\boldsymbol{\xi}_s$ 线性无关；

（2）$\boldsymbol{Ax}=\boldsymbol{0}$ 的任何一个解 $\boldsymbol{\xi}$ 都可用 $\boldsymbol{\xi}_1$，$\boldsymbol{\xi}_2$，…，$\boldsymbol{\xi}_s$ 线性表示，即

$$\boldsymbol{\xi}=k_1\boldsymbol{\xi}_1+k_2\boldsymbol{\xi}_2+\cdots+k_s\boldsymbol{\xi}_s,$$

则称 $\boldsymbol{\xi}_1$，$\boldsymbol{\xi}_2$，…，$\boldsymbol{\xi}_s$ 是方程组 $\boldsymbol{Ax}=\boldsymbol{0}$ 的**基础解系**，且当 k_1，k_2，…，k_s 为任意实数时，

$$\boldsymbol{\xi}=k_1\boldsymbol{\xi}_1+k_2\boldsymbol{\xi}_2+\cdots+k_s\boldsymbol{\xi}_s$$

为 $\boldsymbol{Ax}=\boldsymbol{0}$ 的**通解**．

由基础解系的定义，齐次线性方程组的全部解都可以用其基础解系的线性组合表示出来；反之，齐次线性方程组的基础解系的线性组合一定是它的解．因此只要求出齐次线性方程组的基础解系 $\boldsymbol{\xi}_1$，$\boldsymbol{\xi}_2$，…，$\boldsymbol{\xi}_s$，就可以得到它的全部解（或通解）：

$\boldsymbol{\xi}=k_1\boldsymbol{\xi}_1+k_2\boldsymbol{\xi}_2+\cdots+k_s\boldsymbol{\xi}_s$，其中 k_1，k_2，…，k_s 为任意实数．

定理 16 设齐次线性方程组 $\boldsymbol{A}_{m\times n}\boldsymbol{x}=\boldsymbol{0}$ 的系数矩阵 $\boldsymbol{A}$ 的秩小于未知量的个数，即 $R(\boldsymbol{A})=r<n$，则 $\boldsymbol{Ax}=\boldsymbol{0}$ 的基础解系存在且含有 $(n-r)$ 个线性无关的解向量．

证明 对 n 元齐次线性方程组

$$\begin{cases} a_{11}x_1 + a_{12}x_2 + \cdots + a_{1n}x_n = 0 \\ a_{21}x_1 + a_{22}x_2 + \cdots + a_{2n}x_n = 0 \\ \qquad\cdots\cdots \\ a_{m1}x_1 + a_{m2}x_2 + \cdots + a_{mn}x_n = 0 \end{cases} . \tag{3-5}$$

设其系数矩阵 $\boldsymbol{A}$ 的秩为 r，则矩阵 $\boldsymbol{A}$ 中至少存在一个 r 阶子式不为零，而所有 $(r+1)$ 阶子式全为零．不妨设 $\boldsymbol{A}$ 的左上角的 r 阶子式不为零．此时，用初等行变换将 $\boldsymbol{A}$ 化成行阶梯形矩阵，进而化成行最简形矩阵：

$$\boldsymbol{B}=\begin{pmatrix} 1 & \cdots & 0 & b_{11} & \cdots & b_{1,n-r} \\ \vdots & & \vdots & \vdots & & \vdots \\ 0 & \cdots & 1 & b_{r1} & \cdots & b_{r,n-r} \\ 0 & \cdots & 0 & 0 & \cdots & 0 \\ \vdots & & \vdots & \vdots & & \vdots \\ 0 & \cdots & 0 & 0 & \cdots & 0 \end{pmatrix},$$

与 $\boldsymbol{B}$ 对应，有方程组

$$\begin{cases} x_1 = -b_{11}x_{r+1}\cdots - b_{1,n-r}x_n, \\ \qquad\cdots\cdots \\ x_r = -b_{r1}x_{r+1}\cdots - b_{r,n-r}x_n. \end{cases} \tag{3-6}$$

其中，x_{r+1}，x_{r+2}，…，x_n 为 $(n-r)$ 个自由未知量．

由于方程组（3-5）与（3-6）同解，在（3-6）中任给 x_{r+1}，x_{r+2}，…，x_n 一组值，就可唯一确定 x_1，x_2，…，x_r 的值，就得到（3-6）的一组解，也就是（3-5）的解．

现依次取自由未知量 x_{r+1}，x_{r+2}，…，x_n 为下列 $(n-r)$ 组数：

$$\begin{pmatrix} x_{r+1} \\ x_{r+2} \\ \vdots \\ x_n \end{pmatrix} = \begin{pmatrix} 1 \\ 0 \\ \vdots \\ 0 \end{pmatrix}, \begin{pmatrix} 0 \\ 1 \\ \vdots \\ 0 \end{pmatrix}, \cdots, \begin{pmatrix} 0 \\ 0 \\ \vdots \\ 1 \end{pmatrix},$$

代入方程组（3-6），可得 $\begin{pmatrix} x_1 \\ \vdots \\ x_r \end{pmatrix} = \begin{pmatrix} -b_{11} \\ \vdots \\ -b_{r1} \end{pmatrix}, \begin{pmatrix} -b_{12} \\ \vdots \\ -b_{r2} \end{pmatrix}, \cdots, \begin{pmatrix} -b_{1,n-r} \\ \vdots \\ -b_{r,n-r} \end{pmatrix}$，

从而求得（3-6），也就是（3-5）的 $(n-r)$ 个解：

$$\boldsymbol{\xi}_1 = \begin{pmatrix} -b_{1,1} \\ \vdots \\ -b_{r1} \\ 1 \\ 0 \\ \vdots \\ 0 \end{pmatrix}, \boldsymbol{\xi}_2 = \begin{pmatrix} -b_{12} \\ \vdots \\ -b_{r2} \\ 0 \\ 1 \\ \vdots \\ 0 \end{pmatrix}, \cdots, \boldsymbol{\xi}_{n-r} = \begin{pmatrix} -b_{1,n-r} \\ \vdots \\ -b_{r,n-r} \\ 0 \\ 0 \\ \vdots \\ 1 \end{pmatrix}$$

下面证明 $\boldsymbol{\xi}_1$，$\boldsymbol{\xi}_2$，…，$\boldsymbol{\xi}_{n-r}$ 即为方程组（3-5）的基础解系．

首先证明 $\boldsymbol{\xi}_1$，$\boldsymbol{\xi}_2$，…，$\boldsymbol{\xi}_{n-r}$ 线性无关．

因为（$n-r$）维向量组

$$\begin{pmatrix}1\\0\\\vdots\\0\end{pmatrix},\begin{pmatrix}0\\1\\\vdots\\0\end{pmatrix},\begin{pmatrix}0\\0\\\vdots\\1\end{pmatrix}$$

线性无关，所以由第二节定理 9，在每个向量前添加 r 个分量得到的 n 维向量组 $\boldsymbol{\xi}_1$，$\boldsymbol{\xi}_2$，…，$\boldsymbol{\xi}_{n-r}$ 也线性无关．

其次证明齐次线性方程组 $\boldsymbol{Ax}=\boldsymbol{0}$ 的任意解都可由 $\boldsymbol{\xi}_1$，$\boldsymbol{\xi}_2$，…，$\boldsymbol{\xi}_{n-r}$ 线性表示．

设

$$\boldsymbol{x}=\boldsymbol{\xi}=\begin{pmatrix}c_1\\\vdots\\c_r\\c_{r+1}\\\vdots\\c_n\end{pmatrix}$$

是方程组（3-5）的任一解．因为 $\boldsymbol{\xi}_1$，$\boldsymbol{\xi}_2$，…，$\boldsymbol{\xi}_{n-r}$ 都是（3-5）的解，由性质 1 和性质 2 知它们的线性组合

$$\boldsymbol{\xi}'=c_{r+1}\boldsymbol{\xi}_1+c_{r+2}\boldsymbol{\xi}_2+\cdots+c_n\boldsymbol{\xi}_{n-r}=\begin{pmatrix}*\\*\\\vdots\\*\\c_{r+1}\\\vdots\\c_n\end{pmatrix}$$

仍是方程组（3-5）的解．由于 $\boldsymbol{\xi}$ 和 $\boldsymbol{\xi}'$ 的后（$n-r$）个分量对应相等，而 $\boldsymbol{\xi}$ 和 $\boldsymbol{\xi}'$ 又都满足方程组（3-6），从而它们的前 r 个分量也对应相等．因此

$$\boldsymbol{\xi}=\boldsymbol{\xi}'=c_{r+1}\boldsymbol{\xi}_1+c_{r+2}\boldsymbol{\xi}_2+\cdots+c_n\boldsymbol{\xi}_{n-r},$$

也就是方程组（3-5）的任一解 $\boldsymbol{\xi}$ 都可由 $\boldsymbol{\xi}_1$，$\boldsymbol{\xi}_2$，…，$\boldsymbol{\xi}_{n-r}$ 线性表示．

于是 $\boldsymbol{\xi}_1$，$\boldsymbol{\xi}_2$，…，$\boldsymbol{\xi}_{n-r}$ 是方程组（3-5）的基础解系，且它含有（$n-r$）个线性无关的解向量．

上述定理的证明过程实际上提供了一种求齐次线性方程组（3-5）的基础解系的方法．需要指出的是，在方程组（3-5）中，任何 r 个未知量只要它们的系数行列式不为零，其余（$n-r$）个未知量都可选作自由未知量，而且自由未知量的取值

也是任意的，而不是唯一的，因此基础解系不是唯一的．但齐次线性方程组 $\boldsymbol{Ax}=\boldsymbol{0}$ 的任何两个基础解系是等价的，因而，用不同的基础解系，或者不同的自由未知量所表达的齐次线性方程组的解集是相同的．

综上所述，对齐次线性方程组 $\boldsymbol{Ax}=\boldsymbol{0}$ 可总结如下：

（1）当 $R(\boldsymbol{A})=n$ 时，方程组 $\boldsymbol{Ax}=\boldsymbol{0}$ 只有零解，无基础解系；

（2）当 $R(\boldsymbol{A})=r<n$ 时，方程组 $\boldsymbol{Ax}=\boldsymbol{0}$ 有无穷多解，其基础解系由 $(n-r)$ 个解向量 $\boldsymbol{\xi}_1$，$\boldsymbol{\xi}_2$，…，$\boldsymbol{\xi}_{n-r}$ 组成，其通解可表示为

$$\boldsymbol{x}=k_1\boldsymbol{\xi}_1+k_2\boldsymbol{\xi}_2+\cdots+k_{n-r}\boldsymbol{\xi}_{n-r}\text{，其中 } k_1\text{，}k_2\text{，}\cdots\text{，}k_{n-r}\text{ 为任意常数．}$$

例 18 求齐次线性方程组

$$\begin{cases}x_1+2x_2+2x_3+x_4=0\\2x_1+x_2-2x_3-2x_4=0\\x_1-x_2-4x_3-3x_4=0\end{cases}$$

的一个基础解系，并给出通解．

解 对系数矩阵进行初等行变换

$$\boldsymbol{A}=\begin{pmatrix}1&2&2&1\\2&1&-2&-2\\1&-1&-4&-3\end{pmatrix}\overset{r_2-2r_1}{\underset{r_3-r_1}{\sim}}\begin{pmatrix}1&2&2&1\\0&-3&-6&-4\\0&-3&-6&-4\end{pmatrix}$$

$$\overset{r_3-r_2}{\underset{r_2\times(-1/3)}{\sim}}\begin{pmatrix}1&2&2&1\\0&1&2&\frac{4}{3}\\0&0&0&0\end{pmatrix}\overset{r_1-2r_2}{\sim}\begin{pmatrix}1&0&-2&-\frac{5}{3}\\0&1&2&\frac{4}{3}\\0&0&0&0\end{pmatrix}.$$

取 x_3，x_4 为自由未知量，得

$$\begin{cases}x_1=2x_3+\frac{5}{3}x_4\\x_2=-2x_3-\frac{4}{3}x_4\end{cases}. \tag{3-7}$$

令

$$\begin{pmatrix}x_3\\x_4\end{pmatrix}=\begin{pmatrix}1\\0\end{pmatrix},\ \begin{pmatrix}0\\1\end{pmatrix}.$$

于是得到基础解系

$$\boldsymbol{\xi}_1=\begin{pmatrix}2\\-2\\1\\0\end{pmatrix},\ \boldsymbol{\xi}_2=\begin{pmatrix}\frac{5}{3}\\-\frac{4}{3}\\0\\1\end{pmatrix},$$

此方程组的通解为

$$x=k_1\begin{pmatrix}2\\-2\\1\\0\end{pmatrix}+k_2\begin{pmatrix}\frac{5}{3}\\-\frac{4}{3}\\0\\1\end{pmatrix},\ (k_1,\ k_2\in R)$$

上面的方法是先由式（3-7）写出基础解系，再写出通解．

而第二章第六节介绍的解法是先从式（3-7）写出通解，即由式（3-7）得

$$\begin{cases}x_1=2x_3+\frac{5}{3}x_4\\x_2=-2x_3-\frac{4}{3}x_4\\x_3=x_3\\x_4=x_4\end{cases},$$

在上式中令 $x_3=k_1$，$x_4=k_2$，则

$$\begin{cases}x_1=2k_1+\frac{5}{3}k_2\\x_2=-2k_1-\frac{4}{3}k_2\\x_3=k_1\\x_4=k_2\end{cases},$$

从而原方程的通解为

$$x=k_1\begin{pmatrix}2\\-2\\1\\0\end{pmatrix}+k_2\begin{pmatrix}\frac{5}{3}\\-\frac{4}{3}\\0\\1\end{pmatrix},\ (k_1,\ k_2\in R)$$

而由上述通解，可得

$$\xi_1=\begin{pmatrix}2\\-2\\1\\0\end{pmatrix},\ \xi_2=\begin{pmatrix}\frac{5}{3}\\-\frac{4}{3}\\0\\1\end{pmatrix}$$

是原方程组的一个基础解系．

另外，在式（3-7）中若取

$$\begin{pmatrix} x_3 \\ x_4 \end{pmatrix}=\begin{pmatrix} 1 \\ 1 \end{pmatrix},\ \begin{pmatrix} 1 \\ -1 \end{pmatrix}.$$

则得到不同的基础解系

$$\boldsymbol{\xi}'_1=\begin{pmatrix} \frac{11}{3} \\ -\frac{10}{3} \\ 1 \\ 1 \end{pmatrix},\ \boldsymbol{\xi}'_2=\begin{pmatrix} \frac{1}{3} \\ -\frac{2}{3} \\ 1 \\ -1 \end{pmatrix}.$$

从而通解为

$$\boldsymbol{x}=k_1\boldsymbol{\xi}'_1+k_2\boldsymbol{\xi}'_2=k_1\begin{pmatrix} \frac{11}{3} \\ -\frac{10}{3} \\ 1 \\ 1 \end{pmatrix}+k_2\begin{pmatrix} \frac{1}{3} \\ -\frac{2}{3} \\ 1 \\ -1 \end{pmatrix}\ (k_1,\ k_2\in R).$$

上述解法中，由于行最简形的结构，总是选取 x_1 为非自由变量．实际上 x_1 也可以选为自由变量．如果要选 x_1 为自由变量，那么就不能化系数矩阵为行最简形，而需要稍作变化，对系数矩阵 $\boldsymbol{A}$ 做初等变换：

$$\boldsymbol{A}=\begin{pmatrix} 1 & 2 & 2 & 1 \\ 2 & 1 & -2 & -2 \\ 1 & -1 & -4 & -3 \end{pmatrix}\overset{r_2+2r_1}{\underset{r_3+3r_1}{\sim}}\begin{pmatrix} 1 & 2 & 2 & 1 \\ 4 & 5 & 2 & 0 \\ 4 & 5 & 2 & 0 \end{pmatrix}$$

$$\overset{r_3-r_2}{\underset{r_1-r_2}{\sim}}\begin{pmatrix} -3 & -3 & 0 & 1 \\ 4 & 5 & 2 & 0 \\ 0 & 0 & 0 & 0 \end{pmatrix}\overset{r_2\div 2}{\sim}\begin{pmatrix} -3 & -3 & 0 & 1 \\ 2 & \frac{5}{2} & 1 & 0 \\ 0 & 0 & 0 & 0 \end{pmatrix}.$$

上式最后一个矩阵虽然不是行最简形，按照这个矩阵，若取 x_1，x_2 为自由未知量，便可写出通解

$$\begin{cases} x_3=-2x_1-\frac{5}{2}x_2 \\ x_4=3x_1+3x_2 \end{cases}\quad (x_1,\ x_2\ \text{可任意取值}),$$

即

$$\boldsymbol{x}=k_1\begin{pmatrix} 1 \\ 0 \\ -2 \\ 3 \end{pmatrix}+k_2\begin{pmatrix} 0 \\ 1 \\ -\frac{5}{2} \\ 3 \end{pmatrix},\ (k_1,\ k_2\in R)$$

而对应的基础解系为

$$\begin{pmatrix}1\\0\\-2\\3\end{pmatrix},\ \begin{pmatrix}0\\1\\-\frac{5}{2}\\3\end{pmatrix}.$$

例 19 求齐次线性方程组

$$\begin{cases}x_1+x_2+x_3+4x_4-3x_5=0\\2x_1+x_2+3x_3+5x_4-5x_5=0\\x_1-x_2+3x_3-2x_4-x_5=0\\3x_1+x_2+5x_3+6x_4-7x_5=0\end{cases}$$

的一个基础解系，并给出通解 .

解 对系数矩阵进行初等行变换

$$\boldsymbol{A}=\begin{pmatrix}1&1&1&4&-3\\2&1&3&5&-5\\1&-1&3&-2&-1\\3&1&5&6&-7\end{pmatrix}\overset{\substack{r_2-2r_1\\r_3-r_1\\r_4-3r_1}}{\sim}\begin{pmatrix}1&1&1&4&-3\\0&-1&1&-3&1\\0&-2&2&-6&2\\0&-2&2&-6&2\end{pmatrix}$$

$$\overset{\substack{r_3-2r_2\\r_4-2r_2}}{\sim}\begin{pmatrix}1&1&1&4&-3\\0&-1&1&-3&1\\0&0&0&0&0\\0&0&0&0&0\end{pmatrix}\overset{\substack{r_1+r_2\\r_2\times(-1)}}{\sim}\begin{pmatrix}1&0&2&1&-2\\0&1&-1&3&-1\\0&0&0&0&0\\0&0&0&0&0\end{pmatrix}$$

因此

$$R(\boldsymbol{A})=2<5,$$

故自由未知量的个数是 3，基础解系中含解向量的个数也是 3.

取 x_3，x_4，x_5 为自由未知量，原方程组的同解方程组为

$$\begin{cases}x_1=-2x_3-x_4+2x_5\\x_2=x_3-3x_4+x_5\end{cases},$$

令

$$\begin{pmatrix}x_3\\x_4\\x_5\end{pmatrix}=\begin{pmatrix}1\\0\\0\end{pmatrix},\ \begin{pmatrix}0\\1\\0\end{pmatrix},\ \begin{pmatrix}0\\0\\1\end{pmatrix},$$

代入上述方程组，得原方程的一个基础解系为

$$\boldsymbol{\xi}_1=\begin{pmatrix}-2\\1\\1\\0\\0\end{pmatrix},\ \boldsymbol{\xi}_2=\begin{pmatrix}-1\\-3\\0\\1\\0\end{pmatrix},\ \boldsymbol{\xi}_3=\begin{pmatrix}2\\1\\0\\0\\1\end{pmatrix}.$$

故原方程组的通解为

$$\boldsymbol{x}=k_1\boldsymbol{\xi}_1+k_2\boldsymbol{\xi}_2+k_3\boldsymbol{\xi}_3,\ (k_1,\ k_2,\ k_3\in R).$$

第六节 非齐次线性方程组解的结构

由第二章第六节定理5，n元非齐次线性方程组$\boldsymbol{Ax}=\boldsymbol{\beta}$（其中$\boldsymbol{A}$为$m\times n$矩阵，$\boldsymbol{\beta}\neq\boldsymbol{0}$为$m$维列向量）有解的充分必要条件是系数矩阵$\boldsymbol{A}$与增广矩阵$(\boldsymbol{A},\ \boldsymbol{\beta})$的秩相等，且当这两个矩阵的秩都等于未知量的个数时线性方程组$\boldsymbol{Ax}=\boldsymbol{\beta}$有唯一解；当这两个矩阵的秩相等且小于未知量的个数时线性方程组$\boldsymbol{Ax}=\boldsymbol{\beta}$有无穷解.

这一节，将在非齐次线性方程组$\boldsymbol{Ax}=\boldsymbol{\beta}$有解的条件下，讨论其解的结构和求解方法.

一、非齐次线性方程组解的性质

对于非齐次线性方程组$\boldsymbol{Ax}=\boldsymbol{\beta}$，其解具有以下性质：

性质3 若$\boldsymbol{x}=\boldsymbol{\eta}_1$和$\boldsymbol{x}=\boldsymbol{\eta}_2$都是$\boldsymbol{Ax}=\boldsymbol{\beta}$的解，则$\boldsymbol{x}=\boldsymbol{\eta}_1-\boldsymbol{\eta}_2$为对应的齐次线性方程组

$$\boldsymbol{Ax}=\boldsymbol{0}$$

的解.

证明 因为$\boldsymbol{A}(\boldsymbol{\eta}_1-\boldsymbol{\eta}_2)=\boldsymbol{A\eta}_1-\boldsymbol{A\eta}_2=\boldsymbol{\beta}-\boldsymbol{\beta}=\boldsymbol{0}$，所以$\boldsymbol{x}=\boldsymbol{\eta}_1-\boldsymbol{\eta}_2$是$\boldsymbol{Ax}=\boldsymbol{0}$的解.

性质4 设$\boldsymbol{x}=\boldsymbol{\eta}$是$\boldsymbol{Ax}=\boldsymbol{\beta}$的解，$\boldsymbol{x}=\boldsymbol{\xi}$是$\boldsymbol{Ax}=\boldsymbol{0}$的解，则$\boldsymbol{x}=\boldsymbol{\xi}+\boldsymbol{\eta}$是

$$\boldsymbol{Ax}=\boldsymbol{\beta}$$

的解.

证明 因为$\boldsymbol{A}(\boldsymbol{\xi}+\boldsymbol{\eta})=\boldsymbol{A\xi}+\boldsymbol{A\eta}=\boldsymbol{0}+\boldsymbol{\beta}=\boldsymbol{\beta}$，所以$\boldsymbol{x}=\boldsymbol{\xi}+\boldsymbol{\eta}$是$\boldsymbol{Ax}=\boldsymbol{\beta}$的解.

二、非齐次线性方程组解的结构

定理17 若$\boldsymbol{\eta}^*$是非齐次线性方程组$\boldsymbol{Ax}=\boldsymbol{\beta}$的一个解，$\boldsymbol{\xi}_1$，$\boldsymbol{\xi}_2$，…，$\boldsymbol{\xi}_{n-r}$是对应的齐次线性方程组$\boldsymbol{Ax}=\boldsymbol{0}$的基础解系，则$\boldsymbol{Ax}=\boldsymbol{\beta}$的通解为

$$\boldsymbol{x}=k_1\boldsymbol{\xi}_1+k_2\boldsymbol{\xi}_2+\cdots+k_{n-r}\boldsymbol{\xi}_{n-r}+\boldsymbol{\eta}^*,$$

其中，k_1，k_2，…，k_{n-r}为任意常数.

证明 设$\boldsymbol{x}$是$\boldsymbol{Ax}=\boldsymbol{\beta}$的任一解，由于$\boldsymbol{A\eta}^*=\boldsymbol{\beta}$，故$(\boldsymbol{x}-\boldsymbol{\eta}^*)$是$\boldsymbol{Ax}=\boldsymbol{0}$的解. 而$\boldsymbol{\xi}_1$，$\boldsymbol{\xi}_2$，…，$\boldsymbol{\xi}_{n-r}$是$\boldsymbol{Ax}=\boldsymbol{0}$的基础解系，所以

$$\boldsymbol{x}-\boldsymbol{\eta}^*=k_1\boldsymbol{\xi}_1+k_2\boldsymbol{\xi}_2+\cdots+k_{n-r}\boldsymbol{\xi}_{n-r},$$

即

$$\boldsymbol{x}=k_1\boldsymbol{\xi}_1+k_2\boldsymbol{\xi}_2+\cdots+k_{n-r}\boldsymbol{\xi}_{n-r}+\boldsymbol{\eta}^*.$$

其中，k_1，k_2，…，k_{n-r}为任意常数.

定理 17 说明，非齐次线性方程组 $\boldsymbol{A}\boldsymbol{x}=\boldsymbol{\beta}$ 的通解为其对应的齐次线性方程组 $\boldsymbol{A}\boldsymbol{x}=\boldsymbol{0}$ 的通解加上它本身的一个解构成．

例 20 解方程组

$$\begin{cases} x_1+x_2+x_3+x_4+x_5=7 \\ 3x_1+x_2+2x_3+x_4-3x_5=-2 \\ 2x_2+x_3+2x_4+6x_5=23 \\ 8x_1+6x_2+7x_3+6x_4+2x_5=33 \end{cases}.$$

解

$$\boldsymbol{B}=(\boldsymbol{A},\boldsymbol{\beta})=\begin{pmatrix} 1 & 1 & 1 & 1 & 1 & 7 \\ 3 & 1 & 2 & 1 & -3 & -2 \\ 0 & 2 & 1 & 2 & 6 & 23 \\ 8 & 6 & 7 & 6 & 2 & 33 \end{pmatrix} \overset{r_2-3r_1}{\underset{r_4-8r_1}{\sim}} \begin{pmatrix} 1 & 1 & 1 & 1 & 1 & 7 \\ 0 & -2 & -1 & -2 & -6 & -23 \\ 0 & 2 & 1 & 2 & 6 & 23 \\ 0 & -2 & -1 & -2 & -6 & -23 \end{pmatrix}.$$

$$\overset{r_3+r_2}{\underset{r_4-r_2}{\sim}} \begin{pmatrix} 1 & 1 & 1 & 1 & 1 & 7 \\ 0 & -2 & -1 & -2 & -6 & -23 \\ 0 & 0 & 0 & 0 & 0 & 0 \\ 0 & 0 & 0 & 0 & 0 & 0 \end{pmatrix} \overset{r_2\div(-2)}{\sim} \begin{pmatrix} 1 & 1 & 1 & 1 & 1 & 7 \\ 0 & 1 & \frac{1}{2} & 1 & 3 & \frac{23}{2} \\ 0 & 0 & 0 & 0 & 0 & 0 \\ 0 & 0 & 0 & 0 & 0 & 0 \end{pmatrix}$$

$$\overset{r_1-r_2}{\sim} \begin{pmatrix} 1 & 0 & \frac{1}{2} & 0 & -2 & -\frac{9}{2} \\ 0 & 1 & \frac{1}{2} & 1 & 3 & \frac{23}{2} \\ 0 & 0 & 0 & 0 & 0 & 0 \\ 0 & 0 & 0 & 0 & 0 & 0 \end{pmatrix},$$

因此

$$R(\boldsymbol{A},\ \boldsymbol{\beta})=R(\boldsymbol{A})=2<5.$$

故原线性方程组有无穷多解．

取 x_3，x_4，x_5 为自由未知量，原方程组的同解方程组为

$$\begin{cases} x_1=-\frac{1}{2}x_3+2x_5-\frac{9}{2} \\ x_2=-\frac{1}{2}x_3-x_4-3x_5+\frac{23}{2} \end{cases},$$

令 $x_3=x_4=x_5=0$，得 $x_1=-\frac{9}{2}$，$x_2=\frac{23}{2}$，即得非齐次线性方程组的一个特解

$$\boldsymbol{\eta}^{*}=\begin{pmatrix}-\frac{9}{2}\\ \frac{23}{2}\\ 0\\ 0\\ 0\end{pmatrix}.$$

在对应的齐次线性方程组

$$\begin{cases}x_1=-\frac{1}{2}x_3+2x_5\\ x_2=-\frac{1}{2}x_3-x_4-3x_5\end{cases}$$

中依次取 $\begin{pmatrix}x_3\\ x_4\\ x_5\end{pmatrix}=\begin{pmatrix}1\\ 0\\ 0\end{pmatrix},\ \begin{pmatrix}0\\ 1\\ 0\end{pmatrix},\ \begin{pmatrix}0\\ 0\\ 1\end{pmatrix}.$

则对应的齐次线性方程组的基础解系为

$$\boldsymbol{\xi}_1=\begin{pmatrix}-\frac{1}{2}\\ -\frac{1}{2}\\ 1\\ 0\\ 0\end{pmatrix},\ \boldsymbol{\xi}_2=\begin{pmatrix}0\\ -1\\ 0\\ 1\\ 0\end{pmatrix},\ \boldsymbol{\xi}_3=\begin{pmatrix}2\\ -3\\ 0\\ 0\\ 1\end{pmatrix}.$$

故原方程组的通解为

$$\boldsymbol{x}=k_1\begin{pmatrix}-\frac{1}{2}\\ -\frac{1}{2}\\ 1\\ 0\\ 0\end{pmatrix}+k_2\begin{pmatrix}0\\ -1\\ 0\\ 1\\ 0\end{pmatrix}+k_3\begin{pmatrix}2\\ -3\\ 0\\ 0\\ 1\end{pmatrix}+\begin{pmatrix}-\frac{9}{2}\\ \frac{23}{2}\\ 0\\ 0\\ 0\end{pmatrix},\ (k_1,\ k_2,\ k_3\in R).$$

例 21 设矩阵 $\boldsymbol{A}=(\boldsymbol{\alpha}_1,\ \boldsymbol{\alpha}_2,\ \boldsymbol{\alpha}_3,\ \boldsymbol{\alpha}_4)$，其中 $\boldsymbol{\alpha}_2$，$\boldsymbol{\alpha}_3$，$\boldsymbol{\alpha}_4$ 线性无关，$\boldsymbol{\alpha}_1=\boldsymbol{\alpha}_2-\boldsymbol{\alpha}_3+2\boldsymbol{\alpha}_4$，$\boldsymbol{\beta}=\boldsymbol{\alpha}_1+2\boldsymbol{\alpha}_2-3\boldsymbol{\alpha}_3+4\boldsymbol{\alpha}_4$，求方程组 $\boldsymbol{Ax}=\boldsymbol{\beta}$ 的通解．

解 要求方程组 $\boldsymbol{Ax}=\boldsymbol{\beta}$ 的通解，由本节定理 17 知必须求出它的一个特解和对应的齐次线性方程组 $\boldsymbol{Ax}=\boldsymbol{0}$ 的基础解系．

由 $\boldsymbol{\beta}=\boldsymbol{\alpha}_1+2\boldsymbol{\alpha}_2-3\boldsymbol{\alpha}_3+4\boldsymbol{\alpha}_4$，知 $\boldsymbol{\eta}^{*}=\begin{pmatrix}1\\ 2\\ -3\\ 4\end{pmatrix}$是方程组 $\boldsymbol{Ax}=\boldsymbol{\beta}$ 的一个特解．

又因为 $\boldsymbol{\alpha}_2$，$\boldsymbol{\alpha}_3$，$\boldsymbol{\alpha}_4$ 线性无关，$\boldsymbol{\alpha}_1=\boldsymbol{\alpha}_2-\boldsymbol{\alpha}_3+2\boldsymbol{\alpha}_4$，可得 $\boldsymbol{\alpha}_1$，$\boldsymbol{\alpha}_2$，$\boldsymbol{\alpha}_3$，$\boldsymbol{\alpha}_4$ 线性相关，则 $\boldsymbol{\alpha}_2$，$\boldsymbol{\alpha}_3$，$\boldsymbol{\alpha}_4$ 是 $\boldsymbol{A}$ 的最大无关组．
故

$$R(\boldsymbol{A})=3,$$

因此齐次线性方程组 $\boldsymbol{Ax}=\boldsymbol{0}$ 的基础解系中只含 $4-3=1$ 个解向量．

又 $\boldsymbol{\alpha}_1=\boldsymbol{\alpha}_2-\boldsymbol{\alpha}_3+2\boldsymbol{\alpha}_4$，即 $\boldsymbol{\alpha}_1-\boldsymbol{\alpha}_2+\boldsymbol{\alpha}_3-2\boldsymbol{\alpha}_4=\boldsymbol{0}$，因此 $\boldsymbol{\xi}=\begin{pmatrix}1\\-1\\1\\-2\end{pmatrix}\neq\boldsymbol{0}$ 就是齐次线性方程组 $\boldsymbol{Ax}=\boldsymbol{0}$ 的基础解系．

综上，$\boldsymbol{Ax}=\boldsymbol{\beta}$ 的通解为 $\boldsymbol{\eta}=k\begin{pmatrix}1\\-1\\1\\-2\end{pmatrix}+\begin{pmatrix}1\\2\\-3\\4\end{pmatrix}$，$(k\in R)$．

习题三

1. 设 $\boldsymbol{\alpha}_1=(1,-1,1)^{\mathrm{T}}$，$\boldsymbol{\alpha}_2=(-1,1,1)^{\mathrm{T}}$，$\boldsymbol{\alpha}_3=(1,1,-1)^{\mathrm{T}}$，求 $2\boldsymbol{\alpha}_1-3\boldsymbol{\alpha}_2+4\boldsymbol{\alpha}_3$ 及 $\boldsymbol{\alpha}_1+4\boldsymbol{\alpha}_2-7\boldsymbol{\alpha}_3$.
2. 已知向量组

   A：$\boldsymbol{\alpha}_1=(0,1,2,3)^{\mathrm{T}}$，$\boldsymbol{\alpha}_2=(3,0,1,2)^{\mathrm{T}}$，$\boldsymbol{\alpha}_3=(2,3,0,1)^{\mathrm{T}}$；

   B：$\boldsymbol{\beta}_1=(2,1,1,2)^{\mathrm{T}}$，$\boldsymbol{\beta}_2=(0,-2,1,1)^{\mathrm{T}}$，$\boldsymbol{\beta}_3=(4,4,1,3)^{\mathrm{T}}$，

   证明：B 组能由 A 组线性表示，但 A 组不能由 B 组线性表示．
3. 将下列各题中的向量 $\boldsymbol{\beta}$ 表示为其他向量的线性组合．

   (1) $\boldsymbol{\beta}=(3,5,-6)^{\mathrm{T}}$，$\boldsymbol{\alpha}_1=(1,0,1)^{\mathrm{T}}$，$\boldsymbol{\alpha}_2=(1,1,1)^{\mathrm{T}}$，$\boldsymbol{\alpha}_3=(0,-1,-1)^{\mathrm{T}}$；

   (2) $\boldsymbol{\beta}=(1,9,2,6)^{\mathrm{T}}$，$\boldsymbol{\alpha}_1=(-1,2,0,3)^{\mathrm{T}}$，$\boldsymbol{\alpha}_2=(2,3,0,1)^{\mathrm{T}}$，$\boldsymbol{\alpha}_3=(-2,1,2,1)^{\mathrm{T}}$.
4. 判定下列向量组是线性相关还是线性无关:

   (1) $\boldsymbol{\alpha}_1=(-1,3,1)^{\mathrm{T}}$，$\boldsymbol{\alpha}_2=(2,1,0)^{\mathrm{T}}$，$\boldsymbol{\alpha}_3=(1,4,1)^{\mathrm{T}}$；

   (2) $\boldsymbol{\alpha}_1=(3,1,0,2)^{\mathrm{T}}$，$\boldsymbol{\alpha}_2=(-1,1,2,1)^{\mathrm{T}}$，$\boldsymbol{\alpha}_3=(1,3,4,1)^{\mathrm{T}}$.
5. 问 a 取什么值时下列向量组线性相关？

   $\boldsymbol{\alpha}_1=(a,1,1)^{\mathrm{T}}$，$\boldsymbol{\alpha}_2=(1,a,-1)^{\mathrm{T}}$，$\boldsymbol{\alpha}_3=(1,-1,a)^{\mathrm{T}}$.
6. 求下列向量组的秩，并求一个最大无关组:

   (1) $\boldsymbol{\alpha}_1=(1,2,1,3)^{\mathrm{T}}$，$\boldsymbol{\alpha}_2=(4,-1,-5,-6)^{\mathrm{T}}$，

$\boldsymbol{\alpha}_3=(1,-3,-4,-7)^{T}$；

（2）$\boldsymbol{\alpha}_1=(1,0,1,0,1)^{T}$，$\boldsymbol{\alpha}_2=(0,1,0,1,0)^{T}$，

$\boldsymbol{\alpha}_3=(2,1,2,1,2)^{T}$，$\boldsymbol{\alpha}_4=(2,1,0,1,2)^{T}$.

7. 利用初等行变换求下列矩阵的列向量组的秩及一个最大无关组，并把不属于最大无关组的列向量用最大无关组线性表示

（1）$\begin{pmatrix}1&0&2&1\\1&2&0&1\\2&1&3&0\\2&5&-1&4\\1&-1&3&-1\end{pmatrix}$；（2）$\begin{pmatrix}1&1&2&2&1\\0&2&1&5&-1\\2&0&3&-1&3\\1&1&0&4&-1\end{pmatrix}$.

8. 设 $\boldsymbol{\alpha}_1$，$\boldsymbol{\alpha}_2$，…，$\boldsymbol{\alpha}_n$ 是一组 n 维向量，已知 n 维单位坐标向量 $\boldsymbol{e}_1$，$\boldsymbol{e}_2$，…，$\boldsymbol{e}_n$ 能由它们线性表示，证明 $\boldsymbol{\alpha}_1$，$\boldsymbol{\alpha}_2$，…，$\boldsymbol{\alpha}_n$ 线性无关.

9. 设 $\boldsymbol{\alpha}_1$，$\boldsymbol{\alpha}_2$，…，$\boldsymbol{\alpha}_n$ 是一组 n 维向量，证明它们线性无关的充分必要条件是：任一 n 维向量都可由它们线性表示.

10. 求下列齐次线性方程组的基础解系，并求出其通解.

（1）$\begin{cases}x_1-8x_2+10x_3+2x_4=0\\2x_1+4x_2+5x_3-x_4=0\\3x_1+8x_2+6x_3-2x_4=0\end{cases}$；（2）$\begin{cases}2x_1+3x_2-x_3+5x_4=0\\3x_1+x_2+2x_3-7x_4=0\\4x_1+x_2-3x_3+6x_4=0\\x_1-2x_2+4x_3-7x_4=0\end{cases}$；

（3）$\begin{cases}x_1-2x_2+x_3+x_4-x_5=0\\2x_1+x_2-x_3-x_4+x_5=0\\x_1+7x_2-5x_3-5x_4+5x_5=0\\3x_1-x_2-2x_3+x_4-x_5=0\end{cases}$.

11. 求下列非齐次方程组的全部解，并用其对应的齐次线性方程组的基础解系表示.

（1）$\begin{cases}x_1-5x_2+2x_3-3x_4=11\\5x_1+3x_2+6x_3-x_4=-1\\2x_1+4x_2+2x_3+x_4=-6\end{cases}$；（2）$\begin{cases}x_1+5x_2-x_3-x_4=-1\\x_1-2x_2+x_3+3x_4=3\\3x_1+8x_2-x_3+x_4=1\\x_1-9x_2+3x_3+7x_4=7\end{cases}$；

（3）$\begin{cases}x_1+x_2+x_3+x_4+x_5=7\\3x_1+2x_2+x_3+x_4-3x_5=-2\\x_2+2x_3+2x_4+6x_5=23\\5x_1+4x_2-3x_3+3x_4-x_5=12\end{cases}$.

12. 设四元非齐次线性方程组的系数矩阵的秩为 3，已知 $\boldsymbol{\eta}_1$，$\boldsymbol{\eta}_2$，…，$\boldsymbol{\eta}_3$ 是它的三个解向量，且

$$\boldsymbol{\eta}_1=(2,\ 3,\ 4,\ 5)^{\mathrm{T}},\ \boldsymbol{\eta}_2+\boldsymbol{\eta}_3=(1,\ 2,\ 3,\ 4)^{\mathrm{T}},$$

求该方程组的通解．

13. 设有向量组 A：$\boldsymbol{\alpha}_1=(a,\ 2,\ 10)^{\mathrm{T}}$，$\boldsymbol{\alpha}_2=(-2,\ 1,\ 5)^{\mathrm{T}}$，$\boldsymbol{\alpha}_3=(-1,\ 1,\ 4)^{\mathrm{T}}$ 及 $\boldsymbol{\beta}=(1,\ b,\ -1)^{\mathrm{T}}$，问 a，b 为何值时

(1) 向量 $\boldsymbol{\beta}$ 不能由向量组 A 线性表示；

(2) 向量 $\boldsymbol{\beta}$ 能由向量组 A 线性表示，且表示式唯一；

(3) 向量 $\boldsymbol{\beta}$ 能由向量组线 A 性表示，且表示式不唯一，并求一般表示式．

14. a，b 取何值时，非齐次线性方程组

$$\begin{cases}ax_1+x_2+x_3=4\\x_1+bx_2+x_3=3\\x_1+2bx_2+x_3=4\end{cases},$$

(1) 有唯一解；(2) 无解；(3) 有无穷多个解？

15. 非齐次线性方程组

$$\begin{cases}-2x_1+x_2+x_3=-2\\x_1-2x_2+x_3=\lambda\\x_1+x_2-2x_3=\lambda^2\end{cases},$$

当 λ 取何值时有解？并求出它的解．

16. 设 $\begin{cases}(2-\lambda)x_1+2x_2-2x_3=1\\2x_1+(5-\lambda)x_2-4x_3=2\\-2x_1-4x_2+(5-\lambda)x_3=-\lambda-1\end{cases}$，

问 λ 为何值时，此方程组有唯一解、无解或有无穷多解？并在有无穷多解时求解．

第四章

相似矩阵与二次型

本章学习目标

本章首先讨论方阵之间的一种重要关系——相似关系．由于相似的两个矩阵之间有很多共同的性质，而对角矩阵是最简单的一类矩阵，因此，可以通过与方阵相似的对角矩阵的性质来研究方阵本身的性质．围绕此问题展开，介绍了正交矩阵、方阵的特征值与特征向量、相似矩阵等概念．其次介绍了二次型的相关知识．另外，以矩阵的对角化理论为基础，讨论如何将二次型化为只含平方项的形式．最后还将讨论正定二次型的判定与性质．通过本章的学习，重点掌握以下内容：

- 向量的内积、向量组的正交化和正交矩阵
- 方阵特征值和特征向量的概念、性质及求解
- 方阵可相似对角化的充要条件；利用正交矩阵将对称矩阵化为对角矩阵的方法
- 利用正交变换把二次型化为标准形的方法
- 二次型的正定性及判别方法

第一节　正交矩阵

在空间解析几何中，向量$\boldsymbol{\alpha}=(x_1, x_2, x_3)$和$\boldsymbol{\beta}=(y_1, y_2, y_3)$的长度、夹角等度量性质可以通过两个向量的数量积

$$\boldsymbol{\alpha}\cdot\boldsymbol{\beta}=|\boldsymbol{\alpha}|\,|\boldsymbol{\beta}|\cos(\boldsymbol{\alpha}, \boldsymbol{\beta})$$

来表示，且在直角坐标系中，有

$$\boldsymbol{\alpha}\cdot\boldsymbol{\beta}=x_1y_1+x_2y_2+x_3y_3,$$

$$\|\boldsymbol{\alpha}\|=\sqrt{\boldsymbol{\alpha}\cdot\boldsymbol{\alpha}}=\sqrt{x_1^2+x_2^2+x_3^2}.$$

若向量$\boldsymbol{\alpha}$和$\boldsymbol{\beta}$垂直（通常称为正交），则有$\boldsymbol{\alpha}\cdot\boldsymbol{\beta}=0$.

将数量积的概念推广到n维向量空间，就是所谓的“内积”概念．在此基础上，向量的长度、正交概念也可以一并推广．

一、向量的内积

定义 1 设 n 维向量

$$\boldsymbol{\alpha}=\begin{pmatrix}x_1\\x_2\\\vdots\\x_n\end{pmatrix},\ \boldsymbol{\beta}=\begin{pmatrix}y_1\\y_2\\\vdots\\y_n\end{pmatrix},$$

令

$$[\boldsymbol{\alpha},\ \boldsymbol{\beta}]=x_1y_1+x_2y_2+\cdots+x_ny_n,$$

则称$[\boldsymbol{\alpha},\ \boldsymbol{\beta}]$为向量 $\boldsymbol{\alpha}$ 与 $\boldsymbol{\beta}$ 的**内积**.

内积是两个向量之间的一种运算，其结果是一个实数．当 $\boldsymbol{\alpha}$ 与 $\boldsymbol{\beta}$ 都是列向量时，有$[\boldsymbol{\alpha},\ \boldsymbol{\beta}]=\boldsymbol{\alpha}^{\mathrm{T}}\boldsymbol{\beta}$；当 $\boldsymbol{\alpha}$ 与 $\boldsymbol{\beta}$ 都是行向量时，有$[\boldsymbol{\alpha},\ \boldsymbol{\beta}]=\boldsymbol{\alpha}\boldsymbol{\beta}^{\mathrm{T}}$.

内积满足下列运算规律(设 $\boldsymbol{\alpha}$，$\boldsymbol{\beta}$，$\boldsymbol{\gamma}$ 为 n 维向量，k 为实数)：

(1) $[\boldsymbol{\alpha},\ \boldsymbol{\beta}]=[\boldsymbol{\beta},\ \boldsymbol{\alpha}]$；

(2) $[k\boldsymbol{\alpha},\ \boldsymbol{\beta}]=k[\boldsymbol{\alpha},\ \boldsymbol{\beta}]$；

(3) $[\boldsymbol{\alpha}+\boldsymbol{\beta},\ \boldsymbol{\gamma}]=[\boldsymbol{\alpha},\ \boldsymbol{\gamma}]+[\boldsymbol{\beta},\ \boldsymbol{\gamma}]$；

(4) 当 $\boldsymbol{\alpha}=\mathbf{0}$ 时，$[\boldsymbol{\alpha},\ \boldsymbol{\alpha}]=0$；当 $\boldsymbol{\alpha}\neq\mathbf{0}$ 时，$[\boldsymbol{\alpha},\ \boldsymbol{\alpha}]>0$.

这些运算规律可根据内积定义直接证明，请读者给出相关证明．利用这些性质，还可以证明向量 $\boldsymbol{\alpha}$ 与 $\boldsymbol{\beta}$ 的内积满足如下的施瓦兹不等式（证明从略）

$$[\boldsymbol{\alpha},\ \boldsymbol{\beta}]^2\leqslant[\boldsymbol{\alpha},\ \boldsymbol{\alpha}][\boldsymbol{\beta},\ \boldsymbol{\beta}].$$

二、n 维向量的长度和夹角

定义 2 令

$$\|\boldsymbol{\alpha}\|=\sqrt{[\boldsymbol{\alpha},\ \boldsymbol{\alpha}]}=\sqrt{x_1^2+x_2^2+\cdots+x_n^2},$$

称$\|\boldsymbol{\alpha}\|$为 n 维向量 $\boldsymbol{\alpha}$ 的长度（或范数）.

特别地，当$\|\boldsymbol{\alpha}\|=1$ 时，称 $\boldsymbol{\alpha}$ 为**单位向量**.

向量的长度具有下述性质：

(1) 非负性：当 $\boldsymbol{\alpha}\neq\mathbf{0}$ 时，$\|\boldsymbol{\alpha}\|>0$；当 $\boldsymbol{\alpha}=\mathbf{0}$ 时，$\|\boldsymbol{\alpha}\|=0$；

(2) 齐次性：$\|k\boldsymbol{\alpha}\|=|k|\ \|\boldsymbol{\alpha}\|$；

(3) 三角不等式：$\|\boldsymbol{\alpha}+\boldsymbol{\beta}\|\leqslant\|\boldsymbol{\alpha}\|+\|\boldsymbol{\beta}\|$.

证明 (1) 和 (2) 是显然的，下面仅给出 (3) 的证明.

$$\|\boldsymbol{\alpha}+\boldsymbol{\beta}\|^2=[\boldsymbol{\alpha}+\boldsymbol{\beta},\ \boldsymbol{\alpha}+\boldsymbol{\beta}]=[\boldsymbol{\alpha},\ \boldsymbol{\alpha}]+2[\boldsymbol{\alpha},\ \boldsymbol{\beta}]+[\boldsymbol{\beta},\ \boldsymbol{\beta}],$$

由施瓦兹不等式，有

$$[\boldsymbol{\alpha},\ \boldsymbol{\beta}]\leqslant\sqrt{[\boldsymbol{\alpha},\ \boldsymbol{\alpha}][\boldsymbol{\beta},\ \boldsymbol{\beta}]},$$

从而

$$\|\boldsymbol{\alpha}+\boldsymbol{\beta}\|^2 \leqslant [\boldsymbol{\alpha}, \boldsymbol{\alpha}]+2\sqrt{[\boldsymbol{\alpha}, \boldsymbol{\alpha}][\boldsymbol{\beta}, \boldsymbol{\beta}]}+[\boldsymbol{\beta}, \boldsymbol{\beta}]$$
$$=\|\boldsymbol{\alpha}\|^2+2\|\boldsymbol{\alpha}\| \ \|\boldsymbol{\beta}\|+\|\boldsymbol{\beta}\|^2=(\|\boldsymbol{\alpha}\|+\|\boldsymbol{\beta}\|)^2,$$

即

$$\|\boldsymbol{\alpha}+\boldsymbol{\beta}\| \leqslant \|\boldsymbol{\alpha}\|+\|\boldsymbol{\beta}\|.$$

由施瓦兹不等式，有

$$[\boldsymbol{\alpha}, \boldsymbol{\beta}] \leqslant \|\boldsymbol{\alpha}\| \ \|\boldsymbol{\beta}\|,$$

这样，可以得到 n 维向量 $\boldsymbol{\alpha}$ 与 $\boldsymbol{\beta}$ 夹角的定义.

定义 3 当 $\boldsymbol{\alpha} \neq \mathbf{0}$，$\boldsymbol{\beta} \neq \mathbf{0}$ 时，

称

$$\theta=\arccos \frac{[\boldsymbol{\alpha}, \boldsymbol{\beta}]}{\|\boldsymbol{\alpha}\| \ \|\boldsymbol{\beta}\|}$$

为 n 维向量 $\boldsymbol{\alpha}$ 与 $\boldsymbol{\beta}$ 的夹角.

当$[\boldsymbol{\alpha}, \boldsymbol{\beta}]=0$ 时，称向量 $\boldsymbol{\alpha}$ 与 $\boldsymbol{\beta}$ **正交**. 显然，若 $\boldsymbol{\alpha}=\mathbf{0}$，则 $\boldsymbol{\alpha}$ 与任何向量都正交.

三、向量组的正交性

定义 4 若 n 维向量组 $\boldsymbol{\alpha}_1$，$\boldsymbol{\alpha}_2$，…，$\boldsymbol{\alpha}_m$ 中任意两个向量都正交，且每个 $\boldsymbol{\alpha}_i(i=1, 2, \cdots, m)$都是非零向量，则称该向量组为**正交向量组**.

例 1 证明 n 维单位坐标向量构成的向量组

$$E: \boldsymbol{e}_1, \boldsymbol{e}_2, \cdots, \boldsymbol{e}_n$$

是正交向量组.

证明 因为 $\boldsymbol{e}_1$，$\boldsymbol{e}_2$，…，$\boldsymbol{e}_n$ 均为非零向量，且取其任意两个向量 $\boldsymbol{e}_i$ 与 $\boldsymbol{e}_j$，显然有

$$[\boldsymbol{e}_i, \boldsymbol{e}_j]=0,$$

即 $\boldsymbol{e}_i$ 与 $\boldsymbol{e}_j$ 正交，所以 $\boldsymbol{e}_1$，$\boldsymbol{e}_2$，…，$\boldsymbol{e}_n$ 是正交向量组.

定理 1 若 n 维向量组 $\boldsymbol{\alpha}_1$，$\boldsymbol{\alpha}_2$，…，$\boldsymbol{\alpha}_m$ 是一个正交向量组，则向量组 $\boldsymbol{\alpha}_1$，$\boldsymbol{\alpha}_2$，…，$\boldsymbol{\alpha}_m$ 线性无关.

证明 设有数 k_1，k_2，…，k_m，使

$$k_1\boldsymbol{\alpha}_1+k_2\boldsymbol{\alpha}_2+\cdots+k_m\boldsymbol{\alpha}_m=\mathbf{0},$$

上式两端左乘 $\boldsymbol{\alpha}_1^{\mathrm{T}}$，因当 $i \geqslant 2$ 时，$\boldsymbol{\alpha}_1^{\mathrm{T}}\boldsymbol{\alpha}_i=[\boldsymbol{\alpha}_1, \boldsymbol{\alpha}_i]=0$，故得

$$k_1\boldsymbol{\alpha}_1^{\mathrm{T}}\boldsymbol{\alpha}_1=0,$$

因 $\boldsymbol{\alpha}_1 \neq \mathbf{0}$，故 $\boldsymbol{\alpha}_1^{\mathrm{T}}\boldsymbol{\alpha}_1=\|\boldsymbol{\alpha}_1\|^2 \neq 0$，从而必有 $k_1=0$. 类似可证 $k_2=k_3=\cdots=k_m=0$，于是向量组 $\boldsymbol{\alpha}_1$，$\boldsymbol{\alpha}_2$，…，$\boldsymbol{\alpha}_m$ 线性无关.

注意： 此定理反之不真.

例 2 已知三维向量空间 R^3 中两个正交向量

$$\boldsymbol{\alpha}_1=\begin{pmatrix}1\\1\\1\end{pmatrix}, \boldsymbol{\alpha}_2=\begin{pmatrix}1\\-1\\0\end{pmatrix},$$

试求一个非零向量 $\boldsymbol{\alpha}_3$，使 $\boldsymbol{\alpha}_1$，$\boldsymbol{\alpha}_2$，$\boldsymbol{\alpha}_3$ 两两正交．

解 设 $\boldsymbol{\alpha}_3=\begin{pmatrix}x_1\\x_2\\x_3\end{pmatrix}$，由题意知$[\boldsymbol{\alpha}_1,\boldsymbol{\alpha}_3]=0$，$[\boldsymbol{\alpha}_2,\boldsymbol{\alpha}_3]=0$，即

$$\begin{cases}x_1+x_2+x_3=0\\x_1-x_2=0\end{cases},$$

得

$$\begin{cases}x_1=-\dfrac{x_3}{2}\\x_2=-\dfrac{x_3}{2}\end{cases}.$$

令 $x_3=2$，得基础解系$\begin{pmatrix}-1\\-1\\2\end{pmatrix}$，取 $\boldsymbol{\alpha}_3=\begin{pmatrix}-1\\-1\\2\end{pmatrix}$即合所求．

定义 5 设 $V(V\subset R^n)$ 是 n 维向量空间

(1) 若 n 维向量 $\boldsymbol{\alpha}_1$，$\boldsymbol{\alpha}_2$，…，$\boldsymbol{\alpha}_m$ 是向量空间 V 的一个基，且是两两正交的向量组，则称 $\boldsymbol{\alpha}_1$，$\boldsymbol{\alpha}_2$，…，$\boldsymbol{\alpha}_m$ 是 V 的一个**正交基**．

(2) 若 $\boldsymbol{e}_1$，$\boldsymbol{e}_2$，…，$\boldsymbol{e}_m$ 是向量空间 V 的一个正交基，且都是单位向量，则称 $\boldsymbol{e}_1$，$\boldsymbol{e}_2$，…，$\boldsymbol{e}_m$ 是 V 的一个**规范正交基**．

例如

$$\boldsymbol{e}_1=\begin{pmatrix}1\\0\\0\\0\end{pmatrix},\ \boldsymbol{e}_2=\begin{pmatrix}0\\1\\0\\0\end{pmatrix},\ \boldsymbol{e}_3=\begin{pmatrix}0\\0\\1\\0\end{pmatrix},\ \boldsymbol{e}_4=\begin{pmatrix}0\\0\\0\\1\end{pmatrix}$$

就是 R^4 的一个规范正交基．

若 $\boldsymbol{e}_1$，$\boldsymbol{e}_2$，…，$\boldsymbol{e}_m$ 是向量空间 $V(V\subset R^n)$ 的一个基，那么 V 中任一向量 $\boldsymbol{\alpha}$ 应能由 $\boldsymbol{e}_1$，$\boldsymbol{e}_2$，…，$\boldsymbol{e}_m$ 线性表示，设表示式为

$$\boldsymbol{\alpha}=k_1\boldsymbol{e}_1+k_2\boldsymbol{e}_2+\cdots+k_m\boldsymbol{e}_m.$$

为求上述表示式中的系数 $k_i(i=1,2,\cdots,m)$，可用 $\boldsymbol{e}_i^{\mathrm{T}}$ 左乘上式，有

$$\boldsymbol{e}_i^{\mathrm{T}}\boldsymbol{\alpha}=k_i\boldsymbol{e}_i^{\mathrm{T}}\boldsymbol{e}_i=k_i,$$

即

$$k_i=\boldsymbol{e}_i^{\mathrm{T}}\boldsymbol{\alpha}=[\boldsymbol{e}_i,\boldsymbol{\alpha}].$$

这就是向量在规范正交基中的坐标的计算公式．利用这个公式能方便地求出向量的坐标，因此，我们在给向量空间取基时常常取规范正交基．

设 $\boldsymbol{\alpha}_1$，$\boldsymbol{\alpha}_2$，…，$\boldsymbol{\alpha}_m$ 是向量空间 V 的一个基，要求 V 的一个规范正交基，也就是要找一组两两正交的单位向量 $\boldsymbol{e}_1$，$\boldsymbol{e}_2$，…，$\boldsymbol{e}_m$，使得 $\boldsymbol{e}_1$，$\boldsymbol{e}_2$，…，$\boldsymbol{e}_m$ 与 $\boldsymbol{\alpha}_1$，

$\boldsymbol{\alpha}_2$，…，$\boldsymbol{\alpha}_m$ 等价，称这样一个过程为把基 $\boldsymbol{\alpha}_1$，$\boldsymbol{\alpha}_2$，…，$\boldsymbol{\alpha}_m$ 规范正交化．

下面介绍一种把基 $\boldsymbol{\alpha}_1$，$\boldsymbol{\alpha}_2$，…，$\boldsymbol{\alpha}_m$ 规范正交化的方法，这种方法称为施密特（Schmidt）正交化方法，此方法可按照如下两个步骤进行：

（1）正交化：

取$\boldsymbol{\beta}_1=\boldsymbol{\alpha}_1$；

$$\boldsymbol{\beta}_2=\boldsymbol{\alpha}_2-\frac{[\boldsymbol{\beta}_1,\ \boldsymbol{\alpha}_2]}{[\boldsymbol{\beta}_1,\ \boldsymbol{\beta}_1]}\boldsymbol{\beta}_1;$$

…………

$$\boldsymbol{\beta}_m=\boldsymbol{\alpha}_m-\frac{[\boldsymbol{\beta}_1,\ \boldsymbol{\alpha}_m]}{[\boldsymbol{\beta}_1,\ \boldsymbol{\beta}_1]}\boldsymbol{\beta}_1-\frac{[\boldsymbol{\beta}_2,\ \boldsymbol{\alpha}_m]}{[\boldsymbol{\beta}_2,\ \boldsymbol{\beta}_2]}\boldsymbol{\beta}_2-\cdots-\frac{[\boldsymbol{\beta}_{m-1},\ \boldsymbol{\alpha}_m]}{[\boldsymbol{\beta}_{m-1},\ \boldsymbol{\beta}_{m-1}]}\boldsymbol{\beta}_{m-1}.$$

容易验证 $\boldsymbol{\beta}_1$，$\boldsymbol{\beta}_2$，…，$\boldsymbol{\beta}_m$ 两两正交，且 $\boldsymbol{\beta}_1$，$\boldsymbol{\beta}_2$，…，$\boldsymbol{\beta}_m$ 与 $\boldsymbol{\alpha}_1$，$\boldsymbol{\alpha}_2$，…，$\boldsymbol{\alpha}_m$ 等价．

由施密特正交化过程可知，不仅 $\boldsymbol{\beta}_1$，$\boldsymbol{\beta}_2$，…，$\boldsymbol{\beta}_m$ 与 $\boldsymbol{\alpha}_1$，$\boldsymbol{\alpha}_2$，…，$\boldsymbol{\alpha}_m$ 等价，而且还满足：对任何 k（$1\leqslant k\leqslant m$）向量组 $\boldsymbol{\beta}_1$，$\boldsymbol{\beta}_2$，…，$\boldsymbol{\beta}_k$ 与 $\boldsymbol{\alpha}_1$，$\boldsymbol{\alpha}_2$，…，$\boldsymbol{\alpha}_k$ 等价．

（2）单位化：

取

$$\boldsymbol{e}_1=\frac{\boldsymbol{\beta}_1}{\|\boldsymbol{\beta}_1\|},\ \boldsymbol{e}_2=\frac{\boldsymbol{\beta}_2}{\|\boldsymbol{\beta}_2\|},\ \cdots,\ \boldsymbol{e}_m=\frac{\boldsymbol{\beta}_m}{\|\boldsymbol{\beta}_m\|}.$$

则 $\boldsymbol{e}_1$，$\boldsymbol{e}_2$，…，$\boldsymbol{e}_m$ 是 V 的一个规范正交基．

例 3 设 $\boldsymbol{\alpha}_1=\begin{pmatrix}1\\-1\\0\end{pmatrix}$，$\boldsymbol{\alpha}_2=\begin{pmatrix}-1\\1\\1\end{pmatrix}$，$\boldsymbol{\alpha}_3=\begin{pmatrix}1\\1\\1\end{pmatrix}$，试用施密特正交化方法，将这组向量规范正交化．

解 取

$$\boldsymbol{\beta}_1=\boldsymbol{\alpha}_1=\begin{pmatrix}1\\-1\\0\end{pmatrix},$$

$$\boldsymbol{\beta}_2=\boldsymbol{\alpha}_2-\frac{[\boldsymbol{\beta}_1,\ \boldsymbol{\alpha}_2]}{[\boldsymbol{\beta}_1,\ \boldsymbol{\beta}_1]}\boldsymbol{\beta}_1=\begin{pmatrix}-1\\1\\1\end{pmatrix}+\begin{pmatrix}1\\-1\\0\end{pmatrix}=\begin{pmatrix}0\\0\\1\end{pmatrix},$$

$$\boldsymbol{\beta}_3=\boldsymbol{\alpha}_3-\frac{[\boldsymbol{\beta}_1,\ \boldsymbol{\alpha}_3]}{[\boldsymbol{\beta}_1,\ \boldsymbol{\beta}_1]}\boldsymbol{\beta}_1-\frac{[\boldsymbol{\beta}_2,\ \boldsymbol{\alpha}_3]}{[\boldsymbol{\beta}_2,\ \boldsymbol{\beta}_2]}\boldsymbol{\beta}_2=\begin{pmatrix}1\\1\\1\end{pmatrix}-\begin{pmatrix}0\\0\\1\end{pmatrix}=\begin{pmatrix}1\\1\\0\end{pmatrix}.$$

再把它们单位化，得

$$\boldsymbol{e}_1=\frac{\boldsymbol{\beta}_1}{\|\boldsymbol{\beta}_1\|}=\frac{1}{\sqrt{2}}\begin{pmatrix}1\\-1\\0\end{pmatrix},\ \boldsymbol{e}_2=\frac{\boldsymbol{\beta}_2}{\|\boldsymbol{\beta}_2\|}=\begin{pmatrix}0\\0\\1\end{pmatrix},\ \boldsymbol{e}_3=\frac{\boldsymbol{\beta}_3}{\|\boldsymbol{\beta}_3\|}=\frac{1}{\sqrt{2}}\begin{pmatrix}1\\1\\0\end{pmatrix}.$$

则 $\boldsymbol{e}_1$，$\boldsymbol{e}_2$，$\boldsymbol{e}_3$ 为所求的规范正交向量组．

四、正交矩阵与正交变换

定义 6 若 n 阶矩阵 $\boldsymbol{A}$ 满足

$$\boldsymbol{A}^{\mathrm{T}}\boldsymbol{A}=\boldsymbol{E},$$

则称矩阵 $\boldsymbol{A}$ 为**正交矩阵**．

例如，矩阵

$$\boldsymbol{A}=\begin{pmatrix}1 & 0\\0 & -1\end{pmatrix},\ \boldsymbol{B}=\begin{pmatrix}\cos\alpha & -\sin\alpha\\\sin\alpha & \cos\alpha\end{pmatrix}$$

都是正交矩阵．

根据定义 6，可以直接证明正交矩阵具有以下几个重要性质：

(1) $\boldsymbol{A}^{-1}=\boldsymbol{A}^{\mathrm{T}}$，即 $\boldsymbol{A}^{\mathrm{T}}\boldsymbol{A}=\boldsymbol{A}\boldsymbol{A}^{\mathrm{T}}=\boldsymbol{E}$；

(2) 若 $\boldsymbol{A}$ 是正交矩阵，则 $\boldsymbol{A}^{\mathrm{T}}$（或 $\boldsymbol{A}^{-1}$）也是正交矩阵；

(3) 两个正交矩阵之积仍是正交矩阵；

(4) 正交矩阵的行列式等于 1 或者 -1.

定理 2 n 阶方阵 $\boldsymbol{A}$ 是正交矩阵的充分必要条件是它的行（列）向量组为正交单位向量组．

证明 设 $\boldsymbol{A}$ 是一个 n 阶方阵，它的列向量组为 $\boldsymbol{\alpha}_1$，$\boldsymbol{\alpha}_2$，…，$\boldsymbol{\alpha}_n$，则 $\boldsymbol{A}$ 可以表示为

$$\boldsymbol{A}=(\boldsymbol{\alpha}_1,\ \boldsymbol{\alpha}_2,\ \cdots,\ \boldsymbol{\alpha}_n),$$

而

$$\boldsymbol{A}^{\mathrm{T}}=\begin{pmatrix}\boldsymbol{\alpha}_1^{\mathrm{T}}\\\boldsymbol{\alpha}_2^{\mathrm{T}}\\\vdots\\\boldsymbol{\alpha}_n^{\mathrm{T}}\end{pmatrix},$$

于是

$$\boldsymbol{A}^{\mathrm{T}}\boldsymbol{A}=\begin{pmatrix}\boldsymbol{\alpha}_1^{\mathrm{T}}\\\boldsymbol{\alpha}_2^{\mathrm{T}}\\\vdots\\\boldsymbol{\alpha}_n^{\mathrm{T}}\end{pmatrix}(\boldsymbol{\alpha}_1,\ \boldsymbol{\alpha}_2,\ \cdots,\ \boldsymbol{\alpha}_n)=\begin{pmatrix}\boldsymbol{\alpha}_1^{\mathrm{T}}\boldsymbol{\alpha}_1 & \boldsymbol{\alpha}_1^{\mathrm{T}}\boldsymbol{\alpha}_2 & \cdots & \boldsymbol{\alpha}_1^{\mathrm{T}}\boldsymbol{\alpha}_n\\\boldsymbol{\alpha}_2^{\mathrm{T}}\boldsymbol{\alpha}_1 & \boldsymbol{\alpha}_2^{\mathrm{T}}\boldsymbol{\alpha}_2 & \cdots & \boldsymbol{\alpha}_2^{\mathrm{T}}\boldsymbol{\alpha}_n\\\vdots & \vdots & & \vdots\\\boldsymbol{\alpha}_n^{\mathrm{T}}\boldsymbol{\alpha}_1 & \boldsymbol{\alpha}_n^{\mathrm{T}}\boldsymbol{\alpha}_2 & \cdots & \boldsymbol{\alpha}_n^{\mathrm{T}}\boldsymbol{\alpha}_n\end{pmatrix}$$

$$=\begin{pmatrix}[\boldsymbol{\alpha}_1,\ \boldsymbol{\alpha}_1] & [\boldsymbol{\alpha}_1,\ \boldsymbol{\alpha}_2] & \cdots & [\boldsymbol{\alpha}_1,\ \boldsymbol{\alpha}_n]\\ [\boldsymbol{\alpha}_2,\ \boldsymbol{\alpha}_1] & [\boldsymbol{\alpha}_2,\ \boldsymbol{\alpha}_2] & \cdots & [\boldsymbol{\alpha}_2,\ \boldsymbol{\alpha}_n]\\\vdots & \vdots & & \vdots\\ [\boldsymbol{\alpha}_n,\ \boldsymbol{\alpha}_1] & [\boldsymbol{\alpha}_n,\ \boldsymbol{\alpha}_2] & \cdots & [\boldsymbol{\alpha}_n,\ \boldsymbol{\alpha}_n]\end{pmatrix}.$$

因此，$\boldsymbol{A}^{\mathrm{T}}\boldsymbol{A}=\boldsymbol{E}$ 的充分必要条件是

$$[\boldsymbol{\alpha}_i, \boldsymbol{\alpha}_j]=\begin{cases}1 & i=j;\\ 0 & i\neq j.\end{cases}$$

即 $\boldsymbol{A}$ 的列向量组是正交单位向量组．

这个定理给出了如何构造正交矩阵的方法：只要找出 n 个正交的单位向量，也就是说，找到 R^n 的一组规范正交基，则以它们为列（行）的矩阵一定是正交矩阵．

这个定理还指出正交矩阵 $\boldsymbol{A}$ 的 n 个列（行）向量构成向量空间 R^n 的一个规范正交基．

定义 7 若 $\boldsymbol{A}$ 为正交矩阵，则称线性变换 $\boldsymbol{y}=\boldsymbol{Ax}$ 为**正交变换**．

若 $\boldsymbol{y}=\boldsymbol{Ax}$ 为正交变换，则有

$$\|\boldsymbol{y}\|=\sqrt{\boldsymbol{y}^{\mathrm{T}}\boldsymbol{y}}=\sqrt{(\boldsymbol{Ax})^{\mathrm{T}}(\boldsymbol{Ax})}=\sqrt{\boldsymbol{x}^{\mathrm{T}}\boldsymbol{A}^{\mathrm{T}}\boldsymbol{Ax}}=\sqrt{\boldsymbol{x}^{\mathrm{T}}\boldsymbol{Ex}}=\sqrt{\boldsymbol{x}^{\mathrm{T}}\boldsymbol{x}}=\|\boldsymbol{x}\|.$$

由于 $\|\boldsymbol{x}\|$ 表示向量的长度，相当于线段的长度．$\|\boldsymbol{y}\|=\|\boldsymbol{x}\|$ 说明经正交变换，线段长度保持不变（从而三角形形状保持不变），这正是正交变换的优良特性．

第二节 矩阵的特征值与特征向量

一、特征值与特征向量

定义 8 设 $\boldsymbol{A}$ 是 n 阶方阵，若存在数 λ 和 n 维非零列向量 $\boldsymbol{x}$，使得

$$\boldsymbol{Ax}=\lambda\boldsymbol{x}. \tag{4-1}$$

则称数 λ 为矩阵 $\boldsymbol{A}$ 的**特征值**，称非零列向量 $\boldsymbol{x}$ 为矩阵 $\boldsymbol{A}$ 的属于特征值 λ 的**特征向量**.

式（4-1）也可写成

$$(\boldsymbol{A}-\lambda\boldsymbol{E})\boldsymbol{x}=\boldsymbol{0}. \tag{4-2}$$

这是一个含有 n 个未知数、n 个方程的齐次线性方程组，它有非零解的充分必要条件是系数行列式 $|\boldsymbol{A}-\lambda\boldsymbol{E}|=0$，即

$$\begin{vmatrix} a_{11}-\lambda & a_{12} & \cdots & a_{1n}\\ a_{21} & a_{22}-\lambda & \cdots & a_{2n}\\ \vdots & \vdots & & \vdots\\ a_{n1} & a_{n2} & \cdots & a_{nn}-\lambda \end{vmatrix}=0. \tag{4-3}$$

式（4-3）是以 λ 为未知数的一元 n 次方程，称为方阵 $\boldsymbol{A}$ 的**特征方程**，其左端 $f(\lambda)=|\boldsymbol{A}-\lambda\boldsymbol{E}|$ 是 λ 的 n 次多项式，称为方阵 $\boldsymbol{A}$ 的**特征多项式**．显然，$\boldsymbol{A}$ 的特征值就是特征方程的解．特征方程在复数范围内有解，其个数为方程的次数（重根按重数计算），因此，n 阶方阵 $\boldsymbol{A}$ 有 n 个特征值．

综上所述可知，求已知方阵 $\boldsymbol{A}$ 的特征值及其对应的特征向量的步骤如下：

（1）计算方阵 **A** 的特征多项式 $|\boldsymbol{A}-\lambda\boldsymbol{E}|$；

（2）求出方阵 **A** 的特征方程 $|\boldsymbol{A}-\lambda\boldsymbol{E}|=0$ 的全部根，它们就是 **A** 的全部特征值．设 **A** 的 n 个特征值中互不相同的特征值为 λ_1，λ_2，…，$\lambda_s(s\leqslant n)$，且设 λ_i 为 t_i 重根（$i=1$，2，…，s），则有 $t_1+t_2+\cdots+t_s=n$；

（3）把矩阵 **A** 的每一个特征值 λ_i 代入矩阵方程（4-2），求齐次线性方程组 $(\boldsymbol{A}-\lambda_i\boldsymbol{E})\boldsymbol{x}=\boldsymbol{0}$ 的一个基础解系［设 $R(\boldsymbol{A}-\lambda_i\boldsymbol{E})=r$］

$$\boldsymbol{\xi}_{i1},\ \boldsymbol{\xi}_{i2},\ \cdots,\ \boldsymbol{\xi}_{i,n-r}\quad(i=1,\ 2,\ \cdots,\ s),$$

即得对应于特征值 λ_i 的全部特征向量为

$$k_{i1}\boldsymbol{\xi}_{i1}+k_{i2}\boldsymbol{\xi}_{i2}+\cdots+k_{i,n-r}\boldsymbol{\xi}_{i,n-r},$$

其中，k_{i1}，k_{i2}，…，$k_{i,n-r}$ 是不全为零的任意常数．

例 4 求矩阵 $\boldsymbol{A}=\begin{pmatrix}1&0\\-2&-3\end{pmatrix}$ 的特征值和特征向量．

解 矩阵 **A** 的特征多项式为

$$|\boldsymbol{A}-\lambda\boldsymbol{E}|=\begin{vmatrix}1-\lambda&0\\-2&-3-\lambda\end{vmatrix}=(\lambda-1)(\lambda+3).$$

所以 **A** 的特征值为 $\lambda_1=1$，$\lambda_2=-3$.

当 $\lambda_1=1$ 时，解方程 $(\boldsymbol{A}-\boldsymbol{E})\boldsymbol{x}=\boldsymbol{0}$. 由

$$\boldsymbol{A}-\boldsymbol{E}=\begin{pmatrix}0&0\\-2&-4\end{pmatrix}\overset{r}{\sim}\begin{pmatrix}1&2\\0&0\end{pmatrix},$$

得基础解系

$$\boldsymbol{\xi}_1=\begin{pmatrix}-2\\1\end{pmatrix},$$

所以 $k_1\boldsymbol{\xi}_1(k_1\neq0)$ 是对应于特征值 $\lambda_1=1$ 的全部特征向量．

当 $\lambda_2=-3$ 时，解方程 $(\boldsymbol{A}+3\boldsymbol{E})\boldsymbol{x}=\boldsymbol{0}$. 由

$$\boldsymbol{A}+3\boldsymbol{E}=\begin{pmatrix}4&0\\-2&0\end{pmatrix}\overset{r}{\sim}\begin{pmatrix}1&0\\0&0\end{pmatrix},$$

得基础解系

$$\boldsymbol{\xi}_2=\begin{pmatrix}0\\1\end{pmatrix},$$

所以 $k_2\boldsymbol{\xi}_2(k_2\neq0)$ 是对应于特征值 $\lambda_2=-3$ 的全部特征向量．

例 5 求矩阵

$$\boldsymbol{A}=\begin{pmatrix}-2&1&1\\0&2&0\\-4&1&3\end{pmatrix}.$$

的特征值和特征向量．

解 矩阵 $\boldsymbol{A}$ 的特征多项式为

$$|\boldsymbol{A}-\lambda\boldsymbol{E}|=\begin{vmatrix}-2-\lambda & 1 & 1\\ 0 & 2-\lambda & 0\\ -4 & 1 & 3-\lambda\end{vmatrix}$$

$$=(2-\lambda)\begin{vmatrix}-2-\lambda & 1\\ -4 & 3-\lambda\end{vmatrix}=-(\lambda+1)(\lambda-2)^2,$$

所以 $\boldsymbol{A}$ 的特征值为 $\lambda_1=-1$，$\lambda_2=\lambda_3=2$.

当 $\lambda_1=-1$ 时，解方程 $(\boldsymbol{A}+\boldsymbol{E})\boldsymbol{x}=\boldsymbol{0}$. 由

$$\boldsymbol{A}+\boldsymbol{E}=\begin{pmatrix}-1 & 1 & 1\\ 0 & 3 & 0\\ -4 & 1 & 4\end{pmatrix}\overset{r}{\sim}\begin{pmatrix}1 & 0 & -1\\ 0 & 1 & 0\\ 0 & 0 & 0\end{pmatrix},$$

得基础解系

$$\boldsymbol{\xi}_1=\begin{pmatrix}1\\ 0\\ 1\end{pmatrix},$$

所以 $k_1\boldsymbol{\xi}_1(k_1\neq 0)$ 是对应于特征值 $\lambda_1=-1$ 的全部特征向量.

当 $\lambda_2=\lambda_3=2$ 时，解方程 $(\boldsymbol{A}-2\boldsymbol{E})\boldsymbol{x}=\boldsymbol{0}$. 由

$$\boldsymbol{A}-2\boldsymbol{E}=\begin{pmatrix}-4 & 1 & 1\\ 0 & 0 & 0\\ -4 & 1 & 1\end{pmatrix}\overset{r}{\sim}\begin{pmatrix}-4 & 1 & 1\\ 0 & 0 & 0\\ 0 & 0 & 0\end{pmatrix},$$

得基础解系

$$\boldsymbol{\xi}_2=\begin{pmatrix}0\\ 1\\ -1\end{pmatrix},\ \boldsymbol{\xi}_3=\begin{pmatrix}1\\ 0\\ 4\end{pmatrix},$$

所以 $k_2\boldsymbol{\xi}_2+k_3\boldsymbol{\xi}_3$（$k_2$，$k_3$ 不同时为 0）是对应于特征值 $\lambda_2=\lambda_3=2$ 的全部特征向量.

二、特征值和特征向量的性质

首先看一个简单的例子.

设 $\boldsymbol{A}=\begin{pmatrix}a_{11} & a_{12}\\ a_{21} & a_{22}\end{pmatrix}$，$\boldsymbol{A}$ 的特征方程为

$$|\boldsymbol{A}-\lambda\boldsymbol{E}|=\begin{vmatrix}a_{11}-\lambda & a_{12}\\ a_{21} & a_{22}-\lambda\end{vmatrix}=\lambda^2-(a_{11}+a_{22})\lambda+(a_{11}a_{22}-a_{12}a_{21})=0.$$

若 $\boldsymbol{A}$ 的两个特征值为 λ_1 和 λ_2，则由一元二次方程的根与系数关系有

$$\lambda_1+\lambda_2=a_{11}+a_{22},\ \lambda_1\lambda_2=a_{11}a_{22}-a_{12}a_{21}=|\boldsymbol{A}|.$$

将上述结论推广到 n 阶方阵 $\boldsymbol{A}$，有

性质 1 设 n 阶方阵 $\boldsymbol{A}=(a_{ij})_{n\times n}$，若 λ_1，λ_2，…，λ_n 为方阵 $\boldsymbol{A}$ 的 n 个特征值，

则有

(1) $\lambda_1+\lambda_2+\cdots+\lambda_n=a_{11}+a_{22}+\cdots+a_{nn}$；

(2) $\lambda_1\lambda_2\cdots\lambda_n=|\boldsymbol{A}|$.

性质 2 矩阵的一个特征向量只能属于一个特征值.

证明 若有一个非零向量 $\boldsymbol{\xi}$ 分别属于矩阵 $\boldsymbol{A}$ 的两个特征值 λ_1，λ_2，且 $\lambda_1\neq\lambda_2$，则 $\boldsymbol{A\xi}=\lambda_1\boldsymbol{\xi}$，$\boldsymbol{A\xi}=\lambda_2\boldsymbol{\xi}$，从而 $\lambda_1\boldsymbol{\xi}=\lambda_2\boldsymbol{\xi}$，$(\lambda_1-\lambda_2)\boldsymbol{\xi}=\boldsymbol{0}$. 又因为 $\boldsymbol{\xi}\neq\boldsymbol{0}$，所以 $\lambda_1-\lambda_2=0$，即 $\lambda_1=\lambda_2$，这与 $\lambda_1\neq\lambda_2$ 相矛盾.

性质 3 n 阶方阵 $\boldsymbol{A}$ 与 $\boldsymbol{A}^{\mathrm{T}}$ 有相同的特征值.

证明 由于 $(\boldsymbol{A}-\lambda\boldsymbol{E})^{\mathrm{T}}=\boldsymbol{A}^{\mathrm{T}}-(\lambda\boldsymbol{E})^{\mathrm{T}}=\boldsymbol{A}^{\mathrm{T}}-\lambda\boldsymbol{E}$，
所以

$$|\boldsymbol{A}-\lambda\boldsymbol{E}|=|(\boldsymbol{A}-\lambda\boldsymbol{E})^{\mathrm{T}}|=|\boldsymbol{A}^{\mathrm{T}}-\lambda\boldsymbol{E}|,$$

即 $\boldsymbol{A}$ 与 $\boldsymbol{A}^{\mathrm{T}}$ 有相同的特征值.

例 6 设 λ 是方阵 $\boldsymbol{A}$ 的特征值，证明：

(1) λ^2 是方阵 $\boldsymbol{A}^2$ 的特征值；

(2) 当 $\boldsymbol{A}$ 可逆时，$\dfrac{1}{\lambda}$是方阵 $\boldsymbol{A}^{-1}$ 的特征值.

证明 因为 λ 是方阵 $\boldsymbol{A}$ 的特征值，故有 $\boldsymbol{\xi}\neq\boldsymbol{0}$，使 $\boldsymbol{A\xi}=\lambda\boldsymbol{\xi}$. 于是

(1) $\boldsymbol{A}^2\boldsymbol{\xi}=\boldsymbol{A}(\boldsymbol{A\xi})=\boldsymbol{A}(\lambda\boldsymbol{\xi})=\lambda\boldsymbol{A\xi}=\lambda^2\boldsymbol{\xi}$，所以 λ^2 是方阵 $\boldsymbol{A}^2$ 的特征值；

(2) 当 $\boldsymbol{A}$ 可逆时，由 $\boldsymbol{A\xi}=\lambda\boldsymbol{\xi}$，有 $\boldsymbol{\xi}=\lambda\boldsymbol{A}^{-1}\boldsymbol{\xi}$，因 $\boldsymbol{\xi}\neq\boldsymbol{0}$，知 $\lambda\neq0$，故

$$\boldsymbol{A}^{-1}\boldsymbol{\xi}=\frac{1}{\lambda}\boldsymbol{\xi},$$

所以$\dfrac{1}{\lambda}$是方阵 $\boldsymbol{A}^{-1}$ 的特征值.

以此类推，不难证明如下性质：

性质 4 若 λ 是方阵 $\boldsymbol{A}$ 的特征值，则

(1) λ^k 是方阵 $\boldsymbol{A}^k$ 的特征值；

(2) $\varphi(\lambda)$ 是方阵 $\varphi(\boldsymbol{A})$ 的特征值，其中 $\varphi(\lambda)=a_0+a_1\lambda+\cdots+a_m\lambda^m$ 是 λ 的多项式，$\varphi(\boldsymbol{A})=a_0\boldsymbol{E}+a_1\boldsymbol{A}+\cdots+a_m\boldsymbol{A}^m$ 是矩阵 $\boldsymbol{A}$ 的多项式.

例 7 设三阶方阵 $\boldsymbol{A}$ 的特征值为 1，-1，2，求 $|\boldsymbol{A}^*+3\boldsymbol{A}-2\boldsymbol{E}|$.

解 因 $\boldsymbol{A}$ 的特征值全不为 0，知 $\boldsymbol{A}$ 可逆，故 $\boldsymbol{A}^*=|\boldsymbol{A}|\boldsymbol{A}^{-1}$. 而

$$|\boldsymbol{A}|=\lambda_1\lambda_2\lambda_3=-2,$$

所以

$$\boldsymbol{A}^*+3\boldsymbol{A}-2\boldsymbol{E}=-2\boldsymbol{A}^{-1}+3\boldsymbol{A}-2\boldsymbol{E}.$$

把上式记为 $\varphi(\boldsymbol{A})$，有 $\varphi(\lambda)=-\dfrac{2}{\lambda}+3\lambda-2$，故 $\varphi(\boldsymbol{A})$ 的特征值为

$$\varphi(1)=-1,\ \varphi(-1)=-3,\ \varphi(2)=3,$$

于是

$$|\boldsymbol{A}^*+3\boldsymbol{A}-2\boldsymbol{E}|=(-1)\times(-3)\times3=9.$$

例 8 设 λ_1，λ_2 是矩阵 $\boldsymbol{A}$ 的两个不同特征值，$\boldsymbol{\xi}_1$，$\boldsymbol{\xi}_2$ 是矩阵 $\boldsymbol{A}$ 的分别属于特

征值 λ_1，λ_2 的特征向量，证明向量组 $\boldsymbol{\xi}_1$，$\boldsymbol{\xi}_2$ 线性无关．

证明 设有数 k_1，k_2 使得

$$k_1\boldsymbol{\xi}_1 + k_2\boldsymbol{\xi}_2 = \mathbf{0}, \tag{4-4}$$

由已知条件有

$$\boldsymbol{A\xi}_1 = \lambda_1\boldsymbol{\xi}_1,\ \boldsymbol{A\xi}_2 = \lambda_2\boldsymbol{\xi}_2. \tag{4-5}$$

用 $\boldsymbol{A}$ 左乘式（4-4）并利用式（4-5）得

$$k_1\lambda_1\boldsymbol{\xi}_1 + k_2\lambda_2\boldsymbol{\xi}_2 = \mathbf{0}, \tag{4-6}$$

用 λ_2 乘以式（4-4）两边，减去式（4-6）得

$$k_1\lambda_2\boldsymbol{\xi}_1 - k_1\lambda_1\boldsymbol{\xi}_1 = \mathbf{0},$$

即

$$k_1(\lambda_2 - \lambda_1)\boldsymbol{\xi}_1 = \mathbf{0}.$$

根据矩阵的特征向量的定义，$\boldsymbol{\xi}_1 \neq \mathbf{0}$，又假设 $\lambda_1 \neq \lambda_2$．因此得

$$k_1 = 0.$$

代入式（4-4），由 $\boldsymbol{\xi}_2 \neq \mathbf{0}$ 可得 $k_2 = 0$.

上述结论可推广为：

定理 3 若 λ_1，λ_2，…，λ_m 是矩阵 $\boldsymbol{A}$ 的互不相同的特征值，$\boldsymbol{\xi}_1$，$\boldsymbol{\xi}_2$，…，$\boldsymbol{\xi}_m$ 是矩阵 $\boldsymbol{A}$ 的分别属于特征值 λ_1，λ_2，…，λ_m 的特征向量，则向量组 $\boldsymbol{\xi}_1$，$\boldsymbol{\xi}_2$，…，$\boldsymbol{\xi}_m$ 线性无关．

第三节　相似矩阵

一、相似矩阵的概念与性质

定义 9 设 $\boldsymbol{A}$ 与 $\boldsymbol{B}$ 都是 n 阶矩阵，若有可逆矩阵 $\boldsymbol{P}$，使得

$$\boldsymbol{P}^{-1}\boldsymbol{AP} = \boldsymbol{B},$$

则称 $\boldsymbol{B}$ 是 $\boldsymbol{A}$ 的**相似矩阵**，或称 $\boldsymbol{A}$ 与 $\boldsymbol{B}$ 相似．对 $\boldsymbol{A}$ 进行运算 $\boldsymbol{P}^{-1}\boldsymbol{AP}$ 称为对 $\boldsymbol{A}$ 进行相似变换，可逆矩阵 $\boldsymbol{P}$ 称为把 $\boldsymbol{A}$ 变成 $\boldsymbol{B}$ 的相似变换矩阵．

例如，因为

$$\begin{pmatrix} 2 & 1 \\ 1 & 1 \end{pmatrix}^{-1}\begin{pmatrix} 1 & 1 \\ 0 & 1 \end{pmatrix}\begin{pmatrix} 2 & 1 \\ 1 & 1 \end{pmatrix} = \begin{pmatrix} 2 & 1 \\ -1 & 0 \end{pmatrix},$$

所以 $\begin{pmatrix} 1 & 1 \\ 0 & 1 \end{pmatrix}$ 与 $\begin{pmatrix} 2 & 1 \\ -1 & 0 \end{pmatrix}$ 相似．

相似是矩阵之间的一种重要关系，它满足：

（1）反身性：$\boldsymbol{A}$ 与 $\boldsymbol{A}$ 相似；

（2）对称性：若 $\boldsymbol{A}$ 与 $\boldsymbol{B}$ 相似，则 $\boldsymbol{B}$ 与 $\boldsymbol{A}$ 相似；

（3）传递性：若 $\boldsymbol{A}$ 与 $\boldsymbol{B}$ 相似，$\boldsymbol{B}$ 与 $\boldsymbol{C}$ 相似，则 $\boldsymbol{A}$ 与 $\boldsymbol{C}$ 相似．

定理 4 若 n 阶矩阵 $\boldsymbol{A}$ 与 $\boldsymbol{B}$ 相似，则 $\boldsymbol{A}$ 与 $\boldsymbol{B}$ 的特征多项式相同，从而 $\boldsymbol{A}$ 与 $\boldsymbol{B}$

具有相同的特征值．

证明 设 $\boldsymbol{A}$ 与 $\boldsymbol{B}$ 相似，即存在可逆阵 $\boldsymbol{P}$，使得 $\boldsymbol{B}=\boldsymbol{P}^{-1}\boldsymbol{A}\boldsymbol{P}$，故

$$|\boldsymbol{B}-\lambda\boldsymbol{E}|=|\boldsymbol{P}^{-1}\boldsymbol{A}\boldsymbol{P}-\lambda\boldsymbol{E}|=|\boldsymbol{P}^{-1}(\boldsymbol{A}-\lambda\boldsymbol{E})\boldsymbol{P}|=|\boldsymbol{P}^{-1}||\boldsymbol{A}-\lambda\boldsymbol{E}||\boldsymbol{P}|=|\boldsymbol{A}-\lambda\boldsymbol{E}|.$$

推论 1 若 n 阶矩阵 $\boldsymbol{A}$ 与对角矩阵

$$\boldsymbol{\Lambda}=\begin{pmatrix}\lambda_1 & & & \\ & \lambda_2 & & \\ & & \ddots & \\ & & & \lambda_n\end{pmatrix}$$

相似，则 λ_1，λ_2，…，λ_n 即是 $\boldsymbol{A}$ 的 n 个特征值．

若 $\boldsymbol{A}$ 与 $\boldsymbol{B}$ 相似，则有 $\boldsymbol{P}^{-1}\boldsymbol{A}\boldsymbol{P}=\boldsymbol{B}$，即 $\boldsymbol{A}=\boldsymbol{P}\boldsymbol{B}\boldsymbol{P}^{-1}$，从而

$$\boldsymbol{A}^2=(\boldsymbol{P}\boldsymbol{B}\boldsymbol{P}^{-1})(\boldsymbol{P}\boldsymbol{B}\boldsymbol{P}^{-1})=\boldsymbol{P}\boldsymbol{B}(\boldsymbol{P}^{-1}\boldsymbol{P})\boldsymbol{B}\boldsymbol{P}^{-1}=\boldsymbol{P}\boldsymbol{B}^2\boldsymbol{P}^{-1},$$
$$\boldsymbol{A}^3=(\boldsymbol{P}\boldsymbol{B}^2\boldsymbol{P}^{-1})(\boldsymbol{P}\boldsymbol{B}\boldsymbol{P}^{-1})=\boldsymbol{P}\boldsymbol{B}^2(\boldsymbol{P}^{-1}\boldsymbol{P})\boldsymbol{B}\boldsymbol{P}^{-1}=\boldsymbol{P}\boldsymbol{B}^3\boldsymbol{P}^{-1}.$$

以此类推，可得 $\boldsymbol{A}$ 的多项式的有关结论：

(1) $\boldsymbol{A}^k=\boldsymbol{P}\boldsymbol{B}^k\boldsymbol{P}^{-1}$；

(2) $\varphi(\boldsymbol{A})=\boldsymbol{P}\varphi(\boldsymbol{B})\boldsymbol{P}^{-1}$.

特别地，若有可逆矩阵 $\boldsymbol{P}$ 使得 $\boldsymbol{P}^{-1}\boldsymbol{A}\boldsymbol{P}=\boldsymbol{\Lambda}$ 为对角阵，则

$$\boldsymbol{A}^k=\boldsymbol{P}\boldsymbol{\Lambda}^k\boldsymbol{P}^{-1},\quad \varphi(\boldsymbol{A})=\boldsymbol{P}\varphi(\boldsymbol{\Lambda})\boldsymbol{P}^{-1},$$

而对于对角矩阵 $\boldsymbol{\Lambda}$，有

$$\boldsymbol{\Lambda}^k=\begin{pmatrix}\lambda_1^k & & & \\ & \lambda_2^k & & \\ & & \ddots & \\ & & & \lambda_n^k\end{pmatrix},\quad \varphi(\boldsymbol{\Lambda})=\begin{pmatrix}\varphi(\lambda_1) & & & \\ & \varphi(\lambda_2) & & \\ & & \ddots & \\ & & & \varphi(\lambda_n)\end{pmatrix},$$

由此可方便的计算 $\boldsymbol{A}$ 的多项式 $\varphi(\boldsymbol{A})$．

二、方阵的对角化

定义 10 对于 n 阶矩阵 $\boldsymbol{A}$，若有可逆矩阵 $\boldsymbol{P}$，使 $\boldsymbol{P}^{-1}\boldsymbol{A}\boldsymbol{P}=\boldsymbol{\Lambda}$ 为对角阵，则称把方阵 $\boldsymbol{A}$ **对角化**．

假设已经找到可逆阵 $\boldsymbol{P}$，使 $\boldsymbol{P}^{-1}\boldsymbol{A}\boldsymbol{P}=\boldsymbol{\Lambda}$ 为对角阵，我们来讨论矩阵 $\boldsymbol{A}$ 和可逆阵 $\boldsymbol{P}$ 之间的关系．

设 $\boldsymbol{P}$ 用其列向量可表示为

$$\boldsymbol{P}=(\boldsymbol{p}_1,\ \boldsymbol{p}_2,\ \cdots,\ \boldsymbol{p}_n),$$

由 $\boldsymbol{P}^{-1}\boldsymbol{A}\boldsymbol{P}=\boldsymbol{\Lambda}$，得 $\boldsymbol{A}\boldsymbol{P}=\boldsymbol{P}\boldsymbol{\Lambda}$，即

$$\boldsymbol{A}(\boldsymbol{p}_1,\ \boldsymbol{p}_2,\ \cdots,\ \boldsymbol{p}_n)=(\boldsymbol{p}_1,\ \boldsymbol{p}_2,\ \cdots,\ \boldsymbol{p}_n)\begin{pmatrix}\lambda_1 & & & \\ & \lambda_2 & & \\ & & \ddots & \\ & & & \lambda_n\end{pmatrix}$$
$$=(\lambda_1\boldsymbol{p}_1,\ \lambda_2\boldsymbol{p}_2,\ \cdots,\ \lambda_n\boldsymbol{p}_n)$$

于是有

$$Ap_i=\lambda_i p_i(i=1, 2, \cdots, n),$$

而 P 可逆，故 $|P|\neq0$，即 $p_1, p_2, \cdots, p_n$ 都是非零向量，可见 λ_i 是 A 的特征值，而 P 的列向量 p_i 是 A 的对应于特征值 λ_i 的特征向量．

反过来，设 A 有 n 个线性无关的特征向量 $p_1, p_2, \cdots, p_n$，它们所对应的特征值依次为 $\lambda_1, \lambda_2, \cdots, \lambda_n$，即

$$Ap_i=\lambda_i p_i(i=1, 2, \cdots, n),$$

以 $p_1, p_2, \cdots, p_n$ 为列作一个矩阵 P

$$P=(p_1, p_2, \cdots, p_n),$$

因为 $p_1, p_2, \cdots, p_n$ 是线性无关的，所以 P 是可逆矩阵，而且

$$A(p_1, p_2, \cdots, p_n)=(p_1, p_2, \cdots, p_n)\begin{pmatrix}\lambda_1 & & & \\ & \lambda_2 & & \\ & & \ddots & \\ & & & \lambda_n\end{pmatrix},$$

即

$$P^{-1}AP=\Lambda,$$

所以 A 可以对角化．

因此，关于矩阵 A 的对角化问题有如下结论：

定理 5 n 阶矩阵 A 与对角矩阵相似（即 A 可对角化）的充分必要条件是 A 有 n 个线性无关的特征向量．

结合上节定理 3，可得

推论 2 如果 n 阶矩阵 A 的 n 个特征值互不相等，则 A 与对角矩阵相似．

例 9 判断矩阵 $A=\begin{pmatrix}-1 & 1 & 0\\ -4 & 3 & 0\\ 1 & 0 & 2\end{pmatrix}$ 能否对角化．

解 矩阵 A 特征多项式为

$$|A-\lambda E|=\begin{vmatrix}-1-\lambda & 1 & 0\\ -4 & 3-\lambda & 0\\ 1 & 0 & 2-\lambda\end{vmatrix}=(2-\lambda)(1-\lambda)^2.$$

所以 A 的特征值为 $\lambda_1=2$，$\lambda_2=\lambda_3=1$.

当 $\lambda_1=2$ 时，解方程 $(A-2E)x=0$. 由

$$A-2E=\begin{pmatrix}-3 & 1 & 0\\ -4 & 1 & 0\\ 1 & 0 & 0\end{pmatrix}\overset{r}{\sim}\begin{pmatrix}1 & 0 & 0\\ 0 & 1 & 0\\ 0 & 0 & 0\end{pmatrix},$$

得基础解系

$$\xi_1=\begin{pmatrix}0\\ 0\\ 1\end{pmatrix}.$$

当 $\lambda_2=\lambda_3=1$ 时，解方程 $(\boldsymbol{A}-\boldsymbol{E})\boldsymbol{x}=\boldsymbol{0}$. 由

$$\boldsymbol{A}-\boldsymbol{E}=\begin{pmatrix}-2&1&0\\-4&2&0\\1&0&1\end{pmatrix}\overset{r}{\sim}\begin{pmatrix}1&0&1\\0&1&2\\0&0&0\end{pmatrix},$$

得基础解系

$$\boldsymbol{\xi}_2=\begin{pmatrix}-1\\-2\\1\end{pmatrix}.$$

因为 $\boldsymbol{A}$ 的线性无关的特征向量只有两个，所以由定理 5 知，$\boldsymbol{A}$ 不能对角化.

例 10 设

$$\boldsymbol{A}=\begin{pmatrix}4&6&0\\-3&-5&0\\-3&-6&1\end{pmatrix},$$

$\boldsymbol{A}$ 能否对角化？若能对角化，则求出可逆矩阵矩阵 $\boldsymbol{P}$，使得 $\boldsymbol{P}^{-1}\boldsymbol{AP}=\boldsymbol{\Lambda}$ 为对角矩阵.

解 由

$$|\boldsymbol{A}-\lambda\boldsymbol{E}|=\begin{vmatrix}4-\lambda&6&0\\-3&-5-\lambda&0\\-3&-6&1-\lambda\end{vmatrix}=(1-\lambda)\begin{vmatrix}4-\lambda&6\\-3&-5-\lambda\end{vmatrix}=-(\lambda-1)^2(\lambda+2),$$

所以 $\boldsymbol{A}$ 的特征值为 $\lambda_1=\lambda_2=1$，$\lambda_3=-2$.

对应 $\lambda_1=\lambda_2=1$，解方程 $(\boldsymbol{A}-\boldsymbol{E})\boldsymbol{x}=\boldsymbol{0}$，由

$$\boldsymbol{A}-\boldsymbol{E}=\begin{pmatrix}3&6&0\\-3&-6&0\\-3&-6&0\end{pmatrix}\overset{r}{\sim}\begin{pmatrix}1&2&0\\0&0&0\\0&0&0\end{pmatrix},$$

得基础解系

$$\boldsymbol{\xi}_1=\begin{pmatrix}-2\\1\\0\end{pmatrix},\ \boldsymbol{\xi}_2=\begin{pmatrix}0\\0\\1\end{pmatrix}.$$

对应 $\lambda_3=-2$，解方程 $(\boldsymbol{A}+2\boldsymbol{E})\boldsymbol{x}=\boldsymbol{0}$. 由

$$\boldsymbol{A}+2\boldsymbol{E}=\begin{pmatrix}6&6&0\\-3&-3&0\\-3&-6&3\end{pmatrix}\overset{r}{\sim}\begin{pmatrix}1&0&1\\0&1&-1\\0&0&0\end{pmatrix},$$

得基础解系

$$\boldsymbol{\xi}_3=\begin{pmatrix}-1\\1\\1\end{pmatrix}.$$

由于 $\boldsymbol{\xi}_1$，$\boldsymbol{\xi}_2$，$\boldsymbol{\xi}_3$ 线性无关，所以 $\boldsymbol{A}$ 可以对角化.

令

$$P=(\boldsymbol{\xi}_1,\ \boldsymbol{\xi}_2,\ \boldsymbol{\xi}_3)=\begin{pmatrix}-2 & 0 & -1\\ 1 & 0 & 1\\ 0 & 1 & 1\end{pmatrix},$$

则有

$$\boldsymbol{P}^{-1}\boldsymbol{A}\boldsymbol{P}=\boldsymbol{\Lambda}=\begin{pmatrix}1 & 0 & 0\\ 0 & 1 & 0\\ 0 & 0 & -2\end{pmatrix}.$$

注意：当 $\boldsymbol{A}$ 的特征方程中有重根时，就不一定有 n 个线性无关的特征向量，从而不一定可以对角化．例如在例 9 中 $\boldsymbol{A}$ 的特征方程有重根，确实找不到 3 个线性无关的特征向量，因此 $\boldsymbol{A}$ 不能对角化；但是在例 10 中 $\boldsymbol{A}$ 的特征方程虽也有重根，但能找到 3 个线性无关的特征向量，因此 $\boldsymbol{A}$ 能对角化．

三、实对称矩阵的对角化

一个 n 阶矩阵 $\boldsymbol{A}$ 能否对角化，要看它的线性无关特征向量的个数，这是一个较复杂的问题．我们对此不进行一般性的讨论，而仅讨论当 $\boldsymbol{A}$ 为实对称矩阵的情形．

定理 6　实对称矩阵的特征值都是实数（证明略）．

定理 7　实对称矩阵 $\boldsymbol{A}$ 属于不同特征值的特征向量相互正交．

证　设 λ_1，λ_2 是 $\boldsymbol{A}$ 的两个不同特征值，$\boldsymbol{p}_1$，$\boldsymbol{p}_2$ 是对应的特征向量．于是

$$\boldsymbol{A}\boldsymbol{p}_1=\lambda_1\boldsymbol{p}_1,\ \boldsymbol{A}\boldsymbol{p}_2=\lambda_2\boldsymbol{p}_2,$$

因 $\boldsymbol{A}$ 对称，故 $\lambda_1\boldsymbol{p}_1^{\mathrm{T}}=(\lambda_1\boldsymbol{p}_1)^{\mathrm{T}}=(\boldsymbol{A}\boldsymbol{p}_1)^{\mathrm{T}}=\boldsymbol{p}_1^{\mathrm{T}}\boldsymbol{A}^{\mathrm{T}}=\boldsymbol{p}_1^{\mathrm{T}}\boldsymbol{A}$，于是

$$\lambda_1\boldsymbol{p}_1^{\mathrm{T}}\boldsymbol{p}_2=\boldsymbol{p}_1^{\mathrm{T}}\boldsymbol{A}\boldsymbol{p}_2=\boldsymbol{p}_1^{\mathrm{T}}(\lambda_2\boldsymbol{p}_2)=\lambda_2\boldsymbol{p}_1^{\mathrm{T}}\boldsymbol{p}_2,$$

即

$$(\lambda_1-\lambda_2)\ \boldsymbol{p}_1^{\mathrm{T}}\boldsymbol{p}_2=0.$$

但由于 $\lambda_1\neq\lambda_2$，故 $\boldsymbol{p}_1^{\mathrm{T}}\boldsymbol{p}_2=0$，即 $\boldsymbol{p}_1$ 与 $\boldsymbol{p}_2$ 正交．

定理 8　$\boldsymbol{A}$ 为 n 阶实对称阵，则必有正交矩阵 $\boldsymbol{P}$，使得

$$\boldsymbol{P}^{-1}\boldsymbol{A}\boldsymbol{P}=\boldsymbol{P}^{\mathrm{T}}\boldsymbol{A}\boldsymbol{P}=\boldsymbol{\Lambda}.$$

其中，$\boldsymbol{\Lambda}$ 是以 $\boldsymbol{A}$ 的 n 个特征值为对角元的对角矩阵（证明略）．

推论 3　设 $\boldsymbol{A}$ 为 n 阶实对称阵，λ 是 $\boldsymbol{A}$ 的特征方程的 k 重根，则矩阵 $(\boldsymbol{A}-\lambda\boldsymbol{E})$ 的秩 $R(\boldsymbol{A}-\lambda\boldsymbol{E})=n-k$，从而对应特征值 λ 恰有 k 个线性无关的特征向量．

依据定理 8 及其推论 3，我们有下述把对称矩阵 $\boldsymbol{A}$ 对角化的步骤：

(1) 求出矩阵 $\boldsymbol{A}$ 的全部特征值为 λ_1，λ_2，…，λ_s，它们的重数依次为

$$k_1,\ k_2,\ \cdots,\ k_s\ (k_1+k_2+\cdots+k_s=n);$$

(2) 对每个 k_i 重特征值 λ_i，求方程 $(\boldsymbol{A}-\lambda_i\boldsymbol{E})\boldsymbol{x}=\boldsymbol{0}$ 的基础解系，得 k_i 个线性无关的特征向量．再把它们正交化、单位化，得 k_i 个两两正交的单位特征向量．因 $k_1+k_2+\cdots+k_s=n$，故总共可以得到 n 个两两正交的单位特征向量；

(3) 以这 n 个正交单位化的特征向量作为列向量构造正交矩阵 $\boldsymbol{P}$，满足 $\boldsymbol{P}^{-1}\boldsymbol{AP}=\boldsymbol{P}^{\mathrm{T}}\boldsymbol{AP}=\boldsymbol{\Lambda}$. 但需要注意的是 $\boldsymbol{\Lambda}$ 中对角元的排列次序应与 $\boldsymbol{P}$ 中列向量的排列次序相对应．

例 11 设

$$\boldsymbol{A}=\begin{pmatrix}2&-2&0\\-2&1&-2\\0&-2&0\end{pmatrix},$$

求正交矩阵 $\boldsymbol{P}$，使得 $\boldsymbol{P}^{-1}\boldsymbol{AP}=\boldsymbol{\Lambda}$ 为对角矩阵．

解 由

$$\begin{aligned}|\boldsymbol{A}-\lambda\boldsymbol{E}|&=\begin{vmatrix}2-\lambda&-2&0\\-2&1-\lambda&-2\\0&-2&-\lambda\end{vmatrix}=-\lambda(2-\lambda)(1-\lambda)-4(2-\lambda)+4\lambda\\&=-\lambda(2-\lambda)(1-\lambda)-8(1-\lambda)=(1-\lambda)(\lambda^2-2\lambda-8)\\&=(\lambda-4)(1-\lambda)(\lambda+2),\end{aligned}$$

所以 $\boldsymbol{A}$ 的特征值为 $\lambda_1=4$，$\lambda_2=1$，$\lambda_3=-2$.

对应 $\lambda_1=4$，解方程 $(\boldsymbol{A}-4\boldsymbol{E})\boldsymbol{x}=\boldsymbol{0}$，由

$$\boldsymbol{A}-4\boldsymbol{E}=\begin{pmatrix}-2&-2&0\\-2&-3&-2\\0&-2&-4\end{pmatrix}\overset{r}{\sim}\begin{pmatrix}1&0&-2\\0&1&2\\0&0&0\end{pmatrix},$$

得基础解系 $\boldsymbol{\xi}_1=\begin{pmatrix}-2\\2\\-1\end{pmatrix}$，将 $\boldsymbol{\xi}_1$ 单位化，得 $\boldsymbol{p}_1=\dfrac{1}{3}\begin{pmatrix}-2\\2\\-1\end{pmatrix}$.

对应 $\lambda_2=1$，解方程 $(\boldsymbol{A}-\boldsymbol{E})\boldsymbol{x}=\boldsymbol{0}$. 由

$$\boldsymbol{A}-\boldsymbol{E}=\begin{pmatrix}1&-2&0\\-2&0&-2\\0&-2&-1\end{pmatrix}\overset{r}{\sim}\begin{pmatrix}1&0&1\\0&1&\frac{1}{2}\\0&0&0\end{pmatrix},$$

得基础解系 $\boldsymbol{\xi}_2=\begin{pmatrix}2\\1\\-2\end{pmatrix}$，将 $\boldsymbol{\xi}_2$ 单位化，得 $\boldsymbol{p}_2=\dfrac{1}{3}\begin{pmatrix}2\\1\\-2\end{pmatrix}$.

对应 $\lambda_3=-2$，解方程 $(\boldsymbol{A}+2\boldsymbol{E})\boldsymbol{x}=\boldsymbol{0}$. 由

$$\boldsymbol{A}+2\boldsymbol{E}=\begin{pmatrix}4&-2&0\\-2&3&-2\\0&-2&2\end{pmatrix}\overset{r}{\sim}\begin{pmatrix}1&0&-\frac{1}{2}\\0&1&-1\\0&0&0\end{pmatrix},$$

得基础解系 $\boldsymbol{\xi}_3=\begin{pmatrix}1\\2\\2\end{pmatrix}$，将 $\boldsymbol{\xi}_3$ 单位化，得 $\boldsymbol{p}_3=\dfrac{1}{3}\begin{pmatrix}1\\2\\2\end{pmatrix}$.

将 $\boldsymbol{p}_1$，$\boldsymbol{p}_2$，$\boldsymbol{p}_3$ 构成正交矩阵

$$\boldsymbol{P}=(\boldsymbol{p}_1,\ \boldsymbol{p}_2,\ \boldsymbol{p}_3)=\frac{1}{3}\begin{pmatrix}-2&2&1\\2&1&2\\-1&-2&2\end{pmatrix},$$

有

$$\boldsymbol{P}^{-1}\boldsymbol{A}\boldsymbol{P}=\boldsymbol{\Lambda}=\begin{pmatrix}4&0&0\\0&1&0\\0&0&-2\end{pmatrix}$$

例 12 设

$$\boldsymbol{A}=\begin{pmatrix}4&0&0\\0&3&1\\0&1&3\end{pmatrix},$$

求正交矩阵 $\boldsymbol{P}$，使得 $\boldsymbol{P}^{-1}\boldsymbol{A}\boldsymbol{P}=\boldsymbol{\Lambda}$ 为对角矩阵．

解 由

$$|\boldsymbol{A}-\lambda\boldsymbol{E}|=\begin{vmatrix}4-\lambda&0&0\\0&3-\lambda&1\\0&1&3-\lambda\end{vmatrix}=(4-\lambda)\begin{vmatrix}3-\lambda&1\\1&3-\lambda\end{vmatrix}=(2-\lambda)(4-\lambda)^2,$$

所以 $\boldsymbol{A}$ 的特征值为 $\lambda_1=2$，$\lambda_2=\lambda_3=4$.

对应 $\lambda_1=2$，解方程 $(\boldsymbol{A}-2\boldsymbol{E})\boldsymbol{x}=\boldsymbol{0}$，由

$$\boldsymbol{A}-2\boldsymbol{E}=\begin{pmatrix}2&0&0\\0&1&1\\0&1&1\end{pmatrix}\overset{r}{\sim}\begin{pmatrix}1&0&0\\0&1&1\\0&0&0\end{pmatrix},$$

得基础解系 $\boldsymbol{\xi}_1=\begin{pmatrix}0\\1\\-1\end{pmatrix}$，将 $\boldsymbol{\xi}_1$ 单位化，得 $\boldsymbol{p}_1=\frac{1}{\sqrt{2}}\begin{pmatrix}0\\1\\-1\end{pmatrix}$.

对应 $\lambda_2=\lambda_3=4$，解方程$(\boldsymbol{A}-4\boldsymbol{E})\boldsymbol{x}=\boldsymbol{0}$. 由

$$\boldsymbol{A}-4\boldsymbol{E}=\begin{pmatrix}0&0&0\\0&-1&1\\0&1&-1\end{pmatrix}\overset{r}{\sim}\begin{pmatrix}0&1&-1\\0&0&0\\0&0&0\end{pmatrix},$$

得基础解系

$$\boldsymbol{\xi}_2=\begin{pmatrix}1\\0\\0\end{pmatrix},\ \boldsymbol{\xi}_3=\begin{pmatrix}0\\1\\1\end{pmatrix}.$$

由于 $\boldsymbol{\xi}_2$，$\boldsymbol{\xi}_3$ 恰好正交，因此只需将 $\boldsymbol{\xi}_2$，$\boldsymbol{\xi}_3$ 单位化即可，得

$$\boldsymbol{p}_2=\begin{pmatrix}1\\0\\0\end{pmatrix},\ \boldsymbol{p}_3=\frac{1}{\sqrt{2}}\begin{pmatrix}0\\1\\1\end{pmatrix}.$$

将 $\boldsymbol{p}_1$，$\boldsymbol{p}_2$，$\boldsymbol{p}_3$ 构成正交矩阵

$$\boldsymbol{P}=(\boldsymbol{p}_1,\ \boldsymbol{p}_2,\ \boldsymbol{p}_3)=\begin{pmatrix} 0 & 1 & 0 \\ \frac{1}{\sqrt{2}} & 0 & \frac{1}{\sqrt{2}} \\ -\frac{1}{\sqrt{2}} & 0 & \frac{1}{\sqrt{2}} \end{pmatrix},$$

有

$$\boldsymbol{P}^{-1}\boldsymbol{A}\boldsymbol{P}=\boldsymbol{\Lambda}=\begin{pmatrix} 2 & 0 & 0 \\ 0 & 4 & 0 \\ 0 & 0 & 4 \end{pmatrix}.$$

例 13 设

$$\boldsymbol{A}=\begin{pmatrix} 0 & -1 & 1 \\ -1 & 0 & 1 \\ 1 & 1 & 0 \end{pmatrix},$$

求正交矩阵 $\boldsymbol{P}$，使得 $\boldsymbol{P}^{-1}\boldsymbol{A}\boldsymbol{P}=\boldsymbol{\Lambda}$ 为对角矩阵.

解 由

$$|\boldsymbol{A}-\lambda\boldsymbol{E}|=\begin{vmatrix} -\lambda & -1 & 1 \\ -1 & -\lambda & 1 \\ 1 & 1 & -\lambda \end{vmatrix}\overset{r_1-r_2}{=}\begin{vmatrix} 1-\lambda & \lambda-1 & 0 \\ -1 & -\lambda & 1 \\ 1 & 1 & -\lambda \end{vmatrix}\overset{c_2+c_1}{=}\begin{vmatrix} 1-\lambda & 0 & 0 \\ -1 & -1-\lambda & 1 \\ 1 & 2 & -\lambda \end{vmatrix}$$

$$=(1-\lambda)(\lambda^2+\lambda-2)=-(\lambda-1)^2(\lambda+2),$$

所以 $\boldsymbol{A}$ 的特征值为 $\lambda_1=-2$，$\lambda_2=\lambda_3=1$.

对应 $\lambda_1=-2$，解方程 $(\boldsymbol{A}+2\boldsymbol{E})\boldsymbol{x}=\boldsymbol{0}$，由

$$\boldsymbol{A}+2\boldsymbol{E}=\begin{pmatrix} 2 & -1 & 1 \\ -1 & 2 & 1 \\ 1 & 1 & 2 \end{pmatrix}\overset{r}{\sim}\begin{pmatrix} 1 & 0 & 1 \\ 0 & 1 & 1 \\ 0 & 0 & 0 \end{pmatrix},$$

得基础解系 $\boldsymbol{\xi}_1=\begin{pmatrix} -1 \\ -1 \\ 1 \end{pmatrix}$，将 $\boldsymbol{\xi}_1$ 单位化，得 $\boldsymbol{p}_1=\frac{1}{\sqrt{3}}\begin{pmatrix} -1 \\ -1 \\ 1 \end{pmatrix}$.

对应 $\lambda_2=\lambda_3=1$，解方程$(\boldsymbol{A}-\boldsymbol{E})\boldsymbol{x}=\boldsymbol{0}$. 由

$$\boldsymbol{A}-\boldsymbol{E}=\begin{pmatrix} -1 & -1 & 1 \\ -1 & -1 & 1 \\ 1 & 1 & -1 \end{pmatrix}\overset{r}{\sim}\begin{pmatrix} 1 & 1 & -1 \\ 0 & 0 & 0 \\ 0 & 0 & 0 \end{pmatrix},$$

得基础解系

$$\boldsymbol{\xi}_2=\begin{pmatrix} -1 \\ 1 \\ 0 \end{pmatrix},\ \boldsymbol{\xi}_3=\begin{pmatrix} 1 \\ 0 \\ 1 \end{pmatrix}.$$

将 $\boldsymbol{\xi}_2$，$\boldsymbol{\xi}_3$ 正交化：取 $\boldsymbol{\eta}_2=\boldsymbol{\xi}_2$，

$$\boldsymbol{\eta}_3=\boldsymbol{\xi}_3-\frac{[\boldsymbol{\eta}_2,\ \boldsymbol{\xi}_3]}{[\boldsymbol{\eta}_2,\ \boldsymbol{\eta}_2]}\boldsymbol{\eta}_2=\begin{pmatrix}1\\0\\1\end{pmatrix}+\frac{1}{2}\begin{pmatrix}-1\\1\\0\end{pmatrix}=\frac{1}{2}\begin{pmatrix}1\\1\\2\end{pmatrix},$$

再将 $\boldsymbol{\eta}_2$，$\boldsymbol{\eta}_3$ 单位化，得 $\boldsymbol{p}_2=\frac{1}{\sqrt{2}}\begin{pmatrix}-1\\1\\0\end{pmatrix}$，$\boldsymbol{p}_3=\frac{1}{\sqrt{6}}\begin{pmatrix}1\\1\\2\end{pmatrix}$.

将 $\boldsymbol{p}_1$，$\boldsymbol{p}_2$，$\boldsymbol{p}_3$ 构成正交矩阵

$$\boldsymbol{P}=(\boldsymbol{p}_1,\ \boldsymbol{p}_2,\ \boldsymbol{p}_3)=\begin{pmatrix}-\frac{1}{\sqrt{3}} & -\frac{1}{\sqrt{2}} & \frac{1}{\sqrt{6}}\\ -\frac{1}{\sqrt{3}} & \frac{1}{\sqrt{2}} & \frac{1}{\sqrt{6}}\\ \frac{1}{\sqrt{3}} & 0 & \frac{2}{\sqrt{6}}\end{pmatrix},$$

有

$$\boldsymbol{P}^{-1}\boldsymbol{A}\boldsymbol{P}=\boldsymbol{\Lambda}=\begin{pmatrix}-2&0&0\\0&1&0\\0&0&1\end{pmatrix}.$$

例 14 设 $\boldsymbol{A}=\begin{pmatrix}2&-1\\-1&2\end{pmatrix}$，求 $\boldsymbol{A}^n$.

解 因为矩阵 $\boldsymbol{A}$ 对称，故 $\boldsymbol{A}$ 可对角化，即有可逆矩阵 $\boldsymbol{P}$，使 $\boldsymbol{P}^{-1}\boldsymbol{A}\boldsymbol{P}=\boldsymbol{\Lambda}$ 为对角阵，于是 $\boldsymbol{A}=\boldsymbol{P}\boldsymbol{\Lambda}\boldsymbol{P}^{-1}$，从而 $\boldsymbol{A}^n=\boldsymbol{P}\boldsymbol{\Lambda}^n\boldsymbol{P}^{-1}$.

由
$$|\boldsymbol{A}-\lambda\boldsymbol{E}|=\begin{vmatrix}2-\lambda&-1\\-1&2-\lambda\end{vmatrix}=\lambda^2-4\lambda+3=(\lambda-1)(\lambda-3),$$

所以 $\boldsymbol{A}$ 的特征值为 $\lambda_1=1$，$\lambda_2=3$. 于是

$$\boldsymbol{\Lambda}=\begin{pmatrix}1&0\\0&3\end{pmatrix},\ \boldsymbol{\Lambda}^n=\begin{pmatrix}1&0\\0&3^n\end{pmatrix}.$$

对应 $\lambda_1=1$，解方程 $(\boldsymbol{A}-\boldsymbol{E})\boldsymbol{x}=\boldsymbol{0}$，由

$$\boldsymbol{A}-\boldsymbol{E}=\begin{pmatrix}1&-1\\-1&1\end{pmatrix}\overset{r}{\sim}\begin{pmatrix}1&-1\\0&0\end{pmatrix},$$

得基础解系 $\boldsymbol{\xi}_1=\begin{pmatrix}1\\1\end{pmatrix}$.

对应 $\lambda_2=3$，解方程 $(\boldsymbol{A}-3\boldsymbol{E})\boldsymbol{x}=\boldsymbol{0}$，由

$$\boldsymbol{A}-3\boldsymbol{E}=\begin{pmatrix}-1&-1\\-1&-1\end{pmatrix}\overset{r}{\sim}\begin{pmatrix}1&1\\0&0\end{pmatrix},$$

得基础解系

$$\boldsymbol{\xi}_2=\begin{pmatrix}1\\-1\end{pmatrix}.$$

构造矩阵 $\boldsymbol{P}=(\boldsymbol{\xi}_1,\boldsymbol{\xi}_2)=\begin{pmatrix}1&1\\1&-1\end{pmatrix}$，再求出 $\boldsymbol{P}^{-1}=\frac{1}{2}\begin{pmatrix}1&1\\1&-1\end{pmatrix}$，于是

$$\boldsymbol{A}^n=\boldsymbol{P}\boldsymbol{\Lambda}^n\boldsymbol{P}^{-1}=\frac{1}{2}\begin{pmatrix}1&1\\1&-1\end{pmatrix}\begin{pmatrix}1&0\\0&3^n\end{pmatrix}\begin{pmatrix}1&1\\1&-1\end{pmatrix}=\frac{1}{2}\begin{pmatrix}1+3^n&1-3^n\\1-3^n&1+3^n\end{pmatrix}.$$

第四节　二次型

二次型的理论起源于解析几何中化二次曲线和二次曲面为标准形的问题．如以坐标原点为中心的二次曲线

$$ax^2+bxy+cy^2=1. \tag{4-7}$$

为了研究其几何性质，我们可以选择适当的坐标旋转变换

$$\begin{cases}x=x'\cos\theta-y'\sin\theta\\y=x'\sin\theta+y'\cos\theta\end{cases},$$

把方程（4-7）化为标准形

$$mx'^2+ny'^2=1.$$

式（4-7）的左边就是一个二次齐次多项式，从代数学的观点看，化标准形的过程就是通过变量的线性变换化简一个二次齐次多项式，使它只含平方项，然后根据其标准形就可以对曲线的形状作出判断．这样的问题，在许多理论问题或实际问题中常会遇到．比如，多元函数求极值、刚体转动、力学系统的微小振动、数理统计以及测量误差等问题中都有重要应用．现在我们把这类问题一般化，讨论 n 个变量的二次齐次函数的化简问题．

一、二次型的概念及其矩阵

定义 11　含有 n 个变量 $x_1,x_2,\cdots,x_n$ 的二次齐次函数

$$\begin{aligned}f(x_1,x_2,\cdots,x_n)=&a_{11}x_1^2+a_{22}x_2^2+\cdots+a_{nn}x_n^2\\&+2a_{12}x_1x_2+2a_{13}x_1x_3+\cdots+2a_{n-1,n}x_{n-1}x_n\end{aligned} \tag{4-8}$$

称为**二次型**．

取 $a_{ij}=a_{ji}$，则 $2a_{ij}x_ix_j=a_{ij}x_ix_j+a_{ji}x_jx_i$，于是式（4-8）可写为

$$\begin{aligned}f(x_1,x_2,\cdots,x_n)=&a_{11}x_1^2+a_{12}x_1x_2+\cdots+a_{1n}x_1x_n\\&+a_{21}x_2x_1+a_{22}x_2^2+\cdots+a_{2n}x_2x_n\\&+a_{n1}x_nx_1+a_{n2}x_nx_2+\cdots+a_{nn}x_n^2\\=&\sum_{i,j=1}^{n}a_{ij}x_ix_j.\end{aligned} \tag{4-9}$$

对于二次型，我们讨论的主要问题是：寻找可逆的线性变换

$$\begin{cases} x_1 = c_{11}y_1 + c_{12}y_2 + \cdots + c_{1n}y_n \\ x_2 = c_{21}y_1 + c_{22}y_2 + \cdots + c_{2n}y_n \\ \cdots\cdots\cdots\cdots \\ x_n = c_{n1}y_1 + c_{n2}y_2 + \cdots + c_{nn}y_n \end{cases}, \tag{4-10}$$

使二次型只含平方项，即用式（4-10）代入式（4-8），能使

$$f=k_1y_1^2+k_2y_2^2+\cdots+k_ny_n^2,$$

这种只含平方项的二次型，称为二次型的**标准形**（或法式）.

如果标准形的系数 k_1，k_2，…，k_n 只在 1，-1，0 三个数中取值，也就是用式（4-10）代入式（4-8），能使

$$f=y_1^2+\cdots+y_p^2-y_{p+1}^2-\cdots-y_r^2,$$

则称上式为二次型的**规范形**.

当 a_{ij} 为复数时，f 称为复二次型；当 a_{ij} 为实数时，f 称为实二次型．这里，我们仅讨论实二次型，所求的线性变换（4-10）也限于实系数范围.

利用矩阵乘法，二次型式（4-9）可表示为

$$\begin{aligned} f= & x_1(a_{11}x_1+a_{12}x_2+\cdots+a_{1n}x_n) \\ & +x_2(a_{21}x_1+a_{22}x_2+\cdots+a_{2n}x_n) \\ & +\cdots+x_n(a_{n1}x_1+a_{n2}x_2+\cdots+a_{nn}x_n) \\ = & (x_1,x_2,\cdots,x_n)\begin{pmatrix} a_{11}x_1+a_{12}x_2+\cdots+a_{1n}x_n \\ a_{21}x_1+a_{22}x_2+\cdots+a_{2n}x_n \\ \vdots \\ a_{n1}x_1+a_{n2}x_2+\cdots+a_{nn}x_n \end{pmatrix} \\ = & (x_1,x_2,\cdots,x_n)\begin{pmatrix} a_{11} & a_{12} & \cdots & a_{1n} \\ a_{21} & a_{22} & \cdots & a_{2n} \\ \vdots & \vdots & & \vdots \\ a_{n1} & a_{n2} & \cdots & a_{nn} \end{pmatrix}\begin{pmatrix} x_1 \\ x_2 \\ \vdots \\ x_n \end{pmatrix}. \end{aligned}$$

记

$$\boldsymbol{A}=\begin{pmatrix} a_{11} & a_{12} & \cdots & a_{1n} \\ a_{21} & a_{22} & \cdots & a_{2n} \\ \vdots & \vdots & & \vdots \\ a_{n1} & a_{n2} & \cdots & a_{nn} \end{pmatrix},\ \boldsymbol{x}=\begin{pmatrix} x_1 \\ x_2 \\ \vdots \\ x_n \end{pmatrix},$$

则二次型可记作

$$f=\boldsymbol{x}^{\mathrm{T}}\boldsymbol{A}\boldsymbol{x}, \tag{4-11}$$

其中，$\boldsymbol{A}$ 为对称矩阵.

例 15　写出二次型

$$f(x_1,x_2,x_3)=2x_1^2-4x_1x_2+x_2^2-8x_2x_3+4x_1x_3-8x_3^2$$

的矩阵表示形式．

解 令

$$\boldsymbol{A}=\begin{pmatrix}2&-2&2\\-2&1&-4\\2&-4&-8\end{pmatrix},$$

则二次型的矩阵表示为

$$f(x_1,x_2,x_3)=(x_1,x_2,x_3)\begin{pmatrix}2&-2&2\\-2&1&-4\\2&-4&-8\end{pmatrix}\begin{pmatrix}x_1\\x_2\\x_3\end{pmatrix}.$$

应该注意，任给一个二次型 f，就唯一地确定了一个对称阵 $\boldsymbol{A}$；反之，任给一个对称阵 $\boldsymbol{A}$，也可唯一地确定了一个二次型 f. 这样，二次型与对称阵之间存在一一对应关系．因此，我们把对称阵 $\boldsymbol{A}$ 叫作二次型 f 的矩阵，也把 f 叫作对称阵 $\boldsymbol{A}$ 的二次型．对称阵 $\boldsymbol{A}$ 的秩叫作二次型 f 的秩．

二、化二次型为标准形

记 $\boldsymbol{C}=(c_{ij})$，把可逆变换（4-10）记作

$$\boldsymbol{x}=\boldsymbol{C}\boldsymbol{y},$$

代入式（4-11），有 $f=\boldsymbol{x}^{\mathrm{T}}\boldsymbol{A}\boldsymbol{x}=(\boldsymbol{C}\boldsymbol{y})^{\mathrm{T}}\boldsymbol{A}(\boldsymbol{C}\boldsymbol{y})=\boldsymbol{y}^{\mathrm{T}}(\boldsymbol{C}^{\mathrm{T}}\boldsymbol{A}\boldsymbol{C})\boldsymbol{y}$.

定理 9 任给可逆阵 $\boldsymbol{C}$，令 $\boldsymbol{B}=\boldsymbol{C}^{\mathrm{T}}\boldsymbol{A}\boldsymbol{C}$，如果 $\boldsymbol{A}$ 为对称矩阵，则 $\boldsymbol{B}$ 亦为对称矩阵，且满足 $R(\boldsymbol{A})=R(\boldsymbol{B})$.

证 因为 $\boldsymbol{A}$ 为对称矩阵，所以有 $\boldsymbol{A}^{\mathrm{T}}=\boldsymbol{A}$，于是

$$\boldsymbol{B}^{\mathrm{T}}=(\boldsymbol{C}^{\mathrm{T}}\boldsymbol{A}\boldsymbol{C})^{\mathrm{T}}=\boldsymbol{C}^{\mathrm{T}}\boldsymbol{A}^{\mathrm{T}}\boldsymbol{C}=\boldsymbol{C}^{\mathrm{T}}\boldsymbol{A}\boldsymbol{C}=\boldsymbol{B},$$

即 $\boldsymbol{B}$ 为对称矩阵．

再证 $R(\boldsymbol{A})=R(\boldsymbol{B})$.

因 $\boldsymbol{B}=\boldsymbol{C}^{\mathrm{T}}\boldsymbol{A}\boldsymbol{C}$，故 $R(\boldsymbol{B})\leqslant R(\boldsymbol{A})$.

又由于 $\boldsymbol{A}=(\boldsymbol{C}^{\mathrm{T}})^{-1}\boldsymbol{B}\boldsymbol{C}^{-1}$，所以有 $R(\boldsymbol{A})\leqslant R(\boldsymbol{B})$.

于是 $R(\boldsymbol{A})=R(\boldsymbol{B})$.

上述定理说明经可逆变换 $\boldsymbol{x}=\boldsymbol{C}\boldsymbol{y}$ 后，二次型 f 的矩阵 $\boldsymbol{A}$ 变为 $\boldsymbol{C}^{\mathrm{T}}\boldsymbol{A}\boldsymbol{C}$，且二次型的秩保持不变．

要使二次型 f 经可逆变换 $\boldsymbol{x}=\boldsymbol{C}\boldsymbol{y}$ 变成标准形，即要使

$$\boldsymbol{y}^{\mathrm{T}}\boldsymbol{C}^{\mathrm{T}}\boldsymbol{A}\boldsymbol{C}\boldsymbol{y}=k_1y_1^2+k_2y_2^2+\cdots+k_ny_n^2$$

$$=(y_1,y_2,\cdots,y_n)\begin{pmatrix}k_1&&&\\&k_2&&\\&&\ddots&\\&&&k_n\end{pmatrix}\begin{pmatrix}y_1\\y_2\\\vdots\\y_n\end{pmatrix},$$

也就是要使 C^TAC 成为对角矩阵．因此，我们的主要问题就是：对于对称阵 A，寻求可逆矩阵 C，使 C^TAC 为对角阵．

由上节定理 8 知，任给一个实对称阵 A，总有正交阵 P，使得

$$P^{-1}AP=P^TAP=\Lambda$$

为对角阵，把此结论应用于二次型即有如下定理．

定理 10 任给二次型 $f=\sum_{i,j=1}^{n}a_{ij}x_ix_j\ (a_{ij}=a_{ji})$，总有正交变换 $x=Py$，使 f 化为标准形

$$f=\lambda_1y_1^2+\lambda_2y_2^2+\cdots+\lambda_ny_n^2,$$

其中，λ_1，λ_2，…，λ_n 是 f 的矩阵 A 的全部特征值．

推论 4 任给 n 元二次型 $f=x^TAx\ (A^T=A)$，总有可逆变换 $x=Cz$，使 $f(Cz)$ 为规范形．

例 16 求一个正交变换 $x=Py$，把二次型

$$f=-2x_1x_2+2x_1x_3+2x_2x_3$$

化为标准形．

解 二次型的矩阵为

$$A=\begin{pmatrix}0&-1&1\\-1&0&1\\1&1&0\end{pmatrix}.$$

由

$$|A-\lambda E|=\begin{vmatrix}-\lambda&-1&1\\-1&-\lambda&1\\1&1&-\lambda\end{vmatrix}\overset{r_1-r_2}{=}\begin{vmatrix}1-\lambda&\lambda-1&0\\-1&-\lambda&1\\1&1&-\lambda\end{vmatrix}\overset{c_2+c_1}{=}\begin{vmatrix}1-\lambda&0&0\\-1&-1-\lambda&1\\1&2&-\lambda\end{vmatrix}$$

$$=(1-\lambda)(\lambda^2+\lambda-2)=-(\lambda-1)^2(\lambda+2),$$

所以 A 的特征值为 $\lambda_1=-2$，$\lambda_2=\lambda_3=1$.

对应 $\lambda_1=-2$，解方程 $(A+2E)x=0$，由

$$A+2E=\begin{pmatrix}2&-1&1\\-1&2&1\\1&1&2\end{pmatrix}\overset{r}{\sim}\begin{pmatrix}1&0&1\\0&1&1\\0&0&0\end{pmatrix},$$

得基础解系 $\xi_1=\begin{pmatrix}-1\\-1\\1\end{pmatrix}$，将 ξ_1 单位化，得 $p_1=\frac{1}{\sqrt{3}}\begin{pmatrix}-1\\-1\\1\end{pmatrix}$.

对应 $\lambda_2=\lambda_3=1$，解方程 $(A-E)x=0$. 由

$$A-E=\begin{pmatrix}-1&-1&1\\-1&-1&1\\1&1&-1\end{pmatrix}\overset{r}{\sim}\begin{pmatrix}1&1&-1\\0&0&0\\0&0&0\end{pmatrix},$$

得基础解系
$$\boldsymbol{\xi}_2=\begin{pmatrix}-1\\1\\0\end{pmatrix},\ \boldsymbol{\xi}_3=\begin{pmatrix}1\\0\\1\end{pmatrix}.$$

将 $\boldsymbol{\xi}_2$，$\boldsymbol{\xi}_3$ 正交化：取 $\boldsymbol{\eta}_2=\boldsymbol{\xi}_2$，

$$\boldsymbol{\eta}_3=\boldsymbol{\xi}_3-\frac{[\boldsymbol{\eta}_2,\ \boldsymbol{\xi}_3]}{[\boldsymbol{\eta}_2,\ \boldsymbol{\eta}_2]}\boldsymbol{\eta}_2=\begin{pmatrix}1\\0\\1\end{pmatrix}+\frac{1}{2}\begin{pmatrix}-1\\1\\0\end{pmatrix}=\frac{1}{2}\begin{pmatrix}1\\1\\2\end{pmatrix},$$

再将 $\boldsymbol{\eta}_2$，$\boldsymbol{\eta}_3$ 单位化，得 $\boldsymbol{p}_2=\frac{1}{\sqrt{2}}\begin{pmatrix}-1\\1\\0\end{pmatrix}$，$\boldsymbol{p}_3=\frac{1}{\sqrt{6}}\begin{pmatrix}1\\1\\2\end{pmatrix}$，

将 $\boldsymbol{p}_1$，$\boldsymbol{p}_2$，$\boldsymbol{p}_3$ 构成正交矩阵

$$\boldsymbol{P}=(\boldsymbol{p}_1,\ \boldsymbol{p}_2,\ \boldsymbol{p}_3)=\begin{pmatrix}-\frac{1}{\sqrt{3}} & -\frac{1}{\sqrt{2}} & \frac{1}{\sqrt{6}}\\ -\frac{1}{\sqrt{3}} & \frac{1}{\sqrt{2}} & \frac{1}{\sqrt{6}}\\ \frac{1}{\sqrt{3}} & 0 & \frac{2}{\sqrt{6}}\end{pmatrix},$$

使

$$\boldsymbol{P}^{\mathrm{T}}\boldsymbol{A}\boldsymbol{P}=\boldsymbol{\Lambda}=\begin{pmatrix}-2 & 0 & 0\\ 0 & 1 & 0\\ 0 & 0 & 1\end{pmatrix}$$

于是有正交变换

$$\begin{pmatrix}x_1\\x_2\\x_3\end{pmatrix}=\begin{pmatrix}-\frac{1}{\sqrt{3}} & -\frac{1}{\sqrt{2}} & \frac{1}{\sqrt{6}}\\ -\frac{1}{\sqrt{3}} & \frac{1}{\sqrt{2}} & \frac{1}{\sqrt{6}}\\ \frac{1}{\sqrt{3}} & 0 & \frac{2}{\sqrt{6}}\end{pmatrix}\begin{pmatrix}y_1\\y_2\\y_3\end{pmatrix},$$

把二次型 f 化成标准形

$$f=-2y_1^2+y_2^2+y_3^2.$$

如果要把二次型 f 化成规范形，只需令

$$\begin{cases}y_1=\frac{1}{\sqrt{2}}z_1\\ y_2=z_2\\ y_3=z_3\end{cases},$$

即得 f 的规范形

$$f=-z_1^2+z_2^2+z_3^2.$$

以上我们证明了任意一个二次型都可经过正交变换化为标准形．由于正交变换一定是可逆的，因此这也说明了任一个二次型都可经过可逆线性变换化为标准形．因为正交变换具有保持向量的度量性质不变的优点，所以正交变换保持了二次型的几何性质．但是若不限于正交变换，则还有多种方法（如配方法、初等变换法）把二次型化为标准形，这里不再介绍．

对于一个二次型来说，其标准形显然是不唯一的，只是标准形中所含项数是确定的（即是二次型的秩）．不仅如此，在限定变换为实变换时，标准形中正系数的个数是不变的，从而负系数的个数也不变，即有如下定理

定理 11（惯性定理） 设有二次型 $f=\boldsymbol{x}^{\mathrm{T}}\boldsymbol{A}\boldsymbol{x}$，它的秩为 r，有两个可逆变换

$$\boldsymbol{x}=\boldsymbol{C}\boldsymbol{y} \quad 及 \quad \boldsymbol{x}=\boldsymbol{P}\boldsymbol{z}$$

使

$$f=k_1y_1^2+k_2y_2^2+\cdots+k_ry_r^2 \qquad (k_i\neq 0),$$

及

$$f=\lambda_1z_1^2+\lambda_2z_2^2+\cdots+\lambda_rz_r^2 \qquad (\lambda_i\neq 0),$$

则 k_1，k_2，…，k_r 中正的个数和 λ_1，λ_2，…，λ_r 中正的个数相等．

二次型 f 的标准形中正系数的个数称为二次型的**正惯性指数**，负系数的个数称为二次型的**负惯性指数**．若二次型的正惯性指数为 p，秩为 r，则 f 的规范形便可确定为

$$f=y_1^2+\cdots+y_p^2-y_{p+1}^2-\cdots-y_r^2.$$

第五节　正定二次型

一、正定二次型的定义

有一种特殊的二次型，它在研究数学的其他分支及物理、力学等领域中很有用，即正定二次型．下面，我们将介绍正定二次型的基本概念及性质．

定义 12 设有二次型 $f=\boldsymbol{x}^{\mathrm{T}}\boldsymbol{A}\boldsymbol{x}$，如果对任何 $\boldsymbol{x}\neq\boldsymbol{0}$，都有 $f(\boldsymbol{x})>0$ [显然 $f(\boldsymbol{0})=0$]，则称 f 为**正定二次型**，并称对称矩阵 $\boldsymbol{A}$ 是正定的；如果对任何 $\boldsymbol{x}\neq\boldsymbol{0}$，都有 $f(\boldsymbol{x})<0$，则称 f 为**负定二次型**，并称对称矩阵 $\boldsymbol{A}$ 是负定的．

首先给出最简单的二次型，来判别它是否为正定的．

比如二次型 $f=3x_1^2+2x_2^2+x_3^2$ 是属于系数全为正数的标准二次型，故对于任意非零向量 $\boldsymbol{x}=(x_1,x_2,x_3)^{\mathrm{T}}$，恒有 $f(\boldsymbol{x})>0$，因此 f 是正定二次型．

而对于 $f=-4x_1^2-2x_2^2-3x_3^2$ 是属于系数全为负数的标准二次型，故对于任意非零向量 $\boldsymbol{x}=(x_1,x_2,x_3)^{\mathrm{T}}$，恒有 $f(\boldsymbol{x})<0$，因此 f 是负定二次型．

二、正定二次型的判别

对于给定的二次型，可以用定义来判别它是否正定，但比较复杂．下面介绍

两个判定定理．

定理 12　二次型 $f=\boldsymbol{x}^{\mathrm{T}}\boldsymbol{A}\boldsymbol{x}$ 正定的充分必要条件是：它的标准形的 n 个系数全为正，即它的正惯性指数等于 n.

证明　设可逆变换 $\boldsymbol{x}=\boldsymbol{C}\boldsymbol{y}$ 使

$$f(\boldsymbol{x}) = f(\boldsymbol{C}\boldsymbol{y}) = \sum_{i=1}^{n} k_i y_i^2.$$

先证充分性．设 $k_i>0(i=1, \cdots, n)$．任给 $\boldsymbol{x}\neq\boldsymbol{0}$，则 $\boldsymbol{y}=\boldsymbol{C}^{-1}\boldsymbol{x}\neq\boldsymbol{0}$，故

$$f(\boldsymbol{x}) = \sum_{i=1}^{n} k_i y_i^2 > 0.$$

再证必要性．用反证法．假设有 $k_s\leqslant 0$，则当 $\boldsymbol{y}=\boldsymbol{e}_s$（单位坐标向量）时，$f(\boldsymbol{C}\boldsymbol{e}_s)=k_s\leqslant 0$. 显然 $\boldsymbol{C}\boldsymbol{e}_s\neq\boldsymbol{0}$，这与 f 为正定二次型矛盾．这就证明了它的标准形的 n 个系数全为正．

推论 5　对称阵 $\boldsymbol{A}$ 为正定的充分必要条件是：$\boldsymbol{A}$ 的特征值全为正．

推论 6　如果实对称矩阵 $\boldsymbol{A}$ 正定，则 $\boldsymbol{A}$ 的行列式大于零；反之未必．

为了利用行列式给出 $\boldsymbol{A}$ 正定的充分必要条件，我们先引入定义：

定义 13　设 n 阶矩阵 $\boldsymbol{A}=(a_{ij})$，$\boldsymbol{A}$ 的子式

$$A_k=\begin{vmatrix} a_{11} & a_{12} & \cdots & a_{1k} \\ a_{21} & a_{22} & \cdots & a_{2k} \\ \vdots & \vdots & & \vdots \\ a_{k1} & a_{k2} & \cdots & a_{kk} \end{vmatrix} \quad (k=1, 2, \cdots, n),$$

称为矩阵 $\boldsymbol{A}$ 的 k 阶顺序主子式．

例如，设

$$\boldsymbol{A}=\begin{pmatrix} -2 & 1 & 2 \\ 2 & 0 & 1 \\ 1 & 3 & 1 \end{pmatrix},$$

$\boldsymbol{A}$ 的一阶顺序主子式是 $|-2|=-2$，二阶顺序主子式是 $\begin{vmatrix} -2 & 1 \\ 2 & 0 \end{vmatrix}$，三阶顺序主子式就是 $|\boldsymbol{A}|$.

定理 13　对称矩阵 $\boldsymbol{A}$ 为正定的充分必要条件是：$\boldsymbol{A}$ 的各阶顺序主子式全为正，即

$$a_{11}>0, \quad \begin{vmatrix} a_{11} & a_{12} \\ a_{21} & a_{22} \end{vmatrix}>0, \cdots, \quad \begin{vmatrix} a_{11} & \cdots & a_{1n} \\ \vdots & \cdots & \vdots \\ a_{n1} & \cdots & a_{nn} \end{vmatrix}>0,$$

$\boldsymbol{A}$ 为负定的充分必要条件是：$\boldsymbol{A}$ 的奇数阶顺序主子式为负，而偶数阶顺序主子式为正，即

$$(-1)^r\begin{vmatrix} a_{11} & \cdots & a_{1r} \\ \vdots & \cdots & \vdots \\ a_{r1} & \cdots & a_{rr} \end{vmatrix}>0 \quad (r=1,\ 2,\ \cdots,\ n).$$

这个定理称为霍尔维茨定理，这里不予证明．

例 17 判断下列二次型的正定性．

(1) $f=3x_1^2+4x_1x_2+4x_2^2-4x_2x_3+5x_3^2$；

(2) $f=-5x_1^2+4x_1x_2-6x_2^2+4x_1x_3-4x_3^2$.

解 (1) 二次型 f 的矩阵为

$$\boldsymbol{A}=\begin{pmatrix} 3 & 2 & 0 \\ 2 & 4 & -2 \\ 0 & -2 & 5 \end{pmatrix},$$

因为

$$|3|=3>0,\ \begin{vmatrix} 3 & 2 \\ 2 & 4 \end{vmatrix}=8>0,\ \begin{vmatrix} 3 & 2 & 0 \\ 2 & 4 & -2 \\ 0 & -2 & 5 \end{vmatrix}=28>0,$$

所以，由定理 13 知，二次型 f 正定，即 $\boldsymbol{A}$ 也正定．

(2) 二次型 f 的矩阵为

$$\boldsymbol{A}=\begin{pmatrix} -5 & 2 & 2 \\ 2 & -6 & 0 \\ 2 & 0 & -4 \end{pmatrix},$$

因为

$$|-5|=-5<0,\ \begin{vmatrix} -5 & 2 \\ 2 & -6 \end{vmatrix}=26>0,\ \begin{vmatrix} -5 & 2 & 2 \\ 2 & -6 & 0 \\ 2 & 0 & -4 \end{vmatrix}=-80<0,$$

所以，由定理 13 知，二次型 f 负定，即 $\boldsymbol{A}$ 也负定．

例 18 已知二次型

$$f=tx_1^2+2x_1x_2+2x_1x_3+tx_2^2-2x_2x_3+tx_3^2,$$

问 t 满足什么条件时，二次型 f 是正定的．

解 二次型 f 的矩阵为

$$\boldsymbol{A}=\begin{pmatrix} t & 1 & 1 \\ 1 & t & -1 \\ 1 & -1 & t \end{pmatrix},$$

它的三个顺序主子式分别为

$$|t|=t,\ \begin{vmatrix} t & 1 \\ 1 & t \end{vmatrix}=t^2-1,\ \begin{vmatrix} t & 1 & 1 \\ 1 & t & -1 \\ 1 & -1 & t \end{vmatrix}=(t+1)^2(t-2),$$

由定理 13 知当三个顺序主子式均大于零时，二次型 f 是正定的，所以由

$$t>0,\ t^2-1>0,\ (t+1)^2(t-2)>0,$$

解得

$$t>2,$$

所以，当 $t>2$ 时，二次型 f 是正定的．

习题四

1. 试用施密特正交化方法把下列向量组正交化：

(1) $(\boldsymbol{\alpha}_1, \boldsymbol{\alpha}_2, \boldsymbol{\alpha}_3)=\begin{pmatrix}1&1&1\\1&2&4\\1&3&9\end{pmatrix}$；(2) $(\boldsymbol{\alpha}_1, \boldsymbol{\alpha}_2, \boldsymbol{\alpha}_3)=\begin{pmatrix}1&1&-1\\0&-1&1\\-1&0&1\\1&1&0\end{pmatrix}$.

2. 已知 $\boldsymbol{\alpha}_1=\begin{pmatrix}1\\1\\1\end{pmatrix}$，求一组非零向量 $\boldsymbol{\alpha}_2$，$\boldsymbol{\alpha}_3$，使 $\boldsymbol{\alpha}_1$，$\boldsymbol{\alpha}_2$，$\boldsymbol{\alpha}_3$ 两两正交．

3. 判断下列矩阵是不是正交矩阵？

(1) $\begin{pmatrix}1&-\frac{1}{2}&\frac{1}{3}\\-\frac{1}{2}&1&-\frac{1}{2}\\\frac{1}{3}&-\frac{1}{2}&-1\end{pmatrix}$；(2) $\begin{pmatrix}\frac{1}{9}&-\frac{8}{9}&-\frac{4}{9}\\-\frac{8}{9}&\frac{1}{9}&-\frac{4}{9}\\-\frac{4}{9}&-\frac{4}{9}&\frac{7}{9}\end{pmatrix}$.

4. 设 $\boldsymbol{x}$ 为 n 维列向量，$\boldsymbol{x}^{\mathrm{T}}\boldsymbol{x}=1$ 令 $\boldsymbol{H}=\boldsymbol{E}-2\boldsymbol{x}\boldsymbol{x}^{\mathrm{T}}$，证明 $\boldsymbol{H}$ 是对称的正交阵．

5. 求下列矩阵的特征值和特征向量．

(1) $\boldsymbol{A}=\begin{pmatrix}3&1\\5&-1\end{pmatrix}$；(2) $\boldsymbol{A}=\begin{pmatrix}1&2&3\\2&1&3\\3&3&6\end{pmatrix}$；(3) $\boldsymbol{A}=\begin{pmatrix}1&1&1&1\\1&1&-1&-1\\1&-1&1&-1\\1&-1&-1&1\end{pmatrix}$.

6. 已知 0 是矩阵 $\boldsymbol{A}=\begin{pmatrix}1&0&1\\0&2&0\\1&0&a\end{pmatrix}$ 的特征值，求 $\boldsymbol{A}$ 的所有特征值．

7. 已知三阶方阵 $\boldsymbol{A}$ 的特征值为 1，2，-3，求 $|\boldsymbol{A}^*+3\boldsymbol{A}+2\boldsymbol{E}|$.

8. 设 $\boldsymbol{A}$，$\boldsymbol{B}$ 都是 n 阶方阵，且 $|\boldsymbol{A}|\neq0$，证明 $\boldsymbol{AB}$ 与 $\boldsymbol{BA}$ 相似．

9. 设矩阵 $\boldsymbol{A}=\begin{pmatrix}2&0&1\\3&1&x\\4&0&5\end{pmatrix}$ 可相似对角化，求 x.

10. 判断矩阵 $\boldsymbol{A}=\begin{pmatrix}1 & -2 & 2\\ -2 & -2 & 4\\ 2 & 4 & -2\end{pmatrix}$能否对角化.

11. 设 $\boldsymbol{A}=\begin{pmatrix}1 & 4 & 2\\ 0 & -3 & 4\\ 0 & 4 & 3\end{pmatrix}$，求 $\boldsymbol{A}^{100}$.

12. 试求一个正交的相似变换矩阵，将下列对称矩阵化为对角阵.

(1) $\begin{pmatrix}2 & -2 & 0\\ -2 & 1 & -2\\ 0 & -2 & 0\end{pmatrix}$；(2) $\begin{pmatrix}2 & 2 & -2\\ 2 & 5 & -4\\ -2 & -4 & 5\end{pmatrix}$.

13. 设方阵 $\boldsymbol{A}=\begin{pmatrix}1 & -2 & -4\\ -2 & x & -2\\ -4 & -2 & 1\end{pmatrix}$，与 $\boldsymbol{\Lambda}=\begin{pmatrix}5 & & \\ & y & \\ & & -4\end{pmatrix}$相似，求 x，y，并求一个正交阵 $\boldsymbol{P}$，使得 $\boldsymbol{P}^{-1}\boldsymbol{A}\boldsymbol{P}=\boldsymbol{\Lambda}$ 为对角矩阵.

14. (1) 设 $\boldsymbol{A}=\begin{pmatrix}3 & -2\\ -2 & 3\end{pmatrix}$，求 $\varphi(\boldsymbol{A})=\boldsymbol{A}^{10}-5\boldsymbol{A}^{9}$；

(2) 设 $\boldsymbol{A}=\begin{pmatrix}2 & 1 & 2\\ 1 & 2 & 2\\ 2 & 2 & 1\end{pmatrix}$，求 $\varphi(\boldsymbol{A})=\boldsymbol{A}^{10}-6\boldsymbol{A}^{9}+5\boldsymbol{A}^{8}$.

15. 用矩阵符号表示二次型：

(1) $f=x_1^2+x_2^2+x_3^2+x_4^2-2x_1x_2+4x_1x_3-2x_1x_4+6x_2x_3-4x_2x_4$；

(2) $f=x_1^2+x_2^2-x_3^2+2x_1x_2+2x_1x_3-2x_2x_3$.

16. 求二次型 $f(x_1, x_2, x_3)=x_1^2-4x_1x_2+2x_1x_3-2x_3^2+6x_3^2$ 的秩.

17. 写出二次型 $f(x_1, x_2, x_3)=\boldsymbol{x}^{\mathrm{T}}\begin{pmatrix}1 & 2 & 3\\ 4 & 5 & 6\\ 7 & 8 & 9\end{pmatrix}\boldsymbol{x}$ 的矩阵.

18. 求一个正交变换化二次型 $f=2x_1^2+3x_2^2+3x_3^2+4x_2x_3$ 成标准形.

19. 判别二次型 $f=-2x_1^2-6x_2^2-4x_3^2+2x_1x_2+2x_1x_3$ 的正定性.

20. 证明对称阵 $\boldsymbol{A}$ 为正定的充分必要条件是存在可逆矩阵 $\boldsymbol{U}$，使 $\boldsymbol{A}=\boldsymbol{U}^{\mathrm{T}}\boldsymbol{U}$.

第五章

线性空间与线性变换

第一节　线性空间

一、线性空间的定义和例子

线性空间，也称向量空间，是线性代数最基本的概念之一，也是一个比较抽象的概念．在这一节中将给出它的定义，并讨论它的一些简单性质．为了更好地理解线性空间，先看几个例子．

例 1　在求解线性方程组时，我们以 n 元有序数组 $(a_1, a_2, \cdots, a_n)$ 作为元素的 n 维向量空间．对于有序数组，可以定义加法和数量乘法运算，即

$$(a_1, a_2, \cdots, a_n)+(b_1, b_2, \cdots, b_n)=(a_1+b_1, a_2+b_2, \cdots, a_n+b_n),$$
$$k(a_1, a_2, \cdots, a_n)=(ka_1, ka_2, \cdots, ka_n).$$

例 2　考虑全体定义在闭区间 $[a, b]$ 上的连续函数．我们知道，连续函数的和是连续函数，连续函数与实数的数量乘积还是连续函数．

从以上两个例子可以看出，虽然我们需要研究的对象不同，但它们有一个共同点，即它们都可以定义加法和数量乘法的运算．只是随着研究对象的不同，加法和数量乘法运算的定义也是不相同的．为了找到它们的共同特点，需要把它们统一起来给予研究，于是就有了线性空间的概念．

定义 1　设 V 是一个非空集合，R 为实数域．在集合 V 中定义加法运算，即对于 V 中任意两个元素 $\boldsymbol{\alpha}$，$\boldsymbol{\beta}$，总有 V 中一个确定的元素 $\boldsymbol{\gamma}$ 与之对应，$\boldsymbol{\gamma}$ 称为 $\boldsymbol{\alpha}$ 与 $\boldsymbol{\beta}$ 的和，记为 $\boldsymbol{\gamma}=\boldsymbol{\alpha}+\boldsymbol{\beta}$. 在实数域 R 与集合 V 的元素之间还定义了一种数乘运算，即对于 R 中的任意数 k 及 V 中任意元素 $\boldsymbol{\alpha}$，总有 V 中一个确定的元素 $\boldsymbol{\sigma}$ 与之对应，$\boldsymbol{\sigma}$ 叫作 k 与 $\boldsymbol{\alpha}$ 的数乘，记为 $\boldsymbol{\sigma}=k\boldsymbol{\alpha}$. 而且，以上两种运算还具有如下的性质：

对于任意 $\boldsymbol{\alpha}$，$\boldsymbol{\beta}$，$\boldsymbol{\gamma}\in V$ 及 k，$l\in R$，有

(1) $\boldsymbol{\alpha}+\boldsymbol{\beta}=\boldsymbol{\beta}+\boldsymbol{\alpha}$；

(2) $(\boldsymbol{\alpha}+\boldsymbol{\beta})+\boldsymbol{\gamma}=\boldsymbol{\alpha}+(\boldsymbol{\beta}+\boldsymbol{\gamma})$；

(3) V 中存在零元素 $\mathbf{0}$，对于任何 $\boldsymbol{\alpha}\in V$，恒有 $\boldsymbol{\alpha}+\mathbf{0}=\boldsymbol{\alpha}$；

(4) 对于任何 $\boldsymbol{\alpha}\in V$，都有 $\boldsymbol{\alpha}$ 的负元素 $\boldsymbol{\beta}\in V$，使 $\boldsymbol{\alpha}+\boldsymbol{\beta}=\mathbf{0}$；

(5) $1\boldsymbol{\alpha}=\boldsymbol{\alpha}$；

(6) $k(l\boldsymbol{\alpha})=(kl)\boldsymbol{\alpha}$（式中 k，l 是通常数的乘法）；

(7) $(k+l)\boldsymbol{\alpha}=k\boldsymbol{\alpha}+l\boldsymbol{\alpha}$ [式中 $(k+l)$ 是通常数的加法]；

(8) $k(\boldsymbol{\alpha}+\boldsymbol{\beta})=k\boldsymbol{\alpha}+k\boldsymbol{\beta}$.

则称集合 V 为实数域 R 上的一个**线性空间**.

集合 V 中所定义的加法及数乘运算统称为**线性运算**，凡定义了线性运算的集合，就称为线性空间．线性空间的元素一般也称为向量．于是非空集合 $V=\{0\}$ 为线性空间，称为零空间，它是一个简单的线性空间．

下面再来举几个例子．

例 3 实数域 R 对于通常数的加法与乘法（作为数乘）运算，容易验证可以构成 R 上的线性空间．

例 4 实数域 R 上的、次数不超过 n 的全体多项式的集合记为 $R[x]_n$，验证 $R[x]_n$ 对多项式的加法及数与多项式的乘法构成线性空间．

证明 对于多项式 $f(x)$，$g(x)\in R[x]_n$，设

$$f(x)=a_nx^n+a_{n-1}x^{n-1}+\cdots+a_1x+a_0,$$
$$g(x)=b_nx^n+b_{n-1}x^{n-1}+\cdots+b_1x+b_0,$$

这里 a_i，$b_i\in R$，$i=0$，1，2，…，n，于是

$f(x)+g(x)=(a_n+b_n)x^n+(a_{n-1}+b_{n-1})x^{n-1}+\cdots+(a_1+b_1)x+(a_0+b_0)\in R[x]_n$，对于任何 $k\in R$，有 $kf(x)=ka_nx^n+ka_{n-1}x^{n-1}+\cdots+ka_1x+ka_0\in R[x]_n$. 容易证明线性空间定义中的八条性质对 $R[x]_n$ 都成立，于是 $R[x]_n$ 可以构成 R 上的线性空间．

但 n 次多项式的全体并不能构成 R 上的线性空间．我们知道，两个 n 次多项式的和不一定是 n 次多项式，如 $f(x)=x^n-1$，$g(x)=-x^n-1$ 是两个 n 次多项式，但它们的和 $f(x)+g(x)=-2$ 却不是 n 次多项式．因此它不能构成线性空间.

例 5 实数域 R 上的 n 维列（或行）向量的全体所构成集合记为 R^n，它对于通常向量加法、数乘运算构成 R 上的线性空间．

例 6 实数域 R 上的 $m\times n$ 矩阵的全体构成的集合记为 $R^{m\times n}$，它对于矩阵加法、数乘运算构成实数域 R 上的线性空间．

二、线性空间的简单性质

由线性空间的定义，可以得到它的一些简单性质．

定理 1 设 V 是实数域 R 上的线性空间，则

(1) V 中零元素唯一；

(2) V 中任一元素的负元素唯一；$\forall \boldsymbol{\alpha} \in V$，用 $-\boldsymbol{\alpha}$ 表示 $\boldsymbol{\alpha}$ 的负元素；

(3) $k\mathbf{0}=\mathbf{0}$；特别地，$\mathbf{0}\alpha=\mathbf{0}$，$(-1)\boldsymbol{\alpha}=-\boldsymbol{\alpha}$；

(4) 若 $k\boldsymbol{\alpha}=0$，则 $k=0$ 或 $\boldsymbol{\alpha}=0$.

证明 这里仅证明 (2)，其余的证明留给读者去完成.

若 $\boldsymbol{\alpha}$ 有两个负元素，不妨设为 $\boldsymbol{\beta}$ 和 $\boldsymbol{\gamma}$，则 $\boldsymbol{\alpha}+\boldsymbol{\beta}=0$，$\boldsymbol{\alpha}+\boldsymbol{\gamma}=0$，于是

$$\boldsymbol{\beta}=\boldsymbol{\beta}+0=\boldsymbol{\beta}+(\boldsymbol{\alpha}+\boldsymbol{\gamma})=(\boldsymbol{\beta}+\boldsymbol{\alpha})+\boldsymbol{\gamma}=0+\boldsymbol{\gamma}=\boldsymbol{\gamma}.$$

三、子空间

例 4 表明 $R[x]_n$ 构成实数域 R 上的线性空间. 我们记 $R[x]$ 表示多项式的全体，显然，$R[x]_n$ 是 $R[x]$ 的一个子集合. 对于上述这种情况，我们给出子空间的概念.

定义 2 设 V_1 是实数域 R 上的线性空间 V 的一个非空子集合，若对于 V 上的加法和数乘运算，V_1 也成为实数域 R 上的线性空间，则称 V_1 为 V 的一个**线性子空间或子空间**.

定理 2 如果线性空间 V 的非空子集合 V_1 对于 V 的两种运算是封闭的，则 V_1 可以构成子空间.

子空间是线性空间的一部分而其本身又构成一个线性空间.

下面来看几个子空间的例子.

例 7 在线性空间 V 中，若集合 V_1 仅由零向量构成，于是 V_1 为 V 的一个子空间，称之为零子空间，V 本身也是 V 的一个子空间；这两个子空间叫作平凡子空间，而其他的线性子空间叫作非平凡子空间.

例 8 n 阶齐次线性方程组的解构成的集合是 R^n 的一个子空间.

例 9 n 阶上三角实矩阵集合是由所有 n 阶方阵构成的线性空间的一个子空间.

上面的例子很容易验证，请读者自己完成.

第二节　基、维数与坐标

一、线性空间的基与维数

基与维数是线性空间的重要属性，下面我们给出它们的定义.

定义 3 设 V 是实数域 R 上的线性空间，若 V 中有 n 个向量 $\boldsymbol{\varepsilon}_1$，$\boldsymbol{\varepsilon}_2$，…，$\boldsymbol{\varepsilon}_n$，满足

(1) $\boldsymbol{\varepsilon}_1$，$\boldsymbol{\varepsilon}_2$，…，$\boldsymbol{\varepsilon}_n$ 线性无关；

(2) 对于 V 中任一向量，存在一组实数 k_1，k_2，…，k_n，使得

$$\boldsymbol{\alpha}=k_1\boldsymbol{\varepsilon}_1+k_2\boldsymbol{\varepsilon}_2+\cdots+k_n\boldsymbol{\varepsilon}_n,$$

则称 $\boldsymbol{\varepsilon}_1$，$\boldsymbol{\varepsilon}_2$，…，$\boldsymbol{\varepsilon}_n$ 为 V 的一组**基**，基中向量的个数 n 称为线性空间 V 的**维数**，记为 $\dim V$. 若 $\dim V<+\infty$，称 V 为**有限维线性空间**，否则，称 V 为**无限维线性空间**，无限维空间与有限维空间有比较大的差别，我们主要讨论有限维线性空间.

对于线性空间的基和维数，我们有

(1) n 维线性空间 V 中任一向量 $\boldsymbol{\alpha}$ 由基 $\boldsymbol{\varepsilon}_1$，$\boldsymbol{\varepsilon}_2$，…，$\boldsymbol{\varepsilon}_n$ 表示法是唯一的；

(2) 线性空间的基（只要存在）并不一定是唯一的；

(3) 有限维线性空间的维数是固定的.

二、坐标

在研究向量的性质时，引入坐标是一个重要的步骤，对于有限维线性空间，坐标同样是一个有力的工具.

定义 4 设 $\boldsymbol{\varepsilon}_1$，$\boldsymbol{\varepsilon}_2$，…，$\boldsymbol{\varepsilon}_n$ 是 n 维线性空间 V 的一组基. 设 $\boldsymbol{\alpha}\in V$，于是 $\boldsymbol{\varepsilon}_1$，$\boldsymbol{\varepsilon}_2$，…，$\boldsymbol{\varepsilon}_n$，$\boldsymbol{\alpha}$ 线性相关，因此 $\boldsymbol{\alpha}$ 可以由基 $\boldsymbol{\varepsilon}_1$，$\boldsymbol{\varepsilon}_2$，…，$\boldsymbol{\varepsilon}_n$ 线性表出：

$$\boldsymbol{\alpha}=a_1\boldsymbol{\varepsilon}_1+a_2\boldsymbol{\varepsilon}_2+\cdots+a_n\boldsymbol{\varepsilon}_n,$$

则称 a_1，a_2，…，a_n 为向量 α 在基 ε_1，ε_2，…，ε_n 下的**坐标**，记为 $(a_1, a_2, \cdots, a_n)^{\mathrm{T}}$.

由于 $\boldsymbol{\varepsilon}_1$，$\boldsymbol{\varepsilon}_2$，…，$\boldsymbol{\varepsilon}_n$ 是线性空间 V 的一组基，于是 $\boldsymbol{\alpha}$ 在基 $\boldsymbol{\varepsilon}_1$，$\boldsymbol{\varepsilon}_2$，…，$\boldsymbol{\varepsilon}_n$ 下的坐标是唯一的.

下面来看几个例子.

例 10 求线性空间 R^3 的维数和一组基.

解 对于 R^3 中的单位坐标向量

$$\boldsymbol{e}_1=\begin{pmatrix}1\\0\\0\end{pmatrix},\ \boldsymbol{e}_2=\begin{pmatrix}0\\1\\0\end{pmatrix},\ \boldsymbol{e}_3=\begin{pmatrix}0\\0\\1\end{pmatrix}.$$

显然

(1) $\boldsymbol{e}_1$，$\boldsymbol{e}_2$，$\boldsymbol{e}_3$ 线性无关；

(2) 对于 R^3 中任一向量 $\boldsymbol{\alpha}=(a_1, a_2, a_3)^{\mathrm{T}}$，显然有 $\boldsymbol{\alpha}=a_1\boldsymbol{e}_1+a_2\boldsymbol{e}_2+a_3\boldsymbol{e}_3$. 由基的定义得到单位坐标向量为线性空间 R^3 的一组基，于是 $\dim R^3=3$.

例 11 设由二阶实对称矩阵的全体构成的集合为 V，对于矩阵加法和矩阵数乘运算可以构成实数域 R 上的线性空间，求 V 中向量 $\boldsymbol{A}=\begin{pmatrix}-2 & 4\\4 & 3\end{pmatrix}$ 在基

$$\boldsymbol{\varepsilon}_1=\begin{pmatrix}1 & 0\\0 & 0\end{pmatrix},\ \boldsymbol{\varepsilon}_2=\begin{pmatrix}0 & 0\\0 & 1\end{pmatrix},\ \boldsymbol{\varepsilon}_3=\begin{pmatrix}0 & 1\\1 & 0\end{pmatrix}$$

下的坐标.

解 由于 $\boldsymbol{A}=-2\boldsymbol{\varepsilon}_1+3\boldsymbol{\varepsilon}_2+4\boldsymbol{\varepsilon}_3$，因此向量 $\boldsymbol{A}$ 在基 $\boldsymbol{\varepsilon}_1$，$\boldsymbol{\varepsilon}_2$，$\boldsymbol{\varepsilon}_3$ 下的坐标为 $(-2, 3, 4)^{\mathrm{T}}$.

例 12 在线性空间 $R[x]_3$ 中，显然

$$1,\ x,\ x^2,\ x^3$$

是线性无关的向量，可以构成 $R[x]_3$ 上的一组基，因此 $R[x]_3$ 是四维线性空间．在这组基下，多项式

$$f(x)=a_0+a_1x+a_2x^2+a_3x^3$$

的坐标为 $(a_0, a_1, a_2, a_3)^{\mathrm{T}}$.

若取另一组基，$\boldsymbol{\varepsilon}_1=1$，$\boldsymbol{\varepsilon}_2=1+x$，$\boldsymbol{\varepsilon}_3=2x^2$，$\boldsymbol{\varepsilon}_4=3x^3$，于是

$$f(x)=(a_0-a_1)\boldsymbol{\varepsilon}_1+a_1\boldsymbol{\varepsilon}_2+\frac{1}{2}a_2\boldsymbol{\varepsilon}_3+\frac{1}{3}a_3\boldsymbol{\varepsilon}_4,$$

因此，$f(x)$ 在这组基下的坐标为 $\left(a_0-a_1, a_1, \frac{1}{2}a_2, \frac{1}{3}a_3\right)^{\mathrm{T}}$.

三、同构

设 $\boldsymbol{\varepsilon}_1$，$\boldsymbol{\varepsilon}_2$，…，$\boldsymbol{\varepsilon}_n$ 是 n 维线性空间 V 的一组基，对于 V 中的向量 $\boldsymbol{\alpha}$，于是 $\boldsymbol{\alpha}$ 与具体的数组向量就建立了一一对应关系，即

$$\boldsymbol{\alpha}\xleftrightarrow{\boldsymbol{\varepsilon}_1,\boldsymbol{\varepsilon}_2,\cdots,\boldsymbol{\varepsilon}_n}\begin{pmatrix}a_1\\a_2\\\vdots\\a_n\end{pmatrix},$$

上述关系确切地说是线性空间 V 与 R^n 间的一一对应映射，保持了线性关系的不变，也就是说，若 $\boldsymbol{\gamma}$，$\boldsymbol{\beta}\in V$，设它们在基 $\boldsymbol{\varepsilon}_1$，$\boldsymbol{\varepsilon}_2$，…，$\boldsymbol{\varepsilon}_n$ 下的坐标分别为

$$\begin{pmatrix}a_1\\a_2\\\vdots\\a_n\end{pmatrix},\quad\begin{pmatrix}b_1\\b_2\\\vdots\\b_n\end{pmatrix},$$

设 k，$l\in R$，于是 $(k\boldsymbol{\gamma}+l\boldsymbol{\beta})$ 在基 $\boldsymbol{\varepsilon}_1$，$\boldsymbol{\varepsilon}_2$，…，$\boldsymbol{\varepsilon}_n$ 下的坐标为

$$k\begin{pmatrix}a_1\\a_2\\\vdots\\a_n\end{pmatrix}+l\begin{pmatrix}b_1\\b_2\\\vdots\\b_n\end{pmatrix},$$

反过来，V 中坐标为 $k\begin{pmatrix}a_1\\a_2\\\vdots\\a_n\end{pmatrix}+l\begin{pmatrix}b_1\\b_2\\\vdots\\b_n\end{pmatrix}$ 的向量一定是 $k\boldsymbol{\gamma}+l\boldsymbol{\beta}$.

于是，线性空间 V 中向量间的线性关系和它们的坐标向量间的线性关系完全相同，称这样的映射为同构映射，此时称线性空间 V 与 R^n 是同构的．我们在讨论 V 中向量的线性关系时，可以利用讨论它们的坐标向量的线性关系来进行．

第三节　基变换与坐标变换公式

一、基变换与过渡矩阵

若 V 是实数域 R 上的 n 维线性空间，取定 V 的两组基为 $\boldsymbol{\varepsilon}_1$，$\boldsymbol{\varepsilon}_2$，…，$\boldsymbol{\varepsilon}_n$ 和 $\boldsymbol{\varepsilon}_1'$，$\boldsymbol{\varepsilon}_2'$，…，$\boldsymbol{\varepsilon}_n'$，设

$$\begin{cases}\boldsymbol{\varepsilon}_1'=a_{11}\boldsymbol{\varepsilon}_1+a_{21}\boldsymbol{\varepsilon}_2+\cdots+a_{n1}\boldsymbol{\varepsilon}_n\\ \boldsymbol{\varepsilon}_2'=a_{12}\boldsymbol{\varepsilon}_1+a_{22}\boldsymbol{\varepsilon}_2+\cdots+a_{n2}\boldsymbol{\varepsilon}_n\\ \cdots\cdots\cdots\cdots\\ \boldsymbol{\varepsilon}_n'=a_{1n}\boldsymbol{\varepsilon}_1+a_{2n}\boldsymbol{\varepsilon}_2+\cdots+a_{nn}\boldsymbol{\varepsilon}_n\end{cases},\tag{5-1}$$

若

$$\boldsymbol{A}=\begin{pmatrix}a_{11}&a_{12}&\cdots&a_{1n}\\a_{21}&a_{22}&\cdots&a_{2n}\\\vdots&\vdots&\ddots&\vdots\\a_{n1}&a_{n2}&\cdots&a_{nn}\end{pmatrix},$$

于是矩阵 $\boldsymbol{A}$ 中第 i 列恰是向量 $\boldsymbol{\varepsilon}_i'$ 在基 $\boldsymbol{\varepsilon}_1$，$\boldsymbol{\varepsilon}_2$，…，$\boldsymbol{\varepsilon}_n$ 下的坐标，矩阵 $\boldsymbol{A}$ 是唯一确定的，并且是可逆的，利用矩阵的乘法，式（5-1）可以表示为

$$(\boldsymbol{\varepsilon}_1',\boldsymbol{\varepsilon}_2',\cdots,\boldsymbol{\varepsilon}_n')=(\boldsymbol{\varepsilon}_1,\boldsymbol{\varepsilon}_2,\cdots,\boldsymbol{\varepsilon}_n)\boldsymbol{A}.\tag{5-2}$$

称式（5-2）为**基变换公式**，其中，n 阶矩阵 $\boldsymbol{A}$ 称为由基 $\boldsymbol{\varepsilon}_1$，$\boldsymbol{\varepsilon}_2$，…，$\boldsymbol{\varepsilon}_n$ 到基 $\boldsymbol{\varepsilon}_1'$，$\boldsymbol{\varepsilon}_2'$，…，$\boldsymbol{\varepsilon}_n'$ 的**过渡矩阵**．

若在式（5-2）两端同时右乘 $\boldsymbol{A}^{-1}$，得到

$$(\boldsymbol{\varepsilon}_1,\ \boldsymbol{\varepsilon}_2,\ \cdots,\ \boldsymbol{\varepsilon}_n)=(\boldsymbol{\varepsilon}_1',\ \boldsymbol{\varepsilon}_2',\ \cdots,\ \boldsymbol{\varepsilon}_n')\ \boldsymbol{A}^{-1}.$$

上式表明由基 $\boldsymbol{\varepsilon}_1'$，$\boldsymbol{\varepsilon}_2'$，…，$\boldsymbol{\varepsilon}_n'$ 到基 $\boldsymbol{\varepsilon}_1$，$\boldsymbol{\varepsilon}_2$，…，$\boldsymbol{\varepsilon}_n$ 的过渡矩阵和由基 $\boldsymbol{\varepsilon}_1$，$\boldsymbol{\varepsilon}_2$，…，$\boldsymbol{\varepsilon}_n$ 到 $\boldsymbol{\varepsilon}_1'$，$\boldsymbol{\varepsilon}_2'$，…，$\boldsymbol{\varepsilon}_n'$ 的过渡矩阵是互逆的．

二、坐标变换

下面给出同一向量在不同基下的坐标间的关系．

设 V 的两组基为 $\boldsymbol{\varepsilon}_1,\boldsymbol{\varepsilon}_2,\cdots,\boldsymbol{\varepsilon}_n$ 和 $\boldsymbol{\varepsilon}_1',\boldsymbol{\varepsilon}_2',\cdots,\boldsymbol{\varepsilon}_n'$，它们之间的关系由式（5-2）给出，设向量 $\boldsymbol{\alpha}$ 在上述基下的坐标分别为

$$\begin{pmatrix}x_1\\x_2\\\vdots\\x_n\end{pmatrix}\text{和}\begin{pmatrix}x_1'\\x_2'\\\vdots\\x_n'\end{pmatrix},$$

于是，$\alpha=(\boldsymbol{\varepsilon}_1',\ \boldsymbol{\varepsilon}_2',\ \cdots,\ \boldsymbol{\varepsilon}_n')\begin{pmatrix}x_1'\\x_2'\\\vdots\\x_n'\end{pmatrix}=(\boldsymbol{\varepsilon}_1,\ \boldsymbol{\varepsilon}_2,\ \cdots,\ \boldsymbol{\varepsilon}_n)\ A\begin{pmatrix}x_1'\\x_2'\\\vdots\\x_n'\end{pmatrix}$. 由于向量在给定基下坐标是唯一的，即

$$\begin{pmatrix}x_1\\x_2\\\vdots\\x_n\end{pmatrix}=A\begin{pmatrix}x_1'\\x_2'\\\vdots\\x_n'\end{pmatrix},\tag{5-3}$$

或

$$\begin{pmatrix}x_1'\\x_2'\\\vdots\\x_n'\end{pmatrix}=A^{-1}\begin{pmatrix}x_1\\x_2\\\vdots\\x_n\end{pmatrix}.\tag{5-4}$$

式（5-3）或式（5-4）叫作**坐标变换公式**. 于是

定理 3 设 n 维线性空间 V 中向量 $\boldsymbol{\alpha}$ 在两组基 $\boldsymbol{\varepsilon}_1,\ \boldsymbol{\varepsilon}_2,\ \cdots,\ \boldsymbol{\varepsilon}_n$ 及 $\boldsymbol{\varepsilon}_1',\ \boldsymbol{\varepsilon}_2',\ \cdots,\ \boldsymbol{\varepsilon}_n'$ 下的坐标分别为$(x_1,\ x_2,\ \cdots,\ x_n)^{\mathrm{T}}$ 及 $(x_1',\ x_2',\ \cdots,\ x_n')^{\mathrm{T}}$，如果两组基向量的变换公式由式（5-2）给出，则坐标变换公式为式（5-3）或式（5-4）.

例 13 在线性空间 R^3 中，求出由基 $\boldsymbol{\alpha}_1=\begin{pmatrix}1\\0\\1\end{pmatrix}$，$\boldsymbol{\alpha}_2=\begin{pmatrix}0\\1\\0\end{pmatrix}$，$\boldsymbol{\alpha}_3=\begin{pmatrix}1\\2\\2\end{pmatrix}$到基 $\boldsymbol{\varepsilon}_1=\begin{pmatrix}1\\0\\0\end{pmatrix}$，$\boldsymbol{\varepsilon}_2=\begin{pmatrix}0\\1\\0\end{pmatrix}$，$\boldsymbol{\varepsilon}_3=\begin{pmatrix}0\\0\\1\end{pmatrix}$的变换公式，并求向量 $\boldsymbol{\xi}=(1,\ 3,\ 0)^{\mathrm{T}}$ 在基 $\boldsymbol{\alpha}_1,\ \boldsymbol{\alpha}_2,\ \boldsymbol{\alpha}_3$ 下的坐标$(x_1,\ x_2,\ x_3)^{\mathrm{T}}$.

解 首先容易得到由基 $\boldsymbol{\varepsilon}_1,\ \boldsymbol{\varepsilon}_2,\ \boldsymbol{\varepsilon}_3$ 到基 $\boldsymbol{\alpha}_1,\ \boldsymbol{\alpha}_2,\ \boldsymbol{\alpha}_3$ 的变换公式为

$$(\boldsymbol{\alpha}_1,\ \boldsymbol{\alpha}_2,\ \boldsymbol{\alpha}_3)=(\boldsymbol{\varepsilon}_1,\ \boldsymbol{\varepsilon}_2,\ \boldsymbol{\varepsilon}_3)\ \boldsymbol{A},$$

其中，$\boldsymbol{A}=\begin{pmatrix}1&0&1\\0&1&2\\1&0&2\end{pmatrix}$，可求得 $\boldsymbol{A}^{-1}=\begin{pmatrix}2&0&-1\\2&1&-2\\-1&0&1\end{pmatrix}$. 于是，由基 $\boldsymbol{\alpha}_1,\ \boldsymbol{\alpha}_2,\ \boldsymbol{\alpha}_3$ 到基 $\boldsymbol{\varepsilon}_1,\ \boldsymbol{\varepsilon}_2,\ \boldsymbol{\varepsilon}_3$ 的变换公式为 $(\boldsymbol{\varepsilon}_1,\ \boldsymbol{\varepsilon}_2,\ \boldsymbol{\varepsilon}_3)=(\boldsymbol{\alpha}_1,\ \boldsymbol{\alpha}_2,\ \boldsymbol{\alpha}_3)\ \boldsymbol{A}^{-1}$.

又因为向量 $\boldsymbol{\xi}$ 在基 $\boldsymbol{\varepsilon}_1,\ \boldsymbol{\varepsilon}_2,\ \boldsymbol{\varepsilon}_3$ 下的坐标显然为$(1,\ 3,\ 0)^{\mathrm{T}}$，由坐标变换公式便有$\begin{pmatrix}x_1\\x_2\\x_3\end{pmatrix}=\boldsymbol{A}^{-1}\begin{pmatrix}1\\3\\0\end{pmatrix}=\begin{pmatrix}2\\5\\-1\end{pmatrix}$.

例 14 对于实数域 R 上的线性空间 $R^{2\times 2}$，证明

$$\boldsymbol{A}_1=\begin{pmatrix}1&0\\0&0\end{pmatrix},\ \boldsymbol{A}_2=\begin{pmatrix}0&0\\0&1\end{pmatrix},\ \boldsymbol{A}_3=\begin{pmatrix}0&1\\1&0\end{pmatrix},\ \boldsymbol{A}_4=\begin{pmatrix}0&1\\-1&0\end{pmatrix}$$

是一组基，并求 $\boldsymbol{A}=\begin{pmatrix}3&6\\2&1\end{pmatrix}$ 在该基下的坐标.

解 取基 $\boldsymbol{\varepsilon}_1=\begin{pmatrix}1&0\\0&0\end{pmatrix}$，$\boldsymbol{\varepsilon}_2=\begin{pmatrix}0&1\\0&0\end{pmatrix}$，$\boldsymbol{\varepsilon}_3=\begin{pmatrix}0&0\\1&0\end{pmatrix}$，$\boldsymbol{\varepsilon}_4=\begin{pmatrix}0&0\\0&1\end{pmatrix}$，则有

$$\begin{cases}\boldsymbol{A}_1=\boldsymbol{\varepsilon}_1\\ \boldsymbol{A}_2=\boldsymbol{\varepsilon}_4\\ \boldsymbol{A}_3=\boldsymbol{\varepsilon}_2+\boldsymbol{\varepsilon}_3\\ \boldsymbol{A}_4=\boldsymbol{\varepsilon}_2-\boldsymbol{\varepsilon}_3\end{cases},$$

即 $(\boldsymbol{A}_1,\boldsymbol{A}_2,\boldsymbol{A}_3,\boldsymbol{A}_4)=(\boldsymbol{\varepsilon}_1,\boldsymbol{\varepsilon}_2,\boldsymbol{\varepsilon}_3,\boldsymbol{\varepsilon}_4)\begin{pmatrix}1&0&0&0\\0&0&1&1\\0&0&1&-1\\0&1&0&0\end{pmatrix}$，过渡矩阵

$$\boldsymbol{B}=\begin{pmatrix}1&0&0&0\\0&0&1&1\\0&0&1&-1\\0&1&0&0\end{pmatrix},\quad |\boldsymbol{B}|=-2\neq 0,$$

故 $\boldsymbol{A}_1$，$\boldsymbol{A}_2$，$\boldsymbol{A}_3$，$\boldsymbol{A}_4$ 是一组基.

因为 $\boldsymbol{A}$ 在 $\boldsymbol{\varepsilon}_1$，$\boldsymbol{\varepsilon}_2$，$\boldsymbol{\varepsilon}_3$，$\boldsymbol{\varepsilon}_4$ 下的坐标为 $(3,6,2,1)^{\mathrm{T}}$，则 $\boldsymbol{A}$ 在 $\boldsymbol{A}_1$，$\boldsymbol{A}_2$，$\boldsymbol{A}_3$，$\boldsymbol{A}_4$ 下的坐标为

$$\begin{pmatrix}x_1\\x_2\\x_3\\x_4\end{pmatrix}=\boldsymbol{B}^{-1}\begin{pmatrix}3\\6\\2\\1\end{pmatrix}=\begin{pmatrix}3\\1\\4\\2\end{pmatrix}.$$

第四节 线性变换及其矩阵

线性空间是某类客观事物从量的方面的一个抽象，而线性变换则是研究线性空间中元素之间的最基本联系，是线性代数的一个主要研究对象．本节主要介绍线性变换的概念、基本性质，并讨论它与矩阵之间的联系．

一、线性变换及其性质

定义 5 设 V 是实数域 R 上的线性空间，若存在一个 V 到自身的映射 σ，即

对任意的$\alpha\in V$，有唯一的$\sigma(\alpha)\in V$与α对应，则称σ为V上的一个变换，$\sigma(\alpha)$ 称为α在变换σ下的象，α称为$\sigma(\alpha)$ 的原象．

定义 6 设σ为线性空间V的一个变换，如果对于V中任意的元素$\boldsymbol{\alpha}$，$\boldsymbol{\beta}$和实数域R中的任意数k都有

$$\sigma(\boldsymbol{\alpha}+\boldsymbol{\beta})=\sigma(\boldsymbol{\alpha})+\sigma(\boldsymbol{\beta}),$$

$$\sigma(k\boldsymbol{\alpha})=k\sigma(\boldsymbol{\alpha}).$$

则称σ为线性空间V上的线性变换．

以后我们一般用σ，τ，…表示线性空间V上的线性变换，定义中等式所表示的性质，也可以说成线性变换保持向量的加法与数量乘法．

下面我们来看几个关于线性变换的例子．

例 15 线性空间V中的恒等变换或称单位变换E，即

$$E(\boldsymbol{\alpha})=\boldsymbol{\alpha}(\boldsymbol{\alpha}\in V),$$

以及零变换，即

$$0(\boldsymbol{\alpha})=0(\boldsymbol{\alpha}\in V),$$

容易验证它们都是线性空间V上的线性变换．

例 16 在全体一元实系数多项式组成的实线性空间$R[x]$ 上定义变换D，即

$$D[f(x)]=f'(x), \qquad \forall f(x)\in R[x]$$

称之为微分变换，则它是线性变换．

事实上，对任意的$f(x)$，$g(x)\in R[x]$以及k，$l\in R$，有

$$D[kf(x)+lg(x)]=[kf(x)+lg(x)]'=kf'(x)+lg'(x)=k[Df(x)]+l[Dg(x)].$$

于是D为线性变换．

下面的定理给出了线性变换的一些简单性质．

定理 4 若σ为实数域R上线性空间V中的线性变换，那么

(1) $\sigma(0)=0$；$\sigma(-\boldsymbol{\alpha})=-\sigma(\boldsymbol{\alpha})$，$(\alpha\in V)$．

(2) 线性变换σ保持线性组合关系不变，即对V中任何向量$\boldsymbol{\alpha}_1$，$\boldsymbol{\alpha}_2$，…，$\boldsymbol{\alpha}_s$及实数域R中任何数k_1，k_2，…，k_s总有

$$\sigma(k_1\boldsymbol{\alpha}_1+k_2\boldsymbol{\alpha}_2+\cdots+k_s\boldsymbol{\alpha}_s)=k_1\sigma(\boldsymbol{\alpha}_1)+k_2\sigma(\boldsymbol{\alpha}_2)+\cdots+k_s\sigma(\boldsymbol{\alpha}_s).$$

(3) 线性变换把线性相关组化为线性相关组．

证明： (1) $\sigma(0)=\sigma(0\boldsymbol{\alpha})=0\sigma(\boldsymbol{\alpha})=0$，$\sigma(-\boldsymbol{\alpha})=\sigma[(-1)\boldsymbol{\alpha}]=(-1)\sigma(\boldsymbol{\alpha})=-\sigma(\boldsymbol{\alpha})$.

(2) 利用数学归纳法证明．

(3) 若V中向量$\boldsymbol{\alpha}_1$，$\boldsymbol{\alpha}_2$，…，$\boldsymbol{\alpha}_s$线性相关，则有F中不全为零的数k_1，k_2，…，k_s使$k_1\boldsymbol{\alpha}_1+k_2\boldsymbol{\alpha}_2+\cdots+k_s\boldsymbol{\alpha}_s=0$，于是，$\sigma(k_1\boldsymbol{\alpha}_1+k_2\boldsymbol{\alpha}_2+\cdots+k_s\boldsymbol{\alpha}_s)=\sigma(0)$.

利用 (1) 和 (2)，上式即为

$$k_1\sigma(\boldsymbol{\alpha}_1)+k_2\sigma(\boldsymbol{\alpha}_2)+\cdots+k_s\sigma(\boldsymbol{\alpha}_s)=0.$$

上式表明 $\sigma(\boldsymbol{\alpha}_1)$，$\sigma(\boldsymbol{\alpha}_2)$，…，$\sigma(\boldsymbol{\alpha}_s)$ 是 V 的一个线性相关组．

应该注意的是，(3) 的逆是不对的，线性变换可能把线性无关的向量组也变成线性相关的向量组．例如零变换就是这样．

二、线性变换的矩阵表示

设 V 是实数域 R 上的 n 维线性空间，取定 V 的一组基 $\boldsymbol{\varepsilon}_1$，$\boldsymbol{\varepsilon}_2$，…，$\boldsymbol{\varepsilon}_n$. 下面我们来建立线性变换与矩阵的关系．

对于线性空间 V 上的线性变换 σ，若 ε_i 在 σ 下的像为 $\sigma(\boldsymbol{\varepsilon}_i)$ ($i=1, 2, \cdots, n$)，于是对 V 中任意向量

$$\alpha=k_1\boldsymbol{\varepsilon}_1+k_2\boldsymbol{\varepsilon}_2+\cdots+k_n\boldsymbol{\varepsilon}_n,$$

其中，系数是 $\boldsymbol{\alpha}$ 在这组基下的坐标，是唯一的．由于线性变换保持线性关系不变，因此

$$\sigma(\boldsymbol{\alpha})=k_1\sigma(\boldsymbol{\varepsilon}_1)+k_2\sigma(\boldsymbol{\varepsilon}_2)+\cdots+k_n\sigma(\boldsymbol{\varepsilon}_n).$$

上式表明 $\sigma(\boldsymbol{\alpha})$ 是完全确定的．由 $\boldsymbol{\alpha}$ 的任意性，得到线性变换 σ 是完全确定的．

另外，$\sigma(\boldsymbol{\varepsilon}_i)$ 是 V 中的向量，可以由基 $\boldsymbol{\varepsilon}_1$，$\boldsymbol{\varepsilon}_2$，…，$\boldsymbol{\varepsilon}_n$ 唯一线性表示出来，不妨设为

$$\begin{cases}\sigma(\boldsymbol{\varepsilon}_1)=a_{11}\boldsymbol{\varepsilon}_1+a_{21}\boldsymbol{\varepsilon}_2+\cdots+a_{n1}\boldsymbol{\varepsilon}_n\\ \sigma(\boldsymbol{\varepsilon}_2)=a_{12}\boldsymbol{\varepsilon}_1+a_{22}\boldsymbol{\varepsilon}_2+\cdots+a_{n2}\boldsymbol{\varepsilon}_n\\ \cdots\cdots\cdots\cdots\\ \sigma(\boldsymbol{\varepsilon}_n)=a_{1n}\boldsymbol{\varepsilon}_1+a_{2n}\boldsymbol{\varepsilon}_2+\cdots+a_{nn}\boldsymbol{\varepsilon}_n\end{cases}, \tag{5-5}$$

若记

$$\mathbf{A}=\begin{pmatrix}a_{11} & a_{12} & \cdots & a_{1n}\\ a_{21} & a_{21} & \cdots & a_{2n}\\ \vdots & \vdots & & \vdots\\ a_{n1} & a_{n2} & \cdots & a_{nn}\end{pmatrix},$$

于是式 (5-5) 可表示为

$$[\sigma(\boldsymbol{\varepsilon}_1),\sigma(\boldsymbol{\varepsilon}_2),\cdots,\sigma(\boldsymbol{\varepsilon}_n)]=(\boldsymbol{\varepsilon}_1,\boldsymbol{\varepsilon}_2,\cdots,\boldsymbol{\varepsilon}_n)\mathbf{A}. \tag{5-6}$$

若用记号 $\sigma(\boldsymbol{\varepsilon}_1, \boldsymbol{\varepsilon}_2, \cdots, \boldsymbol{\varepsilon}_n)$ 表示$[\sigma(\boldsymbol{\varepsilon}_1),\sigma(\boldsymbol{\varepsilon}_2),\cdots,\sigma(\boldsymbol{\varepsilon}_n)]$，此时式 (5-6) 可表示为

$$\sigma(\boldsymbol{\varepsilon}_1,\boldsymbol{\varepsilon}_2,\cdots,\boldsymbol{\varepsilon}_n)=(\boldsymbol{\varepsilon}_1,\boldsymbol{\varepsilon}_2,\cdots,\boldsymbol{\varepsilon}_n)\mathbf{A}. \tag{5-7}$$

我们称式 (5-7) 中的 n 阶矩阵 $\mathbf{A}$ 为线性变换 σ **在基 $\boldsymbol{\varepsilon}_1$，$\boldsymbol{\varepsilon}_2$，…，$\boldsymbol{\varepsilon}_n$ 下的矩阵**．

显然，当线性变换 σ 确定，则它在给定基 $\boldsymbol{\varepsilon}_1$，$\boldsymbol{\varepsilon}_2$，…，$\boldsymbol{\varepsilon}_n$ 下的矩阵 $\mathbf{A}$ 是由 σ 唯一确定．事实上，矩阵 $\mathbf{A}$ 的第 i 列恰好是 $\sigma(\varepsilon_i)$ 在基 $\boldsymbol{\varepsilon}_1$，$\boldsymbol{\varepsilon}_2$，…，$\boldsymbol{\varepsilon}_n$ 下的坐标．

反过来，假设给定实数域 R 上一个 n 阶矩阵 $\mathbf{A}=[a_{ij}]$，可以证明 V 上存在唯

一的线性变换σ，使得σ在基$\boldsymbol{\varepsilon}_1$，$\boldsymbol{\varepsilon}_2$，…，$\boldsymbol{\varepsilon}_n$下的矩阵恰为$\mathbf{A}$.

证明思想：(i) 建立线性空间V上的变换σ；(ii) 证明它是线性的；(iii) σ是满足式（5-7）的唯一的线性变换.

若记

$$\alpha_i=a_{1i}\boldsymbol{\varepsilon}_1+a_{2i}\boldsymbol{\varepsilon}_2+\cdots+a_{ni}\boldsymbol{\varepsilon}_n,\ (i=1,\ 2,\ \cdots,\ n).$$

对于V中向量

$$\alpha=k_1\boldsymbol{\varepsilon}_1+k_2\boldsymbol{\varepsilon}_2+\cdots+k_n\boldsymbol{\varepsilon}_n,$$

设

$$\sigma(\boldsymbol{\alpha})=k_1\boldsymbol{\alpha}_1+k_2\boldsymbol{\alpha}_2+\cdots+k_n\boldsymbol{\alpha}_n,$$

于是σ是V的一个变换.σ还满足

（1）设$\boldsymbol{\alpha}$，$\boldsymbol{\beta}$是V中的任意向量，若

$$\boldsymbol{\alpha}=k_1\boldsymbol{\varepsilon}_1+k_2\boldsymbol{\varepsilon}_2+\cdots+k_n\boldsymbol{\varepsilon}_n,$$
$$\boldsymbol{\beta}=l_1\boldsymbol{\varepsilon}_1+l_2\boldsymbol{\varepsilon}_2+\cdots+l_n\boldsymbol{\varepsilon}_n,$$

根据上述σ的定义，我们有

$$\sigma(\boldsymbol{\alpha})=k_1\boldsymbol{\alpha}_1+k_2\boldsymbol{\alpha}_2+\cdots+k_n\boldsymbol{\alpha}_n,$$
$$\sigma(\boldsymbol{\beta})=l_1\boldsymbol{\alpha}_1+l_2\boldsymbol{\alpha}_2+\cdots+l_n\boldsymbol{\alpha}_n,$$

而

$$\boldsymbol{\alpha}+\boldsymbol{\beta}=(k_1+l_1)\boldsymbol{\varepsilon}_1+(k_2+l_2)\boldsymbol{\varepsilon}_2+\cdots+(k_n+l_n)\boldsymbol{\varepsilon}_n,$$

因此$\sigma(\boldsymbol{\alpha}+\boldsymbol{\beta})=(k_1+l_1)\boldsymbol{\alpha}_1+(k_2+l_2)\boldsymbol{\alpha}_2+\cdots+(k_n+l_n)\boldsymbol{\alpha}_n$，并且满足

$$\sigma(\boldsymbol{\alpha}+\boldsymbol{\beta})=\sigma(\boldsymbol{\alpha})+\sigma(\boldsymbol{\beta}).$$

（2）对任意的$k\in R$，和$\boldsymbol{\alpha}=k_1\boldsymbol{\varepsilon}_1+k_2\boldsymbol{\varepsilon}_2+\cdots+k_n\boldsymbol{\varepsilon}_n\in V$，则

$$\sigma(\boldsymbol{\alpha})=k_1\boldsymbol{\alpha}_1+k_2\boldsymbol{\alpha}_2+\cdots+k_n\boldsymbol{\alpha}_n,$$
$$k\boldsymbol{\alpha}=kk_1\boldsymbol{\varepsilon}_1+kk_2\boldsymbol{\varepsilon}_2+\cdots+kk_n\boldsymbol{\varepsilon}_n,$$
$$\sigma(k\boldsymbol{\alpha})=kk_1\boldsymbol{\alpha}_1+kk_2\boldsymbol{\alpha}_2+\cdots+kk_n\boldsymbol{\alpha}_n.$$

于是

$$\sigma(k\boldsymbol{\alpha})=k\sigma(\boldsymbol{\alpha}).$$

因此σ是空间V上的线性变换.

下面证明线性变换σ在基$\boldsymbol{\varepsilon}_1$，$\boldsymbol{\varepsilon}_2$，…，$\boldsymbol{\varepsilon}_n$下的矩阵恰为$\mathbf{A}$，也就是证明式（5-7）成立.事实上，因为

$$\boldsymbol{\varepsilon}_i=0\boldsymbol{\varepsilon}_1+\cdots+0\boldsymbol{\varepsilon}_{i-1}+1\boldsymbol{\varepsilon}_i+0\boldsymbol{\varepsilon}_{i+1}+\cdots+0\boldsymbol{\varepsilon}_n,\ (i=1,\ 2,\ \cdots,\ n),$$

于是有

$$\begin{aligned}\sigma(\boldsymbol{\varepsilon}_i)&=0\boldsymbol{\alpha}_1+\cdots+0\boldsymbol{\alpha}_{i-1}+1\boldsymbol{\alpha}_i+0\boldsymbol{\alpha}_{i+1}+\cdots+0\boldsymbol{\alpha}_n=\boldsymbol{\alpha}_i\\&=a_{1i}\boldsymbol{\varepsilon}_1+a_{2i}\boldsymbol{\varepsilon}_2+\cdots+a_{ni}\boldsymbol{\varepsilon}_n,\ (i=1,\ 2,\ \cdots,\ n).\end{aligned}$$

即式（5-7）成立.

由于线性变换σ对基的作用已经由$\sigma(\boldsymbol{\varepsilon}_i)=\boldsymbol{\alpha}_i$，（$i=1$，2，…，$n$）完全确定，所以上述满足式（5-7）的线性变换$\sigma$是唯一的.

因此，在线性空间 V 中取定基 $\boldsymbol{\varepsilon}_1$，$\boldsymbol{\varepsilon}_2$，…，$\boldsymbol{\varepsilon}_n$ 之后，V 的线性变换 σ 与实数域 R 上的 n 阶矩阵 $\mathbf{A}$ 相互唯一决定.

例 17 对于线性空间 $R[x]_3$，若 τ 为求导数的线性变换，即 $\tau[f(x)]=f'(x)$. 在基 $\boldsymbol{\varepsilon}_1=1$，$\boldsymbol{\varepsilon}_2=x$，$\boldsymbol{\varepsilon}_3=x^2$，$\boldsymbol{\varepsilon}_4=x^3$ 下，因为

$$\tau(\boldsymbol{\varepsilon}_1)=0,$$
$$\tau(\boldsymbol{\varepsilon}_2)=1=\boldsymbol{\varepsilon}_1,$$
$$\tau(\boldsymbol{\varepsilon}_3)=2x=2\boldsymbol{\varepsilon}_2,$$
$$\tau(\boldsymbol{\varepsilon}_4)=3x^2=3\boldsymbol{\varepsilon}_3,$$

因此 τ 在基 $\boldsymbol{\varepsilon}_1$，$\boldsymbol{\varepsilon}_2$，$\boldsymbol{\varepsilon}_3$，$\boldsymbol{\varepsilon}_4$ 下的矩阵为

$$\mathbf{A}=\begin{pmatrix}0&1&0&0\\0&0&2&0\\0&0&0&3\\0&0&0&0\end{pmatrix}.$$

例 18 求 R^3 中的线性变换 $\sigma(\boldsymbol{\alpha})=\sigma\begin{pmatrix}a_1\\a_2\\a_3\end{pmatrix}=\begin{pmatrix}a_1\\a_2\\0\end{pmatrix}$在基

$$\boldsymbol{\alpha}_1=\begin{pmatrix}1\\0\\0\end{pmatrix},\ \boldsymbol{\alpha}_2=\begin{pmatrix}1\\1\\0\end{pmatrix},\ \boldsymbol{\alpha}_3=\begin{pmatrix}1\\1\\1\end{pmatrix}$$

下的矩阵.

解 因为

$$\sigma(\boldsymbol{\alpha}_1)=\begin{pmatrix}1\\0\\0\end{pmatrix}=\boldsymbol{\alpha}_1+0\boldsymbol{\alpha}_2+0\boldsymbol{\alpha}_3,$$

$$\sigma(\boldsymbol{\alpha}_2)=\begin{pmatrix}1\\1\\0\end{pmatrix}=0\boldsymbol{\alpha}_1+\boldsymbol{\alpha}_2+0\boldsymbol{\alpha}_3,$$

$$\sigma(\boldsymbol{\alpha}_3)=\begin{pmatrix}1\\1\\0\end{pmatrix}=0\boldsymbol{\alpha}_1+\boldsymbol{\alpha}_2+0\boldsymbol{\alpha}_3.$$

因此，在基 $\boldsymbol{\alpha}_1$，$\boldsymbol{\alpha}_2$，$\boldsymbol{\alpha}_3$ 下线性变换 σ 的矩阵 $\mathbf{A}=\begin{pmatrix}1&0&0\\0&1&1\\0&0&0\end{pmatrix}$.

由线性变换 σ 在一组基下的矩阵，很容易得出 V 中任意向量 α 的坐标和它的象 $\sigma(\boldsymbol{\alpha})$ 的坐标之间的关系．我们有如下的定理：

定理 5 设 $\boldsymbol{\varepsilon}_1$，$\boldsymbol{\varepsilon}_2$，…，$\boldsymbol{\varepsilon}_n$ 是线性空间 V 的一组基，矩阵 $\boldsymbol{A}$ 为线性变换 σ 在上述基下的矩阵．若 V 中向量 $\boldsymbol{\alpha}$ 在这组基下的坐标为 $x=(x_1, x_2, \cdots, x_n)^{\mathrm{T}}$，则 $\sigma(\boldsymbol{\alpha})$ 在该基下的坐标为 $\boldsymbol{A}x$．

证明 由 $\boldsymbol{\alpha}$ 的坐标为 $x=(x_1, x_2, \cdots, x_n)^{\mathrm{T}}$，即有 $\boldsymbol{\alpha}=x_1\varepsilon_1+x_2\varepsilon_2+\cdots+x_n\varepsilon_n$，于是

$$
\begin{aligned}
\sigma(\boldsymbol{\alpha}) &= x_1\sigma(\boldsymbol{\varepsilon}_1)+x_2\sigma(\boldsymbol{\varepsilon}_2)+\cdots+x_n\sigma(\boldsymbol{\varepsilon}_n) \\
&= [\sigma(\boldsymbol{\varepsilon}_1), \sigma(\boldsymbol{\varepsilon}_2), \cdots, \sigma(\boldsymbol{\varepsilon}_n)]\begin{pmatrix} x_1 \\ x_2 \\ \vdots \\ x_n \end{pmatrix} \\
&= (\boldsymbol{\varepsilon}_1, \boldsymbol{\varepsilon}_2, \cdots, \boldsymbol{\varepsilon}_n)A\begin{pmatrix} x_1 \\ x_2 \\ \vdots \\ x_n \end{pmatrix} \\
&= (\boldsymbol{\varepsilon}_1, \boldsymbol{\varepsilon}_2, \cdots, \boldsymbol{\varepsilon}_n)(\boldsymbol{A}x).
\end{aligned}
$$

因此 $\boldsymbol{A}x$ 恰是 $\sigma(\boldsymbol{\alpha})$ 在基 $\boldsymbol{\varepsilon}_1$，$\boldsymbol{\varepsilon}_2$，…，$\boldsymbol{\varepsilon}_n$ 下的坐标．

线性变换的矩阵由线性空间的基决定．一般说来，一个线性变换在两组不同基下的矩阵是不相同的，下面的定理给出了它们之间的关系．

定理 6 同一线性变换在不同基下的矩阵是相似的．即若 $\boldsymbol{\varepsilon}_1$，$\boldsymbol{\varepsilon}_2$，…，$\boldsymbol{\varepsilon}_n$ 和 $\boldsymbol{\eta}_1$，$\boldsymbol{\eta}_2$，…，$\boldsymbol{\eta}_n$ 是 n 维线性空间 V 的两组基，V 中的线性变换 σ 在这两组基下的矩阵分别是 $\boldsymbol{A}$ 和 $\boldsymbol{B}$，且由 $\boldsymbol{\varepsilon}_1$，$\boldsymbol{\varepsilon}_2$，…，$\boldsymbol{\varepsilon}_n$ 到 $\boldsymbol{\eta}_1$，$\boldsymbol{\eta}_2$，…，$\boldsymbol{\eta}_n$ 的过渡矩阵为 $\boldsymbol{P}$，则 $\boldsymbol{B}=\boldsymbol{P}^{-1}\boldsymbol{AP}$.

证明 由已知条件可知

$$
\begin{aligned}
\sigma(\boldsymbol{\varepsilon}_1, \boldsymbol{\varepsilon}_2, \cdots, \boldsymbol{\varepsilon}_n) &= (\boldsymbol{\varepsilon}_1, \boldsymbol{\varepsilon}_2, \cdots, \boldsymbol{\varepsilon}_n)\ \boldsymbol{A}, \\
\sigma(\boldsymbol{\eta}_1, \boldsymbol{\eta}_2, \cdots, \boldsymbol{\eta}_n) &= (\boldsymbol{\eta}_1, \boldsymbol{\eta}_2, \cdots, \boldsymbol{\eta}_n)\ \boldsymbol{B}, \\
(\boldsymbol{\eta}_1, \boldsymbol{\eta}_2, \cdots, \boldsymbol{\eta}_n) &= (\boldsymbol{\varepsilon}_1, \boldsymbol{\varepsilon}_2, \cdots, \boldsymbol{\varepsilon}_n)\ \boldsymbol{P},
\end{aligned}
$$

此时由 σ 的线性性质

$$
\begin{aligned}
\sigma(\boldsymbol{\eta}_1, \boldsymbol{\eta}_2, \cdots, \boldsymbol{\eta}_n) &= \sigma[(\boldsymbol{\varepsilon}_1, \boldsymbol{\varepsilon}_2, \cdots, \boldsymbol{\varepsilon}_n)\ \boldsymbol{P}] = [\sigma(\boldsymbol{\varepsilon}_1, \boldsymbol{\varepsilon}_2, \cdots, \boldsymbol{\varepsilon}_n)]\boldsymbol{P} \\
&= (\boldsymbol{\varepsilon}_1, \boldsymbol{\varepsilon}_2, \cdots, \boldsymbol{\varepsilon}_n)\ \boldsymbol{AP} = (\boldsymbol{\eta}_1, \boldsymbol{\eta}_2, \cdots, \boldsymbol{\eta}_n)\ \boldsymbol{P}^{-1}\boldsymbol{AP},
\end{aligned}
$$

注意到线性变换 σ 在取定基下的矩阵是唯一的，即知 $\boldsymbol{B}=\boldsymbol{P}^{-1}\boldsymbol{AP}$.

习题五

1. 检验下列集合对于实数域和指定的运算，是否构成线性空间：

（1）集合：实数域 R 上的所有 4 次多项式；运算：多项式的加法和数乘．

(2) 集合：实数域 R 上的 n 阶上三角矩阵的全体；运算：矩阵的加法及数乘.

(3) 集合：$V=\left\{\begin{pmatrix} a & b \\ -b & 1 \end{pmatrix} \middle| a, b\in R\right\}$；运算：矩阵的加法及数乘.

(4) 集合：实数域 R 上的非齐次线性方程组 $\boldsymbol{Ax}=\boldsymbol{\beta}$ 的所有解向量；运算：数组向量的加法及数乘.

2. 求出下列线性空间的维数和一组基.

(1) 实数域 R 上所有 n 阶下三角矩阵的集合 V 对于通常的矩阵加法与数乘所成的实数域 R 上的线性空间.

(2) 所有 4 元行向量的集合

$$V=\{(a_1, a_2, a_3, a_4) \mid a_1, a_2, a_3, a_4\in R\}$$

对于通常的数组向量加法与数乘所成的实数域 R 上的线性空间.

(3) 集合

$$V=\left\{\begin{pmatrix} a & -b \\ b & 0 \end{pmatrix} a, b\in R\right\}$$

对于通常的矩阵加法与数乘所成的实数域 R 上的线性空间.

3. 已知线性空间 R^3 的两组基

$$\boldsymbol{\varepsilon}_1=\begin{pmatrix}1\\0\\0\end{pmatrix}, \boldsymbol{\varepsilon}_2=\begin{pmatrix}0\\1\\0\end{pmatrix}, \boldsymbol{\varepsilon}_3=\begin{pmatrix}0\\0\\1\end{pmatrix}; \boldsymbol{\varepsilon}_1'=\begin{pmatrix}1\\0\\0\end{pmatrix}, \boldsymbol{\varepsilon}_2'=\begin{pmatrix}1\\1\\0\end{pmatrix}, \boldsymbol{\varepsilon}_3'=\begin{pmatrix}1\\1\\1\end{pmatrix},$$

求 R^3 中向量 $\boldsymbol{\alpha}=(2, 1, -1)^{\mathrm{T}}$ 分别在两组基下的坐标.

4. 设 V 是实系数 n 元齐次线性方程组 $\boldsymbol{Ax}=0$ 的所有解向量的集合. 证明：

(1) V 是线性空间 R^n 的一个子空间（该线性空间称为齐次线性方程组 $\boldsymbol{Ax}=0$ 的解空间）；

(2) $\boldsymbol{Ax}=0$ 的任一基础解系都是 V 的一组基.

5. 判断下面变换中哪些是线性变换，哪些不是.

(1) 在 R^3 上，定义 σ：对 $\boldsymbol{\alpha}=\begin{pmatrix}a_1\\a_2\\a_3\end{pmatrix}\in R^3$，$\sigma(\boldsymbol{\alpha})=\begin{pmatrix}a_1\\a_2\\0\end{pmatrix}$；

(2) 在 R^3 上，定义 σ：对 $\boldsymbol{\alpha}=\begin{pmatrix}a_1\\a_2\\a_3\end{pmatrix}\in R^3$，$\sigma(\boldsymbol{\alpha})=\begin{pmatrix}a_2\\a_2+a_3\\a_3\end{pmatrix}$；

(3) 在线性空间 V 上，定义 σ：$\sigma(\boldsymbol{\alpha})=\boldsymbol{\alpha}_0$，$\boldsymbol{\alpha}\in V$，其中 $\boldsymbol{\alpha}_0$ 为 V 中一个固定的向量；

(4) 在 $R^{n\times n}$ 上，合同变换 σ：$\sigma(\boldsymbol{A})=\boldsymbol{P}^{\mathrm{T}}\boldsymbol{AP}$，$\boldsymbol{A}\in R^{n\times n}$，其中 $\boldsymbol{P}$ 为一个固定的 n 阶实可逆矩阵；

（5）在 $R[x]$ 上，定义变换 σ：$\sigma[f(x)]=xf(x)$，$f(x)\in R[x]$.

6. 已知 R^3 的两组基 $\boldsymbol{\alpha}_1$，$\boldsymbol{\alpha}_2$，$\boldsymbol{\alpha}_3$ 和 $\boldsymbol{\beta}_1$，$\boldsymbol{\beta}_2$，$\boldsymbol{\beta}_3$，且

$$\boldsymbol{\beta}_1=2\boldsymbol{\alpha}_1+\boldsymbol{\alpha}_2+3\boldsymbol{\alpha}_3,\boldsymbol{\beta}_2=\boldsymbol{\alpha}_1+\boldsymbol{\alpha}_2+2\boldsymbol{\alpha}_3,\boldsymbol{\beta}_3=\boldsymbol{\alpha}_1+\boldsymbol{\alpha}_2+\boldsymbol{\alpha}_3.$$

又线性变换 σ 在基 $\boldsymbol{\alpha}_1$，$\boldsymbol{\alpha}_2$，$\boldsymbol{\alpha}_3$ 下的矩阵为 $\begin{pmatrix}5 & 7 & -5\\ 0 & 4 & -1\\ 2 & 8 & 3\end{pmatrix}$.

（1）求向量 $\boldsymbol{\gamma}=4\boldsymbol{\alpha}_1-5\boldsymbol{\alpha}_2-\boldsymbol{\alpha}_3$ 在基 $\boldsymbol{\beta}_1$，$\boldsymbol{\beta}_2$，$\boldsymbol{\beta}_3$ 下的坐标；

（2）求 σ 在基 $\boldsymbol{\beta}_1$，$\boldsymbol{\beta}_2$，$\boldsymbol{\beta}_3$ 下的矩阵 .

第六章

线性代数与 Mathematica

在线性代数中，行列式、矩阵和方程组的求解是重要的运算，在实际问题中，它们的阶数都比较高，仅有纸和笔手工运算费时费力，有时不能实现，此时我们可以借助数学软件来实现．Mathematica 是一款科学计算软件，它是世界上通用计算系统中最强大的系统．自从 1988 年发布以来，它已经对如何在科技和其他领域运用计算机产生了深刻的影响．本章将介绍如何利用 Mathematica 来求解线性代数中的基本问题．

例 1 计算三阶行列式 $\boldsymbol{A}=\begin{vmatrix} 1 & 2 & -4 \\ -2 & 2 & 1 \\ -3 & 4 & -2 \end{vmatrix}$.

输入：

A={{1，2，−4}，{−2，2，1}，{−3，4，−2}}；

Det[A]

输出：

−14

例 2 计算四阶行列式 $\boldsymbol{A}=\begin{vmatrix} 3 & 1 & -1 & 2 \\ -5 & 1 & 3 & -4 \\ 2 & 0 & 1 & -1 \\ 1 & -5 & 3 & -3 \end{vmatrix}$.

输入：

A={{3，1，−1，2}，{−5，1，3，−4}，{2，0，1，−1}，{1，−5，3，−3}}；

Det[A]

输出：

40

例 3 用克拉默法则解线性方程组：$\begin{cases}2x_1+x_2-5x_3+x_4=8\\x_1-3x_2-6x_4=9\\2x_2-x_3+2x_4=-5\\x_1+4x_2-7x_3+6x_4=0\end{cases}$.

输入：

```
A={{2, 1, -5, 1}, {1, -3, 0, -6}, {0, 2, -1, 2}, {1, 4, -7, 6}};
A1={{8, 1, -5, 1}, {9, -3, 0, -6}, {-5, 2, -1, 2}, {0, 4, -7, 6}};
A2={{2, 8, -5, 1}, {1, 9, 0, -6}, {0, -5, -1, 2}, {1, 0, -7, 6}};
A3={{2, 1, 8, 1}, {1, -3, 9, -6}, {0, 2, -5, 2}, {1, 4, 0, 6}};
A4={{2, 1, -5, 8}, {1, -3, 0, 9}, {0, 2, -1, -5}, {1, 4, -7, 0}};
D0=Det[A]
D1=Det[A1]
D2=Det[A2]
D3=Det[A3]
D4=Det[A4]
x1=D1/D0
x2=D2/D0
x3=D3/D0
x4=D4/D0
```

输出：

五个行列式：

27

81

−108

−27

27

方程组的解：

3

−4

−1

1

例 4　设 $\boldsymbol{A}=\begin{pmatrix}1 & 0 & 3 & -1\\ 2 & 1 & 0 & 2\end{pmatrix}$，$\boldsymbol{B}=\begin{pmatrix}4 & 1 & 0\\ -1 & 1 & 3\\ 2 & 0 & 1\\ 1 & 3 & 4\end{pmatrix}$，求 $\boldsymbol{AB}$.

输入：

```
A={{1, 0, 3, -1}, {2, 1, 0, 2}};
A//MatrixForm
B={{4, 1, 0}, {-1, 1, 3}, {2, 0, 1}, {1, 3, 4}};
B//MatrixForm
A.B
A.B//MatrixForm
```

结果：

```
(\[NoBreak]{
  {1, 0, 3, -1},
  {2, 1, 0, 2}
}\[NoBreak])
(\[NoBreak]{
  {4, 1, 0},
  {-1, 1, 3},
  {2, 0, 1},
  {1, 3, 4}
}\[NoBreak])
{{9, -2, -1}, {9, 9, 11}}
(\[NoBreak]{
  {9, -2, -1},
  {9, 9, 11}
}\[NoBreak])
```

例 5　设 $\boldsymbol{A}=\begin{pmatrix}2 & 1 & -3\\ 1 & 2 & -2\\ -1 & 3 & 2\end{pmatrix}$，$\boldsymbol{B}=\begin{pmatrix}1 & -1\\ 2 & 0\\ -2 & 5\end{pmatrix}$，求解矩阵方程 $\boldsymbol{AX}=\boldsymbol{B}$.

解　$\boldsymbol{AX}=\boldsymbol{B}\Rightarrow\boldsymbol{X}=\boldsymbol{A}^{-1}\boldsymbol{B}$

输入

```
A={{2, 1, -3}, {1, 2, -2}, {-1, 3, 2}};
B={{1, -1}, {2, 0}, {-2, 5}};
X=Inverse[A].B;
```

```
%//MatrixForm
```

结果：

```
(\[NoBreak]{
  {-4, 2},
  {0, 1},
  {-3, 2}
}\[NoBreak])
```

例 6 设 $\boldsymbol{A}=\begin{pmatrix}2 & -1 & -1\\1 & 1 & -2\\4 & -6 & 2\end{pmatrix}$，求其行最简形 $\boldsymbol{F}$.

输入：

```
A={{2, -1, -1}, {1, 1, -2}, {4, -6, 2}};
F=RowReduce[B];
F//MatrixForm
```

结果

```
(\[NoBreak]{
  {1, 0, -1},
  {0, 1, -1},
  {0, 0, 0}
}\[NoBreak])
```

例 7 求齐次线性方程组：$\begin{cases}x_1+x_2-x_3-x_4=0\\2x_1-5x_2+3x_3+2x_4=0\\7x_1-7x_2+3x_3+x_4=0\end{cases}$的基础解系与通解．

解 先将系数矩阵化为行最简形．

输入

```
A={{1, 1, -1, -1}, {2, -5, 3, 2}, {7, -7, 3, 1}};
A//MatrixForm
RowReduce[A]//MatrixForm
```

得 $\boldsymbol{A}$ 的行最简形：

```
(\[NoBreak]{
  {1, 0, -(2/7), -(3/7)},
  {0, 1, -(5/7), -(4/7)},
  {0, 0, 0, 0}
}\[NoBreak])
```

由行最简形可知，原方程组化为

$$\begin{cases} x_1 - \frac{2}{7}x_3 - \frac{3}{7}x_4 = 0 \\ x_2 - \frac{5}{7}x_3 - \frac{4}{7}x_4 = 0 \end{cases} \text{或} \begin{cases} x_1 = \frac{2}{7}x_3 + \frac{3}{7}x_4 \\ x_2 = \frac{5}{7}x_3 + \frac{4}{7}x_4 \end{cases} \text{或} \begin{cases} x_1 = \frac{2}{7}x_3 + \frac{3}{7}x_4 \\ x_2 = \frac{5}{7}x_3 + \frac{4}{7}x_4 \\ x_3 = x_3 \\ x_4 = x_4 \end{cases}$$

方程组的通解：$\begin{cases} x_1 = \frac{2}{7}c_1 + \frac{3}{7}c_2 \\ x_2 = \frac{5}{7}c_1 + \frac{4}{7}c_2 \\ x_3 = c_1 \\ x_4 = c_2 \end{cases}$或$\begin{pmatrix} x_1 \\ x_2 \\ x_3 \\ x_4 \end{pmatrix} = c_1\begin{pmatrix} \frac{2}{7} \\ \frac{5}{7} \\ 1 \\ 0 \end{pmatrix} + c_2\begin{pmatrix} \frac{3}{7} \\ \frac{4}{7} \\ 0 \\ 1 \end{pmatrix}$

其中 $\boldsymbol{\xi}_1 = \begin{pmatrix} \frac{2}{7} \\ \frac{5}{7} \\ 1 \\ 0 \end{pmatrix}, \boldsymbol{\xi}_2 = \begin{pmatrix} \frac{3}{7} \\ \frac{4}{7} \\ 0 \\ 1 \end{pmatrix}$是方程组的基础解系．

例 8　求线性方程组：$\begin{cases} x_1 - x_2 - x_3 + x_4 = 0 \\ x_1 - x_2 + x_3 - 3x_4 = 1 \\ x_1 - x_2 + 2x_3 + 3x_4 = -\frac{1}{2} \end{cases}$的通解．

解　先增广矩阵化为行最简形。

输入

```
A={{1, -1, -1, 1, 0}, {1, -1, 1, -3, 1}, {1, -1, -2, 3, -
1/2}};
A//MatrixForm
RowReduce[A]//MatrixForm
```

得增广矩阵的行最简形：

```
(\[NoBreak]{
  {1, -1, 0, -1, 1/2},
  {0, 0, 1, -2, 1/2},
  {0, 0, 0, 0, 0}
}\[NoBreak])
```

由增广矩阵的行最简形可知，原方程组化为

$$\begin{cases}x_1-x_2-x_4=\frac{1}{2}\\ x_3-2x_4=\frac{1}{2}\end{cases} \text{或} \begin{cases}x_1=x_2+x_4+\frac{1}{2}\\ x_3=2x_4+\frac{1}{2}\end{cases} \text{或} \begin{cases}x_1=x_2+x_4+\frac{1}{2}\\ x_2=x_2\\ x_3=2x_4+\frac{1}{2}\\ x_4=x_4\end{cases}$$

原方程组的通解：$\begin{cases}x_1=c_1+c_2+\frac{1}{2}\\ x_2=c_1\\ x_3=2c_2+\frac{1}{2}\\ x_4=c_2\end{cases}$ 或 $\begin{pmatrix}x_1\\x_2\\x_3\\x_4\end{pmatrix}=c_1\begin{pmatrix}1\\1\\0\\0\end{pmatrix}+c_2\begin{pmatrix}1\\0\\2\\1\end{pmatrix}+\begin{pmatrix}\frac{1}{2}\\0\\\frac{1}{2}\\0\end{pmatrix}$，

其中 $\boldsymbol{\xi}_1=\begin{pmatrix}1\\1\\0\\0\end{pmatrix}$，$\boldsymbol{\xi}_2=\begin{pmatrix}1\\0\\2\\1\end{pmatrix}$是对应其次方程组的基础解系，$\boldsymbol{\eta}*=\begin{pmatrix}\frac{1}{2}\\0\\\frac{1}{2}\\0\end{pmatrix}$是原方程组的一个特解．

例 9 设 $\boldsymbol{A}=\begin{pmatrix}2&-1&-1&1&2\\1&1&-2&1&4\\4&-6&2&-2&4\\3&6&-9&7&9\end{pmatrix}$，求 $\boldsymbol{A}$ 的列向量组的一个极大无关组．

解 用初等行变换得到 $\boldsymbol{A}$ 的行最简形，则由行最简形可以看出 $\boldsymbol{A}$ 列向量组的极大无关组．

输入：

```
A={{2，-1，-1，1，2}，{1，1，-2，1，4}，{4，-6，2，-2，4}，
{3，6，-9，7，9}}；
A//MatrixForm；
RowReduce[A]//MatrixForm
```

输出 A 的行最简形

```
(\[NoBreak]{
{1，0，-1，0，4}，
  {0，1，-1，0，3}，
  {0，0，0，1，-3}，
  {0，0，0，0，0}
}\[NoBreak])
```

因此，$\boldsymbol{A}$ 的 1、2、4 列构成 $\boldsymbol{A}$ 的列向量组的极大无关组．

例 10 求矩阵 $\boldsymbol{A}=\begin{pmatrix} -2 & 1 & 1 \\ 0 & 2 & 0 \\ -4 & 1 & 3 \end{pmatrix}$ 的特征值和特征向量．

输入：

```
A={{-2, 1, 1}, {0, 2, 0}, {-4, 1, 3}};
Eigenvalues[A]
Eigenvectors[A]
```

结果：

{2，2，−1}(特征值)

{{1，0，4}，{1，4，0}，{1，0，1}}(特征向量)

例 11 设 $\boldsymbol{A}=\begin{pmatrix} 0 & -1 & 1 \\ -1 & 0 & 1 \\ 1 & 1 & 0 \end{pmatrix}$，求矩阵 $\boldsymbol{P}$，使得 $\boldsymbol{P}^{-1}\boldsymbol{AP}$ 为对角阵，并验证结果．

输入：

A={{0，−1，1}，{−1，0，1}，{1，1，0}}；

Eigenvalues[A](求 $\boldsymbol{A}$ 的特征值)

P=Eigenvectors[A][求 $\boldsymbol{A}$ 的特征向量(为行向量)]

P=Transpose[P](将特征行向量的矩阵转置)

P//MatrixForm

Inverse[P]. A. P//MatrixForm(验证结果)

结果

{−2，1，1}

{{−1，−1，1}，{1，0，1}，{−1，1，0}}

{{−1，1，−1}，{−1，0，1}，{1，1，0}}

(\ [NoBreak]{

  {−1，1，−1}，

  {−1，0，1}，

  {1，1，0} (得到矩阵 $\boldsymbol{P}$)

} \ [NoBreak])

(\ [NoBreak]{

  {−2，0，0}，

  {0，1，0}，

  {0，0，1} ($\boldsymbol{P}^{-1}\boldsymbol{AP}$ 为对角阵，对角线元素为三个特征值)

} \ [NoBreak])

参考答案

习题一

1. (1) -8；(2) $3ab-a^3-b^3-c^3$；(3) 0.

2. (1) 0；(2) $(b-a)(c-a)(c-b)$；(3) 0；(4) -8；

   (5) 120；(6) -3；(7) 32；(8) -8；(9) 0.

5. (1) $a^{n-2}(a^2-1)$；(2) $a_1a_2\cdots a_n\left(a_0-\sum\limits_{i=1}^{n}\frac{1}{a_i}\right)$；

   (3) $\prod\limits_{1\leqslant i<j\leqslant n+1}(j-i)$；(4) $\prod\limits_{i=1}^{n}(a_id_i-b_ic_i)$.

6. (1) $x_1=3$，$x_2=4$，$x_3=-\frac{3}{2}$；(2) $x_1=3$，$x_2=-4$，$x_3=-1$，$x_4=1$.

7. $\lambda=0$，2，3.

习题二

1. $\begin{pmatrix}4&7&12&3\\7&8&7&6\\3&5&3&6\end{pmatrix}$，$\begin{pmatrix}2&1&-2&3\\-3&6&1&-6\\3&-5&-1&-2\end{pmatrix}$.

2. 1，$\begin{pmatrix}2&4&-6\\1&2&-3\\1&2&-3\end{pmatrix}$.

3. (1) $\begin{pmatrix}-1&1\\-1&-1\\4&0\end{pmatrix}$；(2) $\begin{pmatrix}2&1\\4&3\\7&9\end{pmatrix}$；(3) $\begin{pmatrix}6&-7&8\\20&-5&-6\end{pmatrix}$；

   (4) $a_{11}x_1^2+a_{22}x_2^2+a_{33}x_3^2+2a_{12}x_1x_2+2a_{13}x_1x_3+2a_{23}x_2x_3$.

4. $\begin{pmatrix}-2&13&22\\-2&-17&20\\4&29&-2\end{pmatrix}$，$\begin{pmatrix}0&5&8\\0&-5&6\\2&9&0\end{pmatrix}$.

5. $2^{n-1}\begin{pmatrix}1&-1&1\\1&-1&1\\2&-2&2\end{pmatrix}$.

6. $\begin{pmatrix} \lambda^n & n\lambda^{n-1} & \frac{n(n-1)}{2}\lambda^{n-2} \\ 0 & \lambda^n & n\lambda^{n-1} \\ 0 & 0 & \lambda^n \end{pmatrix}$.

10. $\frac{1}{2}(\boldsymbol{A}-\boldsymbol{E})$，$-\frac{1}{4}(\boldsymbol{A}-3\boldsymbol{E})$.

11. $\frac{1}{3}\begin{pmatrix} 1+2^{13} & 4+2^{13} \\ -1-2^{11} & -4-2^{11} \end{pmatrix}=\begin{pmatrix} 2731 & 2732 \\ -683 & -684 \end{pmatrix}$.

14. diag（2，−4，2）.

15. $\frac{8}{3}$，$\pm 3\sqrt{3}$.

16. $-\frac{2^{n-1}}{3}$.

17. $-\frac{16}{27}$.

20. $\begin{pmatrix} \frac{3}{25} & \frac{4}{25} & 0 & 0 \\ \frac{4}{25} & -\frac{3}{25} & 0 & 0 \\ 0 & 0 & \frac{1}{2} & 0 \\ 0 & 0 & -\frac{1}{2} & \frac{1}{2} \end{pmatrix}$，$10^{16}$.

21. (1) −4；(2) 6.

22. (1) $\begin{pmatrix} 1 & -2 & 0 & 0 \\ -2 & 5 & 0 & 0 \\ 0 & 0 & \frac{1}{3} & \frac{2}{3} \\ 0 & 0 & -\frac{1}{3} & \frac{1}{3} \end{pmatrix}$；(2) $\begin{pmatrix} -2 & 1 & 0 \\ -\frac{13}{2} & 3 & -\frac{1}{2} \\ -16 & 7 & -1 \end{pmatrix}$；

(3) $\begin{pmatrix} \frac{7}{6} & \frac{2}{3} & -\frac{3}{2} \\ -1 & -1 & 2 \\ -\frac{1}{2} & 0 & \frac{1}{2} \end{pmatrix}$；　(4) $\frac{1}{2}\begin{pmatrix} -1 & 3 & 3 \\ -1 & 1 & 3 \\ 1 & 1 & -1 \end{pmatrix}$；

(5) $\begin{pmatrix} 0 & 0 & 0 & \frac{1}{4} \\ 1 & 0 & 0 & 0 \\ 0 & \frac{1}{2} & 0 & 0 \\ 0 & 0 & \frac{1}{3} & 0 \end{pmatrix}$；　(6) $\frac{1}{6}\begin{pmatrix} -4 & 2 & 1 & -1 \\ -4 & -10 & 7 & -1 \\ 8 & 2 & -2 & 2 \\ -2 & 4 & -1 & 1 \end{pmatrix}$.

23. (1) $\begin{pmatrix}2 & -23\\0 & 8\end{pmatrix}$；(2) $\begin{pmatrix}-2 & 2 & 1\\-\frac{8}{3} & 5 & -\frac{2}{3}\end{pmatrix}$；

(3) $\begin{pmatrix}7 & 9\\18 & 20\\-12 & -13\end{pmatrix}$；(4) $\begin{pmatrix}3 & -1\\2 & 0\\1 & -1\end{pmatrix}$.

24. (1) $\begin{pmatrix}1 & 2 & -1 & 1\\0 & 5 & -4 & 2\\0 & 0 & 0 & 0\\0 & 0 & 0 & 0\end{pmatrix}$，$\begin{pmatrix}1 & 0 & \frac{3}{5} & \frac{1}{5}\\0 & 1 & -\frac{4}{5} & \frac{2}{5}\\0 & 0 & 0 & 0\\0 & 0 & 0 & 0\end{pmatrix}$，$\begin{pmatrix}1 & 0 & 0 & 0\\0 & 1 & 0 & 0\\0 & 0 & 0 & 0\\0 & 0 & 0 & 0\end{pmatrix}$

(2) $\begin{pmatrix}1 & 2 & -1 & -3\\0 & 1 & -1 & 0\\0 & 0 & 1 & 1\\0 & 0 & 0 & -10\end{pmatrix}$，$\begin{pmatrix}1 & 0 & 0 & 0\\0 & 1 & 0 & 0\\0 & 0 & 1 & 0\\0 & 0 & 0 & 1\end{pmatrix}$，$\begin{pmatrix}1 & 0 & 0 & 0\\0 & 1 & 0 & 0\\0 & 0 & 1 & 0\\0 & 0 & 0 & 1\end{pmatrix}$.

25. (1) 3；(2) 3；(3) 2；(4) 4.

26. (1) $k=1$；(2) $k=-2$；(3) $k\neq1$ 且 $k\neq-2$.

27. 3，$\begin{vmatrix}0 & 1 & 2\\1 & -2 & 2\\2 & -4 & 5\end{vmatrix}$（答案不唯一）.

28. (1) $\lambda\neq1$ 且 $\lambda\neq-2$；(2) $\lambda=-2$；(3) $\lambda=1$.

习题三

1. $(9, -1, -5)^T$，$(-10, -4, 12)^T$.

3. (1) $\boldsymbol{\beta}=-11\boldsymbol{\alpha}_1+14\boldsymbol{\alpha}_2+9\boldsymbol{\alpha}_3$；(2) $\boldsymbol{\beta}=\boldsymbol{\alpha}_1+2\boldsymbol{\alpha}_2+\boldsymbol{\alpha}_3$.

4. (1) 线性相关；(2) 线性无关.

5. 当 $a=-1, 0, 1$ 时.

6. (1) 秩为 2 且 $\boldsymbol{\alpha}_1$，$\boldsymbol{\alpha}_2$ 为一个最大无关组，(2) 秩为 3 且 $\boldsymbol{\alpha}_1$，$\boldsymbol{\alpha}_2$，$\boldsymbol{\alpha}_4$ 为一个最大无关组.

7. (1) 列向量组的秩为 3，$\boldsymbol{\alpha}_1$，$\boldsymbol{\alpha}_2$，$\boldsymbol{\alpha}_4$ 为列向量组的一个最大无关组，且 $\boldsymbol{\alpha}_3=-\boldsymbol{\alpha}_1-\boldsymbol{\alpha}_2$，$\boldsymbol{\alpha}_5=4\boldsymbol{\alpha}_1+3\boldsymbol{\alpha}_2-3\boldsymbol{\alpha}_4$；

   (2) 列向量组的秩为 3，$\boldsymbol{\alpha}_1$，$\boldsymbol{\alpha}_2$，$\boldsymbol{\alpha}_3$ 为列向量组的一个最大无关组，且 $\boldsymbol{\alpha}_4=\boldsymbol{\alpha}_1+3\boldsymbol{\alpha}_2-\boldsymbol{\alpha}_3$，$\boldsymbol{\alpha}_5=-\boldsymbol{\alpha}_2+\boldsymbol{\alpha}_3$.

10. (1) 方程组的基础解系为 $\boldsymbol{\xi}_1=(-16, 3, 4, 0)^T$，$\boldsymbol{\xi}_2=(0, 1, 0, 4)^T$；

（2）方程组的基础解系为 $\boldsymbol{\xi}=\left(\frac{4}{3},\ -3,\ \frac{4}{3},\ 1\right)^{\mathrm{T}}$；

（3）方程组的基础解系为 $\boldsymbol{\xi}=(0,\ 0,\ 0,\ 1,\ 1)^{\mathrm{T}}$.

11.（1）$\begin{pmatrix}x_1\\x_2\\x_3\\x_4\end{pmatrix}=\begin{pmatrix}1\\-2\\0\\0\end{pmatrix}+k_1\begin{pmatrix}-9\\1\\7\\0\end{pmatrix}+k_2\begin{pmatrix}1\\-1\\0\\2\end{pmatrix}$（$k_1$，$k_2$ 为任意常数）；

（2）$\begin{pmatrix}x_1\\x_2\\x_3\\x_4\end{pmatrix}=\begin{pmatrix}\frac{13}{7}\\-\frac{4}{7}\\0\\0\end{pmatrix}+k_1\begin{pmatrix}-\frac{3}{7}\\\frac{2}{7}\\1\\0\end{pmatrix}+k_2\begin{pmatrix}-\frac{13}{7}\\\frac{4}{7}\\0\\1\end{pmatrix}$（$k_1$，$k_2$ 为任意常数）；

（3）$\begin{pmatrix}x_1\\x_2\\x_3\\x_4\\x_5\end{pmatrix}=\begin{pmatrix}-16\\23\\0\\0\\0\end{pmatrix}+k_1\begin{pmatrix}1\\-2\\0\\1\\0\end{pmatrix}+k_2\begin{pmatrix}5\\6\\0\\0\\1\end{pmatrix}$（$k_1$，$k_2$ 为任意常数）.

12. $\begin{pmatrix}x_1\\x_2\\x_3\\x_4\end{pmatrix}=\begin{pmatrix}2\\3\\4\\5\end{pmatrix}+k\begin{pmatrix}3\\4\\5\\6\end{pmatrix}$（$k$ 为任意常数）.

13.（1）当 $a=-4$，$b\neq0$ 时，$R(\mathbf{A})\neq R(\mathbf{A},\ \boldsymbol{\beta})$，此时向量 $\boldsymbol{\beta}$ 不能由向量组 A 线性表示.

（2）当 $a=-4$，$R(\mathbf{A})=R(\mathbf{A},\ \boldsymbol{\beta})=3$，此时向量组 $\boldsymbol{\alpha}_1$，$\boldsymbol{\alpha}_2$，$\boldsymbol{\alpha}_3$ 线性无关，而向量组 $\boldsymbol{\alpha}_1$，$\boldsymbol{\alpha}_2$，$\boldsymbol{\alpha}_3$，$\boldsymbol{\beta}$ 线性相关，故向量 $\boldsymbol{\beta}$ 能由向量组 A 线性表示，且表示式唯一.

（3）当 $a=-4$，$b=0$ 时，$R(\mathbf{A})=R(\mathbf{A},\ \boldsymbol{\beta})=2$，此时向量 $\boldsymbol{\beta}$ 能由向量组 A 线性表示，且表示式不唯一. $\boldsymbol{\beta}=c\boldsymbol{\alpha}_1+(-2c-1)\boldsymbol{\alpha}_2+\boldsymbol{\alpha}_3$，$c\in R$.

14. 当 $a\neq1$，$b\neq0$ 时有唯一解；$a=1$，$b=\frac{1}{2}$ 时有无穷多个解；其余情形无解.

15. $\lambda=1$ 或 $\lambda=-2$ 时方程组有解；$\lambda=1$ 时 $\begin{pmatrix}x_1\\x_2\\x_3\end{pmatrix}=k\begin{pmatrix}1\\1\\1\end{pmatrix}+\begin{pmatrix}1\\0\\0\end{pmatrix}$（$k$ 为任意常

数）；$\lambda=-2$ 时 $\begin{pmatrix}x_1\\x_2\\x_3\end{pmatrix}=k\begin{pmatrix}1\\1\\1\end{pmatrix}+\begin{pmatrix}2\\2\\0\end{pmatrix}$（$k$ 为任意常数）.

16. $\lambda\neq1$ 且 $\lambda\neq10$ 时，方程组有唯一解；当 $\lambda=10$ 时，方程组无解；当 $\lambda=1$ 时，方程组有无穷多解，解为 $\begin{pmatrix}x_1\\x_2\\x_3\end{pmatrix}=k_1\begin{pmatrix}-2\\1\\0\end{pmatrix}+k_2\begin{pmatrix}2\\0\\1\end{pmatrix}+\begin{pmatrix}1\\0\\0\end{pmatrix}$（$k_1$，$k_2$ 为任意常数）.

习题四

1.（1）$(\boldsymbol{\beta}_1,\boldsymbol{\beta}_2,\boldsymbol{\beta}_3)=\begin{pmatrix}1&-1&\frac{1}{3}\\1&0&-\frac{2}{3}\\1&1&\frac{1}{3}\end{pmatrix}$；（2）$(\boldsymbol{\beta}_1,\boldsymbol{\beta}_2,\boldsymbol{\beta}_3)=\begin{pmatrix}1&\frac{1}{3}&-\frac{1}{5}\\0&-1&\frac{3}{5}\\-1&\frac{2}{3}&\frac{3}{5}\\1&\frac{1}{3}&\frac{4}{5}\end{pmatrix}$.

2. $\boldsymbol{\alpha}_2=\begin{pmatrix}1\\0\\-1\end{pmatrix}$，$\boldsymbol{\alpha}_3=\frac{1}{2}\begin{pmatrix}-1\\2\\-1\end{pmatrix}$.

3.（1）不是；（2）是.

5.（1）$\mathbf{A}$ 的特征值为 $\lambda_1=4$，$\lambda_2=-2$.

$k_1\begin{pmatrix}1\\1\end{pmatrix}$（$k_1\neq0$）是对应于特征值 4 的全部特征向量，

$k_2\begin{pmatrix}1\\-5\end{pmatrix}$（$k_2\neq0$）是对应于特征值 -2 的全部特征向量.

（2）$\mathbf{A}$ 的特征值为 $\lambda_1=0$，$\lambda_2=-1$，$\lambda_3=9$.

$k_1\begin{pmatrix}-1\\-1\\1\end{pmatrix}$（$k_1\neq0$）是对应于特征值 0 的全部特征向量，

$k_2\begin{pmatrix}-1\\1\\0\end{pmatrix}$（$k_2\neq0$）是对应于特征值 -1 的全部特征向量，

$k_3\begin{pmatrix}\frac{1}{2}\\ \frac{1}{2}\\ 1\end{pmatrix}$（$k_3\neq 0$）是对应于特征值 9 的全部特征向量．

（3）$\boldsymbol{A}$ 的特征值为 $\lambda_1=-2$，$\lambda_2=\lambda_3=\lambda_4=2$.

$k_1\begin{pmatrix}-1\\ 1\\ 1\\ 1\end{pmatrix}$（$k_1\neq 0$）是对应于特征值 -2 的全部特征向量，

$k_2\begin{pmatrix}1\\ 1\\ 0\\ 0\end{pmatrix}+k_3\begin{pmatrix}1\\ 0\\ 1\\ 0\end{pmatrix}+k_4\begin{pmatrix}1\\ 0\\ 0\\ 1\end{pmatrix}$（$k_2$，$k_3$，$k_4$ 不同时为 0）是对应于特征值 2 的全部特征向量．

6. $\lambda_1=\lambda_2=2$，$\lambda_3=0$.

7. $|\boldsymbol{A}^*+3\boldsymbol{A}+2\boldsymbol{E}|=25$.

9. $x=3$.

10. $\boldsymbol{A}$ 可对角化．

11. $\boldsymbol{A}^{100}=\begin{pmatrix}1 & 0 & 5^{100}-1\\ 0 & 5^{100} & 0\\ 0 & 0 & 5^{100}\end{pmatrix}$.

12. （1）$\boldsymbol{P}=\frac{1}{3}\begin{pmatrix}1 & 2 & 2\\ 2 & 1 & -2\\ 2 & -2 & 1\end{pmatrix}$；（2）$\boldsymbol{P}=\begin{pmatrix}-\frac{2}{\sqrt{5}} & \frac{2\sqrt{5}}{15} & -\frac{1}{3}\\ \frac{1}{\sqrt{5}} & \frac{4\sqrt{5}}{15} & -\frac{2}{3}\\ 0 & \frac{\sqrt{5}}{3} & \frac{2}{3}\end{pmatrix}$.

13. $x=4$，$y=5$；$\boldsymbol{P}=\begin{pmatrix}\frac{2}{3} & \frac{1}{\sqrt{5}} & \frac{4}{3\sqrt{5}}\\ \frac{1}{3} & -\frac{2}{\sqrt{5}} & \frac{2}{3\sqrt{5}}\\ \frac{2}{3} & 0 & -\frac{\sqrt{5}}{3}\end{pmatrix}$.

14. （1）$-2\begin{pmatrix}1 & 1\\ 1 & 1\end{pmatrix}$；（2）$2\begin{pmatrix}1 & 1 & -2\\ 1 & 1 & -2\\ -2 & -2 & 4\end{pmatrix}$.

15. (1) $f(x_1, x_2, x_3)=(x_1\quad x_2\quad x_3\quad x_4)\begin{pmatrix}1 & -1 & 2 & -1\\ -1 & 1 & 3 & -2\\ 2 & 3 & 1 & 0\\ -1 & -2 & 0 & 1\end{pmatrix}\begin{pmatrix}x_1\\ x_2\\ x_3\\ x_4\end{pmatrix}$;

(2) $f(x_1, x_2, x_3)=(x_1\quad x_2\quad x_3)\begin{pmatrix}1 & 1 & 1\\ 1 & 1 & -1\\ 1 & -1 & -1\end{pmatrix}\begin{pmatrix}x_1\\ x_2\\ x_3\end{pmatrix}$.

16. 二次型的秩为 3.

17. $\boldsymbol{A}=\begin{pmatrix}1 & 3 & 5\\ 3 & 5 & 7\\ 5 & 7 & 9\end{pmatrix}$.

18. $\boldsymbol{P}=\begin{pmatrix}1 & 0 & 0\\ 0 & \frac{1}{\sqrt{2}} & -\frac{1}{\sqrt{2}}\\ 0 & \frac{1}{\sqrt{2}} & \frac{1}{\sqrt{2}}\end{pmatrix}$.

19. 二次型 f 负定.

习题五

1. (1) 否；(2) 是；(3) 否；(4) 否.

2. (1) 维数为$\frac{n\ (n+1)}{2}$，基可以取为 E_{ij}，$i=1, 2, \cdots, n$，$j\leqslant i\leqslant n$.（E_{ij} 为元素 a_{ij} 为 1，其他元素都为 0 的 n 阶矩阵)。

(2) 维数为 4，基可以取为

(1, 0, 0, 0), (0, 1, 0, 0), (0, 0, 1, 0), (0, 0, 0, 1) .

(3) 维数为 2，基可以取为

$\begin{pmatrix}1 & 0\\ 0 & 0\end{pmatrix}$, $\begin{pmatrix}0 & 1\\ -1 & 0\end{pmatrix}$.

3. 向量 $\alpha=(2, 1, -1)^{\mathrm{T}}$ 分别在两组基下的坐标分别为 $(2, 1, -1)^{\mathrm{T}}$ 和 $(1, 2, -1)^{\mathrm{T}}$.

5. (1) 是；(2) 不是；(3) 当 $\alpha_0=0$ 时是，当 $\alpha_0\neq 0$ 时不是；(4) 是；(5) 是.

6. (1) $\begin{pmatrix}9\\ -14\\ 0\end{pmatrix}$；(2) $\begin{pmatrix}1 & 0 & 4\\ 18 & 14 & 2\\ -18 & -12 & -3\end{pmatrix}$.

参考文献

[1] 王萼芳．线性代数 [M]．北京：清华大学出版社，2007.
[2] 骆承钦．线性代数 [M]．北京：高等教育出版社，1999.
[3] 吴赣昌．线性代数 [M]．北京：中国人民大学出版社，2009.
[4] 习振伟．数学的思维方式 [M]．江苏：江苏教育出版社，1995.
[5] 张禾瑞，等．高等代数 [M]．北京：高等教育出版社，2007.
[6] 李永乐．线性代数 [M]．北京：北京大学出版社，2007.
[7] 同济大学数学系．线性代数．5 版 [M]．北京：高等教育出版社，2007.
[8] 刘深泉，等译．线性代数及其应用 [M]．北京：机械工业出版社，2008.
[9] 钱椿林．线性代数 [M]．北京：高等教育出版社，2004.
[10] 李尚志．线性代数 [M]．北京：高等教育出版社，2009.
[11] 田振际，等．线性代数 [M]．北京：科学出版社，2008.
[12] 上海交通大学数学系．线性代数 [M]．北京：科学出版社，2007.
[13] 阴东升．数学中的特殊化与一般化 [M]．江苏：江苏教育出版社，1995.
[14] 彭亚新．线性代数 [M]．北京：科学出版社，2007.
[15] 张文博，等译．线性代数 [M]．北京：机械工业出版社，2007.
[16] 北京大学数学系．高等代数 [M]．北京：高等教育出版社，2000.
[17] 孙宗明．高等代数的内容与方法 [M]．兰州：兰州大学出版社，1990.
[18] 姚慕生．高等代数 [M]．上海：复旦大学出版社，2002.
[19] 蓝以中．高等代数 [M]．北京：北京大学出版社，2000.
[20] 张贤科．高等代数 [M]．北京：清华大学出版社，2004.